數位科技應用
滿分總複習

數位科技應用 滿分總複習

編 著 者	旗立資訊研究室
出 版 者	旗立資訊股份有限公司
住　　　址	台北市忠孝東路一段83號
電　　　話	(02)2322-4846
傳　　　真	(02)2322-4852
劃 撥 帳 號	18784411
帳　　　戶	旗立資訊股份有限公司
網　　　址	http://www.fisp.com.tw
電 子 郵 件	school@mail.fisp.com.tw
出 版 日 期	2021 / 5月初版 2025 / 5月五版
I S B N	978-986-385-390-9

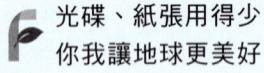
光碟、紙張用得少
你我讓地球更美好

國家圖書館出版品預行編目資料

數位科技應用滿分總複習/旗立資訊研究室編著. --
　五版. -- 臺北市：旗立資訊股份有限公司,
　2025.05
　　　面；　公分
　ISBN 978-986-385-390-9 (平裝)

　1.CST: 資訊教育 2.CST: 數位科技 3.CST: 技職
教育

528.8352　　　　　　　　　　　　114005616

Printed in Taiwan

※著作權所有，翻印必究

※本書如有缺頁或裝訂錯誤，請寄回更換

大專院校訂購旗立叢書，請與總經銷
旗標科技股份有限公司聯絡：
住址：台北市杭州南路一段15-1號19樓
電話：(02)2396-3257
傳真：(02)2321-2545

編輯大意

一、 本書根據民國107年教育部發布之十二年國民基本教育「技術型高級中等學校群科課程綱要商業與管理群」課程綱要中「數位科技應用」，並融合歷年四技二專統一入學測驗、乙丙級檢定、國家考試、技藝競賽等相關試題編寫而成。

二、 本書內容與「技專校院入學測驗中心」公布的統測考試範圍相同，可供商業與管理群、外語群同學作為高一、高二課堂複習及高三升學應試使用。

三、 本書已彙整所有審定課本之重點，並將重點文字套上**粗藍色**或**粗黑色**，套**粗藍色**文字最重要、次之為套**粗黑色**文字，以幫助同學明確掌握考試重點及命題趨勢。

四、 本書（數位科技應用）分為7個單元，共14章。本書各章均具有以下特色：

1. **學習重點**：列出每單元的章節架構，與該章節的統測常考重點。

2. **統測命題分析**：分析各單元歷年統測的命題比重。

3. ▭：於統測曾經出題之重點主題處標示考試年分

 （例如：114 表示為114年統測考題）。

4. **得分區塊練**：供學生於重要觀念後立即練習，以掌握學習狀況。

5. **有背無患**：補充課文相關知識，或可能入題的科技新知。

6. **滿分晉級**：各章末精選考試試題，評量學生的學習成效。分成3種題型：

 ◆ **情境素養題**：切合統測趨勢提供情境試題，供學生練習之用。

 ◆ **精選試題**：章末試題，供學生統整練習之用。

 ◆ **統測試題**：整合近年統測試題，供學生練習之用。

7. **五秒自測**：針對統測常考內容提供「重點中的重點」，讓同學以自問自答的學習法，迅速將短期記憶提昇為中長期記憶（做法：遮住課文內容→問自己或同學本關鍵重點→回答→手放開，確認答案之正確性）。

8. **記憶法**：提供各種記憶重點的方法，協助學生背誦常考又難記的重點。

五、 為提升本書之品質，作者在編寫過程中已向多位資深教師請益並力求精進；倘若本書內容仍有未盡完善之處，尚祈各界先進不吝指賜教，以做為改進之參考。

編者 謹誌

考試重點在這裡

一、 數位科技應用命題大致可分為四種類型,針對這四種題型的研讀與準備方式如下:

1. **基本觀念題**

    以數位科技應用的各種基本概念為主,此部分通常不難,同學只要掌握各章的主題重點、**充分記憶各項定義**,並從定義去思考,即可獲得基本分數。

2. **綜合比較題**

    主要是測驗學生的綜合分析判斷能力,同學可在詳讀各個重點之後,多加**研習本書中的比較表**,以利獲取高分。

3. **公式計算題**

    此類型的題目通常不會太難,同學只要**熟記公式及解法**,**反覆練習**常考範圍的題目,便可輕鬆得分。此類題型出題比重較高之單元包括:單元3、單元5。

4. **素養導向題**

    亦稱**情境素養題**。數位科技應用非常貼近生活,加上近年來積極推廣所學內容能夠「務實致用」,因此越來越多將**時事情境融入題目**的素養導向題,學生必須根據情境敘述,結合所學之數位科技應用相關概念,方能判斷出正確答案。

二、 從近年統測可知,出題比重較高之單元包括:單元1(加強第2章)、單元3(加強第6章)、單元5、單元6等;同學們在讀完全書後,可針對上述章節進行考前最後衝刺。

近年統測各章出題比重

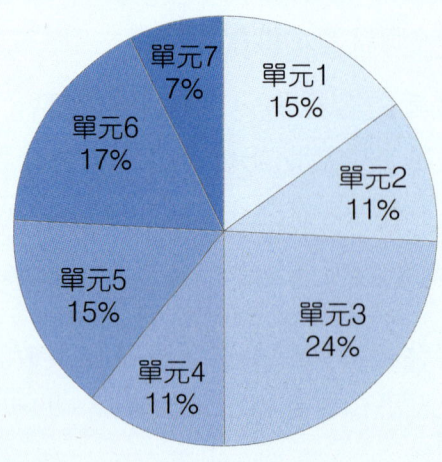

114年統一入學測驗
數位科技概論、數位科技應用 試題分析

一、難易度分析

1. 今年是108課綱實施後第四屆入學統一測驗,商管群數位科技概論與數位科技應用試題難易度偏易。
2. 商管群(25題),其中數位科技概論約14題、數位科技應用約11題,考題之難、中、易的比例如右表所示。

類組	難	中	易
商管群	4%	16%	80%

二、題型分析

1. 今年題目偏重**閱讀能力**(**素養導向題型**),題組題有2大題,其他題目的敘述也偏長,且著重於生活常用之技巧運用。
2. 在商管群25題的考題中,數概占14題。今年又考了「子網路遮罩」內容;文書處理、簡報、試算表等辦公室軟體共占5題,尤其是試算表部分,已連續3年考3題;反觀,影像處理概念的題目考3題,其中第43題觀念創新,從單一像素的色彩數延伸到100×100像素全彩相片的色彩組合數,用來檢測考生觀念延伸的能力。

三、綜合分析

今年商管群25題考題分佈較不平均(如下表),命題題數約0至4題。

	單元	113年題數	114年題數	114年比例	
數位科技概論	單元1 數位科技基本概念	2	1↓	4%	14題 占56%
	單元2 系統平台	2	2	8%	
	單元3 軟體應用	2	2	8%	
	單元4 通訊網路原理	2	2	8%	
	單元5 網路服務與應用	2	1↓	4%	
	單元6 電子商務	1	2↑	8%	
	單元7 數位科技與人類社會	**2**	**4↑**	**16%**	
數位科技應用	單元1 商業文書應用	2	1↓	4%	11題 占44%
	單元2 商業簡報應用	2	1↓	4%	
	單元3 商業試算表應用	**3**	**3**	**12%**	
	單元4 雲端應用	1	1	4%	
	單元5 影像處理應用	**1**	**3↑**	**12%**	
	單元6 網頁設計應用	2	2	8%	
	單元7 電子商務應用	1	0↓	0%	

Contents

單元 1 商業文書應用

第1章　認識文書處理軟體
- 1-1　文書處理軟體簡介 B1-2
- 1-2　Word的基本操作 B1-5

第2章　Word文件的編輯與美化
- 2-1　文件的編輯 B2-2
- 2-2　圖表的應用 B2-8

單元 2 商業簡報應用

第3章　認識簡報軟體
- 3-1　簡報製作的概念 B3-2
- 3-2　簡報軟體簡介 B3-4
- 3-3　簡報的檢視模式 B3-6
- 3-4　佈景主題及母片 B3-7

第4章　PowerPoint的基本操作
- 4-1　簡報的編輯 B4-1
- 4-2　特效使用與簡報放映 B4-7

單元 3　商業試算表應用

第5章　認識電子試算表軟體
- 5-1　電子試算表軟體簡介 B5-2
- 5-2　工作表與活頁簿 B5-3
- 5-3　Excel的基本操作 B5-4

第6章　Excel資料的計算與分析
- 6-1　公式與函數的使用 B6-1
- 6-2　資料的整理與分析 B6-10
- 6-3　統計圖表的製作 B6-16

第7章　網路帳號與雲端應用
- 7-1　網路帳號 B7-2
- 7-2　雲端儲存 B7-3
- 7-3　雲端辦公應用 B7-4
- 7-4　雲端共用行事曆 B7-5
- 7-5　網路問卷 B7-6
- 7-6　其他雲端應用 B7-8

第8章　雲端影音資源與行動裝置App之應用
- 8-1　雲端影音資源之應用 B8-1
- 8-2　行動裝置App之應用 B8-5

單元 5　影像處理應用

第9章　影像處理
- 9-1　認識影像處理 B9-2
- 9-2　影像的色彩模式與類型 B9-3

第10章　PhotoImpact 影像處理軟體
- 10-1　PhotoImpact簡介 B10-1
- 10-2　基本操作與影像美化 B10-2

第11章 網站規劃與網頁設計

11-1 網站的規劃設計 B11-2
11-2 HTML B11-6
11-3 CSS B11-18

第12章 網頁設計軟體

12-1 網頁設計軟體簡介 B12-1
12-2 網頁設計實務 B12-2

單元 6 網頁設計應用

第13章 電子商務平台的認識

13-1 自建型電子商務平台及購物商店 B13-2
13-2 套用開店平台的模板建立
    購物商店 B13-3
13-3 建立依附在第三方電商平台的
    購物商店 B13-4

單元 7 電子商務應用

第14章 線上購物商店的規劃、架設與管理

14-1 線上購物商店的規劃 B14-1
14-2 線上購物商店的架設 B14-3
14-3 線上購物商店平台管理 B14-4

解答頁 Ans-B-1

114統一入學測驗試題 114-1

統測考試範圍
單元 1

商業文書應用

學習重點

> 第2章**每年必考**，
> 這次考了1題，務必要加強練習

章名	常考重點	
第1章 認識文書處理軟體	• 文字編修的技巧 • 頁首及頁尾設定 • 文件列印	
第2章 Word文件的編輯與美化	• 定位點設定 • 分隔設定 • 合併列印 • 文繞圖設定 • 表格的建立與編修	★★★★★

統測命題分析　最新統測趨勢分析（111～114年）

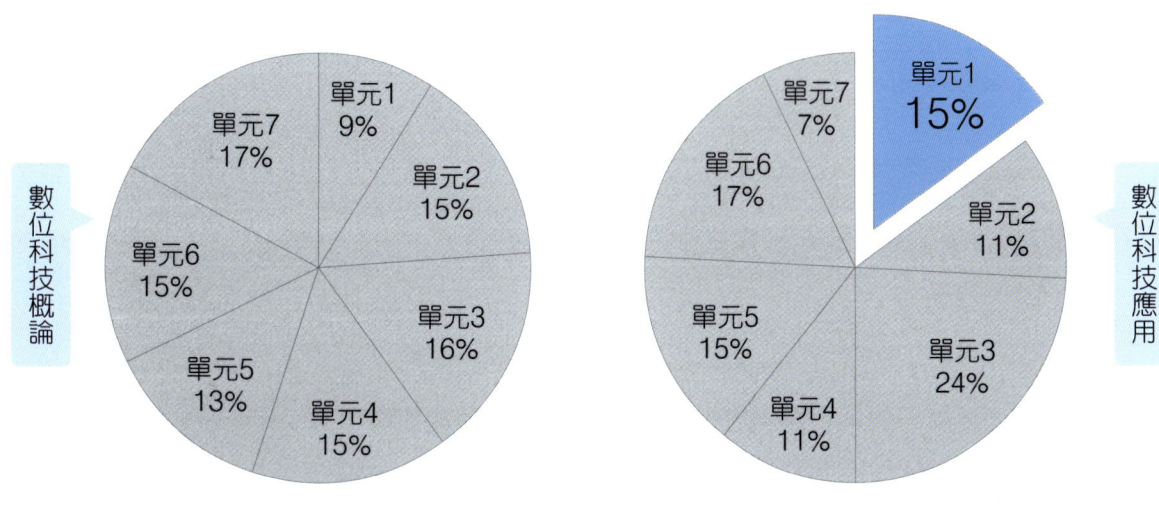

數位科技概論

數位科技應用

數位科技應用　滿分總複習

第 1 章　認識文書處理軟體

　文書處理軟體簡介

> **統測這樣考**
> (A)38. 下列何項操作不適合使用Microsoft Word文書處理軟體來完成？
> (A)將照片中的人物套索出來
> (B)撰寫書本的心得報告
> (C)依格式繕打會議記錄
> (D)編寫修改個人履歷表。　　[108商管]

一、文書處理軟體　108

1. **文書處理軟體**：可用來輸入稿件、編排文章，輕鬆製作出整齊美觀的文件。

2. 常用在報告、書信、公文、海報、履歷表、小論文、學習歷程及網頁的製作等。

3. 常見的文書處理軟體：

類型	軟體名稱	軟體系列	說明
單機版	Word	Microsoft Office	由微軟公司推出，使用率較為普及，Office 2016 / 2019 / 2021 / 2024提供「共用」功能可讓多人透過網路共同編輯同一份文件
	Pages	iWork	由蘋果公司推出，購買蘋果產品（如iPhone、iPad）即內建該軟體
	Writer	LibreOffice	由文件基金會（TDF）開發的自由軟體，可免費使用
		OpenOffice	由Apache開發的自由軟體，可免費使用
線上版	Word Online	Office Online	由微軟公司開發，可線上使用的文書處理軟體，線上編輯的檔案會存放在OneDrive雲端空間
	Pages	iWork for iCloud	由蘋果公司推出，提供跨平台使用（如Windows、Linux），線上編輯的檔案會存放在iCloud雲端空間
	Google文件	Google文件	由Google公司開發，可線上編輯文件，提供「共編」功能，且線上編輯的檔案會存放在Google雲端硬碟

→ 當電腦中沒有安裝文書處理軟體時，我們可以利用**線上版**文書處理軟體進行線上編輯。

> **統測這樣考**
> (C)38. 小明在某家電子公司擔任工程師設計一顆邏輯IC，當他要撰寫這個IC的資料說明書（Data Sheet）時，請問他最好使用下列什麼工具進行編輯？
> (A)SQL（Structured Query Language）　　(B)C Complier
> (C)Microsoft Word　　(D)Assembler。　　[108資電]

第1章 認識文書處理軟體

> **統測這樣考**
> (D)38. 下列哪一個套裝軟體可以用來編輯HTML格式的檔案？
> 　　(A)PowerDVD　　　　(B)Nero
> 　　(C)WinRAR　　　　　(D)Microsoft Word。[107資電]
> 解：PowerDVD：影片播放軟體；Nero：燒錄軟體；
> 　　WinRAR：壓縮軟體。

二、認識Word　104

1. Word可處理的檔案類型有：

檔案類型	副檔名	說明
Word文件檔	docx	預設的文件格式
	doc	Word 2003（含）之前版本預設的文件格式
	dotx	範本檔案的格式
	dot	Word 2003（含）之前版本的範本檔案格式
開放文件格式	odt	LibreOffice及OpenOffice預設的文件格式
純文字檔	txt	只能儲存純文字
網頁檔	mht／mhtml htm／html	網頁格式，可透過瀏覽器瀏覽
RTF檔	rtf	可儲存完整的版面格式
可攜式文件檔	pdf	可攜式文件格式，可使用PDF瀏覽軟體瀏覽

2. 按『檔案/另存新檔』，輸入檔案名稱再選檔案類型（如第1點所列），可將文件以新檔名儲存。Word 2010（含）以後版本，可將檔案另存成PDF[註]、ODT檔。Word 2016（含）以後版本可讀寫及儲存PDF檔案格式。

3. 按『檔案/列印』，印表機選Microsoft XPS Document Writer，可將文件輸出為XPS文件（.xps）。

4. **範本**（**.dot**或**.dotx**）是Word預先設計好的文件樣式檔案，只要開啟欲使用的範本，即可快速為文件內容套用設計好的樣式。

三、Word的工作環境

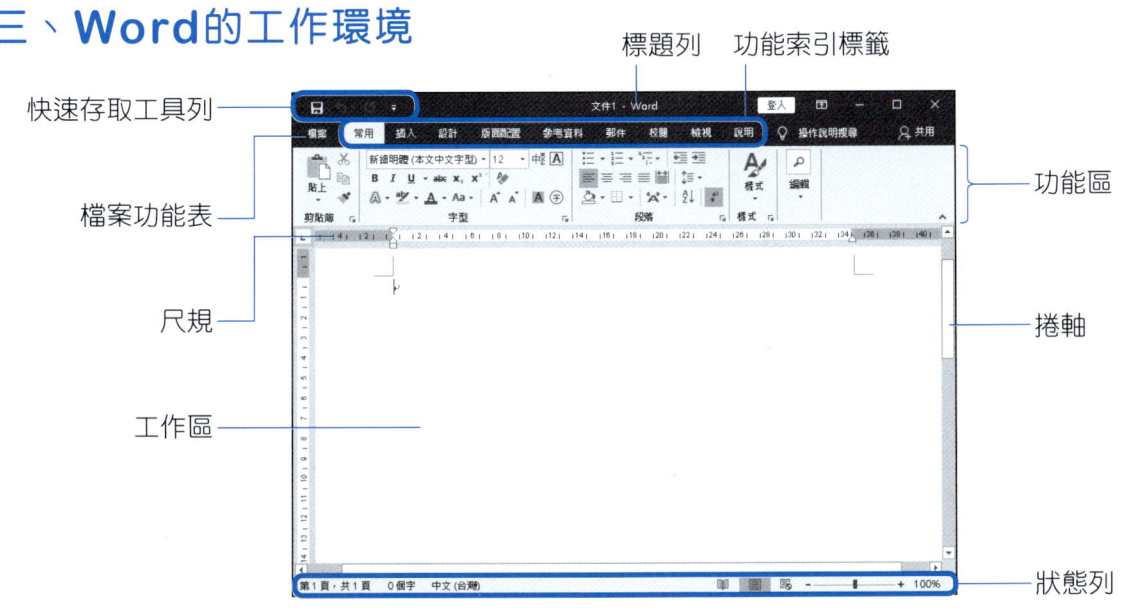

註：PowerPoint、Excel 2010（含）以後版本也可將檔案另存成PDF檔。

1. **快速存取工具列**：放置常用的工具鈕，按工具列右方的 ▼ 鈕，可自訂工具列中所要顯示的按鈕。

2. 按**功能區**中各區域右下角的 ⌐ 鈕，可開啟交談窗做細部設定。

3. **狀態列**：顯示文件目前的狀態資訊，包含目前在**第幾頁**、**總頁數**、**總字數**…等。在狀態列上按右鍵，可新增第幾節、第幾行…等資訊。

⚡統測這樣考
(A)37. 下列何者不是Microsoft Word文件的檢視模式？ (A)備忘稿 (B)草稿 (C)大綱模式 (D)Web版面配置。 [107商管]

四、文件的檢視模式　102　107

檢視模式	工具鈕	用途
草稿	📄	純文字編輯，不會顯示頁首、頁尾等
整頁模式	📄	1. 顯示的文件內容與實際列印的結果最接近 2. 顯示完整的文件內容及版面設計，包括圖形、頁首／頁尾等
Web版面配置	📄	製作網頁，可加入動畫、音樂等
閱讀模式	📖	檢視多頁內容，會自動調整文字大小，以方便閱讀
大綱模式 （主控文件模式）	📄	檢視文件的架構，便於調整文件的大綱

（不顯示尺規：草稿、大綱模式）
（可顯示圖案：整頁模式、Web版面配置、閱讀模式）

→ 檢視文件時，若在『檢視』標籤，勾選功能窗格，可開啟**導覽**窗格以檢視套用「**標題**」樣式的文字，按窗格內的文字可切換到該文字所在的位置。

得分區塊練

(D)1. 下列何者不適合使用文書處理軟體來完成？
　　(A)繕打會議記錄　(B)撰寫讀書心得報告　(C)編寫履歷表　(D)製作動畫。

(A)2. Word無法處理下列哪些檔案？
　　(A)Excel檔案　(B)網頁檔　(C)純文字檔　(D).dotx檔。

(D)3. 在Word 2016／2019中，若要將檔案存成範本格式，其副檔名為？
　　(A)docx　(B)xlsx　(C)xltx　(D)dotx。

(C)4. 下列何者不是Microsoft Word檢視文件的方法？
　　(A)整頁模式　(B)Web版面配置　(C)報告模式　(D)草稿。

(A)5. 編輯Microsoft Word文件時，最適合檢視頁面中文字、圖片和其他物件的位置，編輯頁首及頁尾，以及調整版面邊界等的模式為？
　　(A)整頁模式　(B)Web版面配置　(C)草稿　(D)大綱模式。

第1章 認識文書處理軟體

1-2 Word的基本操作

> **統測這樣考**
> (D)22. 在Microsoft Word的編輯中,如果想回到上一步驟,可以同時按下哪兩個鍵?
> (A)同時按下【Ctrl】與字母【A】鍵
> (B)同時按下【Ctrl】與字母【B】鍵
> (C)同時按下【Ctrl】與字母【C】鍵
> (D)同時按下【Ctrl】與字母【Z】鍵。
> [109工管]

一、常用的工具鈕及快速鍵 105 109

操作項目	工具鈕	快速鍵	操作方法
開新檔案		Ctrl + N	檔案/新增/空白文件
開啟		Ctrl + O	檔案/開啟
儲存檔案		Ctrl + S	檔案/儲存檔案
另存新檔		F12	檔案/另存新檔
剪下		Ctrl + X	常用/剪下
複製		Ctrl + C	常用/複製
貼上		Ctrl + V	常用/貼上
複製格式		Ctrl + Shift + C	常用/複製格式
套用複製格式		Ctrl + Shift + V	
復原		Ctrl + Z	
預覽列印和列印		Ctrl + P	檔案/列印
尋找		Ctrl + F	常用/尋找
取代		Ctrl + H	常用/取代

（雙按 鈕可進行多次格式複製,待按Esc鍵才取消複製動作）

1. **搬移**:選取文字後拖曳,滑鼠指標會呈現 ;選取物件(如圖片、圖案)後拖曳,滑鼠指標會呈現 。

   複製:選取文字,按住Ctrl鍵後拖曳,滑鼠指標會呈現 ;選取物件(如圖片、圖案),按住Ctrl鍵後拖曳,滑鼠指標會呈現 。

   ◎五秒自測 若要用「拖曳法」複製文字,應在拖曳字串時按住什麼鍵? Ctrl鍵。

2. **複製格式**:按**複製格式**鈕 (滑鼠指標會呈現),再選取要套用格式的文字。若要將複製的格式套用至多處,可雙按 鈕(按Esc鍵或再按一次 鈕可停止複製格式)。

3. **尋找與取代**:搜尋或取代文件中的特定文字,也可針對**特定格式**或**特殊字元**來處理,如:找出文件中粗體的文字、找出文件中的數字(^#)、將文件中定位符號(^t)→更改為段落標記(^p)↵ 或換行符號(^l)↓ 等。

4. 在取代資料內容時,可一併取代資料內容的格式,如字型、大小、顏色、效果(如 上標、下標)。

數位科技應用 滿分總複習

有備無患

- Microsoft Office的剪貼簿可儲存使用者最近24次複製或剪下的內容，在**常用**的**剪貼簿**區，按 🔽 鈕即可開啟**剪貼簿**窗格。
- 按 螢幕擷取畫面▼ 鈕，可以擷取螢幕畫面至Word中。

得分區塊練

(D)1. 下列何者為Microsoft Word中，鍵盤快速鍵Ctrl + S的功能？
(A)開啟檔案 (B)另存新檔 (C)刪除檔案 (D)儲存檔案。

(C)2. 在Word中，復原上一步編輯動作的鍵盤快速鍵為：
(A)Ctrl + X (B)Ctrl + Y (C)Ctrl + Z (D)Ctrl + U。

(B)3. 下列哪一個按鈕可用來開啟檔案？ (A)▢ (B)▢ (C)▢ (D)▢。

二、文字編修的技巧 [111]

1. 文字的選取：

選取範圍	操作方法
連續範圍	在要選取的範圍拉曳滑鼠，或單按文字開頭處，按住Shift鍵再單按文字結尾處
不連續範圍	選取一段範圍，按住**Ctrl鍵**再選其他範圍
中英文字詞	在文字上雙按
單行	在文字左側單按
多行	在文字列左側向上或向下拉曳
以句號為結尾的一段句子	按Ctrl + 單按句子任一處
整段	在文字左側雙按，或在段落任一處按3下
矩形範圍	按住**Alt鍵**拉曳滑鼠
全選	在文字左側按3下，或按**Ctrl + A**

統測這樣考

(C)40. 在文書處理軟體（Word）中，要使用滑鼠選取多個不連續範圍的文字內容，須搭配按住下列哪一個鍵？ (A)Alt (B)Caps Lock (C)Ctrl (D)Shift。 [111商管]

統測這樣考

(C)35. 透過Microsoft PowerPoint軟體進行簡報編輯，如果要改變文字顏色，請問要按下列哪個按鈕可以修改文字的顏色？
(A) 🅰 (B) ab (C) A (D) 🅰。 [109工管]

2. **換段** ↵：按Enter鍵；**換行** ↓：按Shift + Enter鍵。

→ 按 ¶ 鈕，可設定文件中，是否顯示 ↵、↓、→ 等編輯標記。

3. 按**常用**標籤中的工具鈕，可設定字元格式。

操作項目	工具鈕	操作項目	工具鈕
字型	Times New R ▼	圍繞字元	字
字型大小	12 ▼	大小寫轉換	Aa ▼
粗體	B	刪除線	abc
斜體	I	下標	X₂
底線	U ▼	上標	X²
字元框線	A	放大字型	A˄
字元網底	A	縮小字型	A˅
醒目提示	aby ▼	清除格式設定	A
字型色彩	A ▼	文字效果	A ▼
注音標示	中ㄨ		

（字型大小會變／字型大小不變 備註）

a. 底線格式：按 U▼ 旁的倒三角形鈕，可選擇底線的樣式與色彩，例如雙底線、粗底線、波浪底線。

b. 文字效果 A▼：可為文字加入 **陰影**、**反射**、**光暈** 等效果。

4. 字型樣式設定：在**常用**標籤，按**字型**區的 ⌐ 鈕，還可設定以下格式。

操作項目	字型標籤內的功能	操作項目	進階標籤內的功能
強調標記	強調標記：. ▼	字元間距	間距(S)：加寬 ▼　點數設定(B)：1 點
雙刪除線	☑ 雙刪除線(L)	上移、下移	位置(P)：上移 ▼　位移點數(Y)：3 點
隱藏	☑ 隱藏(H)	縮放比例	縮放比例(C)：100% ▼

→ 設成隱藏的文字，按 ¶ 鈕可隱藏或顯示在Word文件中，但不會被印出，常用在講稿註解。

5. 插入符號 Ω符號▼：插入各種符號，例如▲、◇、★、♀、☎、✍。

6. 拼字及文法檢查：文件中拼字錯誤處會顯示紅色波浪底線；文法錯誤處會顯示藍色雙底線。（列印時，線條不會被印出來）

7. 限制編輯 📄限制編輯：在**校閱**標籤，按**限制編輯**鈕，可為文件加入密碼，或是限制文件可編輯的範圍（例如只能編輯內文樣式的文字）。

B1-7

三、版面的設定與文件列印 103 107

1. **版面設定**：在**版面配置**標籤，按**版面設定**區的 ⬚，可設定文件的邊界、紙張大小、文件格線、版面配置（如頁首／頁尾與頁緣距離各1cm）等。

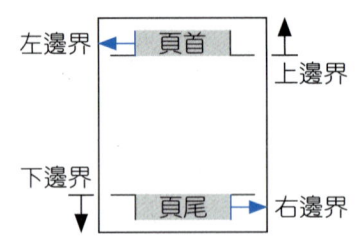

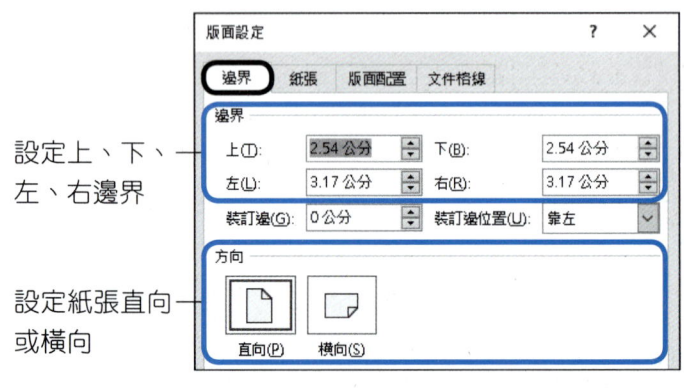

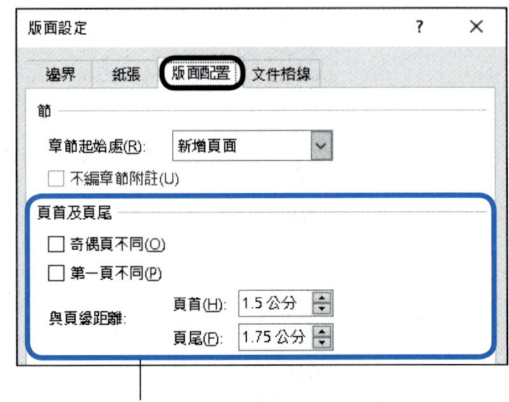

頁首及頁尾的相關設定

2. **頁首／頁尾**：在**插入**標籤，按**頁首**或**頁尾**，可插入**頁碼**、日期、時間等資料。

    a. 加入在頁首、頁尾的資料，會顯示在文件**每一頁**。

    b. 在頁首／頁尾編輯模式，可透過**頁首及頁尾工具**標籤編修頁首及頁尾的設定。

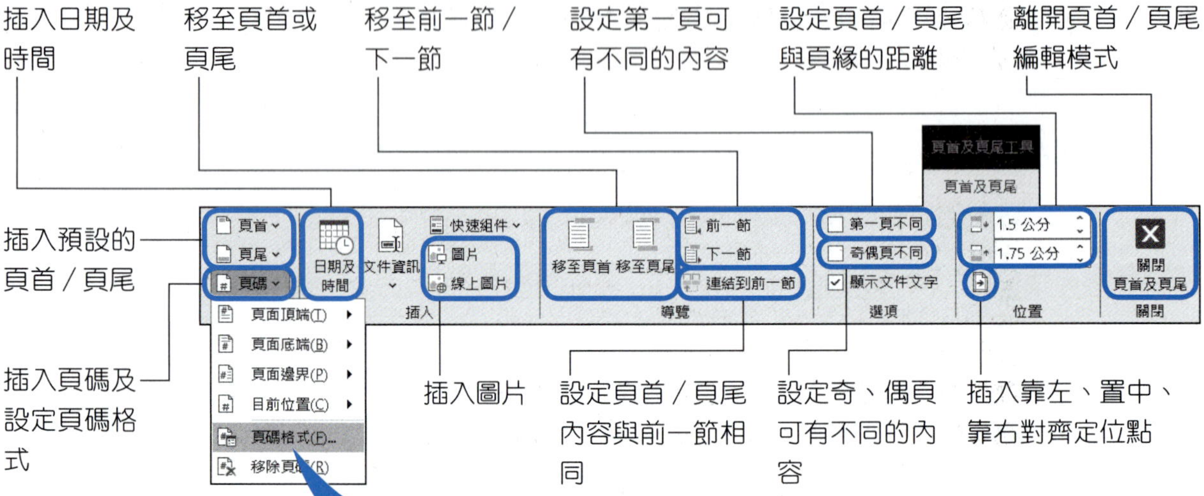

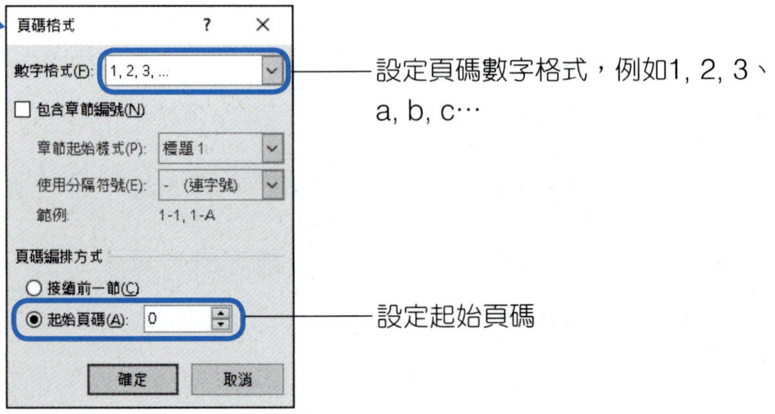

統測這樣考

(A)28. 下列關於Microsoft Word「頁首／頁尾」功能的敘述，何者不正確？
(A)只能插入文字，不能加入圖片
(B)可插入文字藝術師
(C)除頁碼外，還可以顯示頁數
(D)可以插入日期和時間。
　　　　　　　　　　　　　[108工管]

解：Microsoft Word「頁首／頁尾」可以插入圖片。

統測這樣考

(C)21. 請問在Microsoft Word中，如果只要列印第2頁與第10頁，在"列印"功能中的"列印自訂範圍"輸入值為何？
(A)2-10　(B)2~10　(C)2,10　(D)2..10。　　[109工管]

c. 若設定「第一頁不同」，且「起始頁碼」為"0"，則第一頁不會顯示頁碼，第二頁的頁碼為1。

3. 文件列印：按『檔案/列印』，可設定欲列印的份數、範圍、每張紙所含頁數、配合紙張調整大小等。

   a. 列印範圍：可選擇全部（即整份文件）、本頁（目前檢視頁面）、選取範圍、或指定某幾頁。設定僅列印某幾頁的方法如下。

欲列印的頁數	使用符號	範例	說明
連續頁	-	3-5	印出3、4、5頁
		3-	印出從第3頁至最後一頁
不連續頁	,	1,5	印出1、5頁
混合	- ,	1-3,5	印出1、2、3、5頁

   b. **每張紙所含頁數**：可將多頁文件（如2頁）印在同一面紙上。

   c. 配合紙張調整大小：縮放文件大小，如將A3尺寸的文件，縮小列印成A4尺寸。

   d. 自動分頁：當列印份數設定超過1份（如2份），會先印完整份文件後，再列印第2份。

   五秒自測　若要列印1、3、5頁，應如何輸入列印範圍？　1,3,5。

4. 列印浮水印：在**設計**標籤，按**浮水印**，可在文件的每一頁加入相同的文字或圖片浮水印。欲修改浮水印外觀，須透過**頁首／頁尾**模式。

得分區塊練

(B)1. 要把Microsoft Word文件內的資料3562改成3^{562}，我們可以使用下列哪一種功能？
(A)版面設定　(B)字型　(C)顯示比例　(D)尺規。

(A)2. 在Word文件檔中，如果要在每頁的相同位置顯現浮水印，可在下列何項功能中設定？　(A)頁首與頁尾　(B)文字藝術師　(C)樣式　(D)版面設定。

(A)3. 在Word中，若要設定紙張大小及列印方向，應使用下列哪一項功能？
(A)版面設定　(B)頁首／頁尾　(C)直書／橫書　(D)分節設定。

(C)4. 在Word中列印文件時，輸入下列何者表示僅要列印文件中的第1頁與第3頁？
(A)1-3　(B)1~3　(C)1,3　(D)1:3。　4. 列印範圍為不連續頁時，可使用,（逗號）來表示。

(D)5. 在Word中，如果要在頁首或頁尾中插入頁碼，應如何操作？
(A)按 [頁首▼] 鈕　(B)自行輸入"<#>"　(C)按 [頁尾▼] 鈕　(D)按 [#頁碼▼] 鈕。

統測這樣考

(B)43. 在Microsoft Word中，若欲列印第3、4、5、6、10、11頁時，可在「列印」對話方塊的「頁面：」後輸入下列何者？
(A)3~6:10~11　(B)3-6,10,11　(C)3~6,10~11　(D)3:6;10,11。　[107商管]

數位科技應用 滿分總複習

★新課綱命題趨勢★
情境素養題

▲閱讀下文，回答第1至2題：

阿元與晶晶經常閱讀報章雜誌，認為「綠能產業」越來越受到社會大眾的重視，例如太陽能、風力發電、地熱等，決定撰寫有關「再生能源」的專題報告。阿元將網路上蒐集的資料交給晶晶，讓晶晶使用Word軟體進行適當的統整與編排，以便列印出完整的專題報告。

(C)1. 晶晶在使用Word撰寫有關「再生能源」的專題報告時，利用許多快速鍵來加快文件的編排，請問下列哪一組快速鍵有誤？　　1. 複製格式：Ctrl + Shift + C。
(A)複製：Ctrl + C　　(B)剪下：Ctrl + X
(C)複製格式：Ctrl + Alt + C　　(D)另存新檔：F12。　　[1-2]

(D)2. 晶晶若想為文件加入一個環保標章的浮水印，請問她應該透過Word軟體中的哪個標籤來加入浮水印？
(A)版面配置　(B)檢視　(C)校閱　(D)設計。　　[1-2]

(C)3. 青雲想使用Word來製作網頁，讓網路上的瀏覽者分享他的讀書心得，請問他必須將文件檢視模式設定為下列何者，才能在文件中加入動畫物件或背景音樂等特效？
(A)草稿　(B)整頁模式　(C)Web版面配置　(D)大綱模式。　　[1-1]

(A)4. 阿德利用Word撰寫一篇「世界上最透明的故事」之讀後感，他可以透過下列哪一個功能，來改變標題文字的色彩與字型，使標題文字較為醒目？
(A)字型　(B)段落　(C)另存新檔　(D)儲存檔案。　　[1-2]

精選試題

1. 範本是Word預先設計好的文件樣式檔案，以便使用者可快速完成文件的製作。

1-1 (A)1. 在Microsoft Word文書處理軟體中，下列何者最適用於快速建立一份中文履歷表？
(A)範本　(B)巨集　(C)功能變數　(D)自動圖文集。

(A)2. 在Microsoft Word中，要將Word文件轉存成Web畫面，應如何操作？
(A)將檔案另存成html格式
(B)將檔案另存成pdf格式
(C)切換至Web版面配置模式，再儲存檔案
(D)用儲存至Web功能，將檔案儲存至雲端硬碟。

(B)3. 在下列Microsoft Word的文件模式中，哪些模式可以顯示出我們所繪製的圖案？
(A)草稿與Web版面配置
(B)整頁模式與Web版面配置
(C)大綱模式與整頁模式
(D)草稿與大綱模式。

(D)4. 在文書處理軟體Microsoft Word中，下列資訊何者不會出現在狀態列中？
(A)頁數　(B)字數　(C)行數　(D)輸入法。

4. 狀態列可以顯示文件的頁數、字數、行數，但無法顯示輸入法。

第1章 認識文書處理軟體

(A)5. 在微軟Word文書處理軟體中,若要指定列印的範圍,下列格式何者正確?
(A)2,4,7-12,15　(B)2,4,6~7,10　(C)4/5/8-20/25　(D)7-10:15-20:23。

(A)6. 若欲將Microsoft Word文件內資料2004改成200^4,下列哪一種操作方式最簡便?
(A)使用字型格式的上標效果
(B)修改字體大小
(C)使用特殊符號
(D)使用文字藝術師。

(B)7. 在使用Microsoft Word時,若要以『拉曳法』複製選定的字串,則在拉曳時須同時按住哪一個按鍵?　(A)Alt　(B)Ctrl　(C)F2　(D)Shift。

(A)8. 在Microsoft Word中,選取某一段文字,然後按下「Ctrl」+「X」鍵,表示:
(A)將所選取文字的內容複製到剪貼簿,並且將其刪除
(B)只將所選取文字刪除,但不將其內容複製到剪貼簿
(C)改變所選取文字的字型,並且將其內容複製到剪貼簿
(D)將所選取文字的內容複製到剪貼簿,但不將其刪除。

(B)9. 在一份含有5頁的Word文件中,若希望第1、2頁不顯示頁碼,第3、4、5頁分別顯示頁碼1、2、3,該怎麼做?
(A)設定第一頁的頁首頁尾與其它頁的頁首頁尾不同後,再設定頁碼從0開始,最後插入頁碼
(B)利用分節符號,設定第3頁開始為第2節,接著在第3頁的頁首頁尾,設定不連結至前一節,並設定頁碼從1開始,再插入頁碼
(C)設定奇偶頁的頁首頁尾不同後,再插入頁碼
(D)設定頁碼從0開始,並在第3頁插入頁碼。

統測試題

1. 在文件引導模式下,Word會自動將套用「標題」樣式的文字顯示於導覽窗格中。

(D)1. 為了方便檢視Word長篇文件,可以開啟文件引導模式,將文件區分成左右兩個窗格,左邊窗格為導覽視窗,其所顯示的內容為何?
(A)內文　(B)註腳　(C)索引　(D)標題。　　　　　　　　　　　[102商管群]

(A)2. 在Microsoft Word中,新編輯一個頁數共7頁的文件檔,先勾選有關頁首及頁尾功能的「奇偶頁不同」及「第一頁不同」二個核取方塊後,在第2頁的頁首中插入「頁碼」,在第3頁的頁首中插入「頁數」,則下列有關該文件檔的頁首敘述,何者錯誤?
(A)第1頁的頁首資訊為「7」
(B)第4頁的頁首資訊為「4」
(C)第5頁的頁首資訊為「7」
(D)第6頁的頁首資訊為「6」。

2. 勾選「第一頁不同」後,於第2頁、第3頁開始設定頁首資訊,所以第1頁並不會顯示頁首資訊。

[103商管群]

(A)3. 在Microsoft Word中,在尚未結束段落之前,使用下列哪一種按鍵組合可以強迫換行而不產生段落?
(A)Shift + Enter　(B)Alt + Enter　(C)Ctrl + Enter　(D)Space + Enter。　[103工管類]

B1-11

(C)4. 下列敘述何者錯誤？　　　　　　　　　　　4. Microsoft Word預設的範本格式為dotx。
　　　　(A)Microsoft Word合併列印的資料來源可以是Microsoft Word資料檔
　　　　(B)Microsoft Word合併列印的資料來源可以是Microsoft Excel資料檔
　　　　(C).odt是Microsoft Word預設的範本格式
　　　　(D)Microsoft Word文件可以另存新檔成rtf格式。　　　　　　　　　　　　　[104商管群]

(B)5. 在Microsoft Word中執行下列哪一項動作，與按Ctrl＋V快速鍵具有相同的效果？
　　　　(A)剪下　(B)貼上　(C)複製　(D)全選。　　　　　　　　　　　　　　　　[105商管群]

(D)6. 在Microsoft Word中，下列何者與　按鈕的功用最相關？
　　　　(A)清除　(B)文繞圖　(C)色彩填充　(D)複製格式。　　　　　　　　　　　[105工管類]

(A)7. 下列何者不是Microsoft Word文件的檢視模式？
　　　　(A)備忘稿　(B)草稿　(C)大綱模式　(D)Web版面配置。　　　　　　　　　[107商管群]

(B)8. 在Microsoft Word中，若欲列印第3、4、5、6、10、11頁時，可在「列印」對話方塊
　　　　的「頁面：」後輸入下列何者？
　　　　(A)3~6:10~11　(B)3-6,10,11　(C)3~6,10~11　(D)3:6;10,11。　　　　　[107商管群]

(D)9. 下列哪一個套裝軟體可以用來編輯HTML格式的檔案？　9. PowerDVD：影片播放軟體；
　　　　(A)PowerDVD　　　　　　　　(B)Nero　　　　　　　Nero：燒錄軟體；
　　　　(C)WinRAR　　　　　　　　　(D)Microsoft Word。　WinRAR：壓縮軟體。
　　　　　　　　　　　　　　　　　　　　　　　　　　　　　　　　　　　　　　[107資電類]

(A)10. 下列何項操作不適合使用Microsoft Word文書處理軟體來完成？
　　　　(A)將照片中的人物套索出來
　　　　(B)撰寫書本的心得報告
　　　　(C)依格式繕打會議記錄
　　　　(D)編寫修改個人履歷表。　　　　　　　　　　　　　　　　　　　　　　[108商管群]

(A)11. 下列關於Microsoft Word「頁首／頁尾」功能的敘述，何者不正確？
　　　　(A)只能插入文字，不能加入圖片
　　　　(B)可插入文字藝術師　　　　　11. Microsoft Word「頁首／頁尾」
　　　　(C)除頁碼外，還可以顯示頁數　　　　可以插入圖片。
　　　　(D)可以插入日期和時間。　　　　　　　　　　　　　　　　　　　　　　[108工管類]

(C)12. 小明在某家電子公司擔任工程師設計一顆邏輯IC，當他要撰寫這個IC的資料說明書
　　　　（Data Sheet）時，請問他最好使用下列什麼工具進行編輯？
　　　　(A)SQL（Structured Query Language）
　　　　(B)C Complier　　　　　　　12. SQL（Structured Query Language）是資料庫管理軟體；
　　　　(C)Microsoft Word　　　　　　　C Complier是C語言的編譯程式；Assembler是組譯程式；
　　　　(D)Assembler。　　　　　　　　題目詢問可用來撰寫IC的資料說明書，即是利用
　　　　　　　　　　　　　　　　　　　Microsoft Word文書處理軟體來編輯。　　[108資電類]

(D)13. 使用文書處理軟體（Word），假設我們有一個檔案包含以下的內容 "Time is
　　　　money."，我們先用 "key" 取代 "ey"，再用 "m" 取代 "me"，則檔案中的內容成為下列
　　　　何者？
　　　　(A)Time is money.
　　　　(B)Time is monkey.　　　　　13. Time is money.
　　　　(C)Tim is money.　　　　　　　　先用 "key" 取代 "ey" → Time is monkey.
　　　　(D)Tim is monkey.。　　　　　　再用 "m" 取代 "me" → Tim is monkey.
　　　　　　　　　　　　　　　　　　　　　　　　　　　　　　　　　　　　　[109商管群]

第1章 認識文書處理軟體

> 14. 在Microsoft Word中,欲列印的頁數為不連續頁時,需使用「,」符號。

(C)14. 請問在Microsoft Word中,如果只要列印第2頁與第10頁,在 "列印" 功能中的 "列印自訂範圍" 輸入值為何?
(A)2-10　(B)2~10　(C)2,10　(D)2..10。　[109工管類]

(D)15. 在Microsoft Word的編輯中,如果想回到上一步驟,可以同時按下哪兩個鍵?
(A)同時按下【Ctrl】與字母【A】鍵
(B)同時按下【Ctrl】與字母【B】鍵
(C)同時按下【Ctrl】與字母【C】鍵
(D)同時按下【Ctrl】與字母【Z】鍵。

> 15. 在Microsoft Word中,快速鍵Ctrl + A為全選、Ctrl + B為加粗、Ctrl + C為複製。

[109工管類]

(C)16. 透過Microsoft PowerPoint軟體進行簡報編輯,如果要改變文字顏色,請問要按下列哪個按鈕可以修改文字的顏色?
(A)圖　(B)圖　(C)圖　(D)圖。

> 16. 圖 為設定字元網底;圖 為設定醒目提示;圖 為設定網底。

[109工管類]

(A)17. Microsoft Word文書處理軟體,經常使用快捷鍵進行內文的複製、貼上、存檔或者剪下,若要由文件A剪下一段已選擇的文字並貼在文件B內,應該選用下列哪一組快捷鍵?
(A)在文件A上使用Ctrl + X;在文件B上使用Ctrl + V
(B)在文件A上使用Ctrl + X;在文件B上使用Ctrl + Z
(C)在文件A上使用Ctrl + C;在文件B上使用Ctrl + V
(D)在文件A上使用Ctrl + C;在文件B上使用Ctrl + X。

> 17. 剪下:Ctrl + X;貼上:Ctrl + V。

[110資電類]

(C)18. 在文書處理軟體(Word)中,要使用滑鼠選取多個不連續範圍的文字內容,須搭配按住下列哪一個鍵?　(A)Alt　(B)Caps Lock　(C)Ctrl　(D)Shift。　[111商管群]

B1-13

數位科技應用　滿分總複習

第 2 章　Word文件的編輯與美化

統測這樣考

(C)36. 在Microsoft Word中，當段落中有文字大小超過行高時，下列何種行距設定會使文字無法完整顯示？
(A)最小行高　　　(B)單行間距
(C)固定行高　　　(D)多行。　　　　[107商管]

2-1　文件的編輯

一、段落格式設定　102 104 105 107 108 109 110 112 113

1. 段落設定：在**常用**標籤，按**段落**區的 ▣，可設定段落的對齊方式、縮排、行距及段前／段後的間距等。

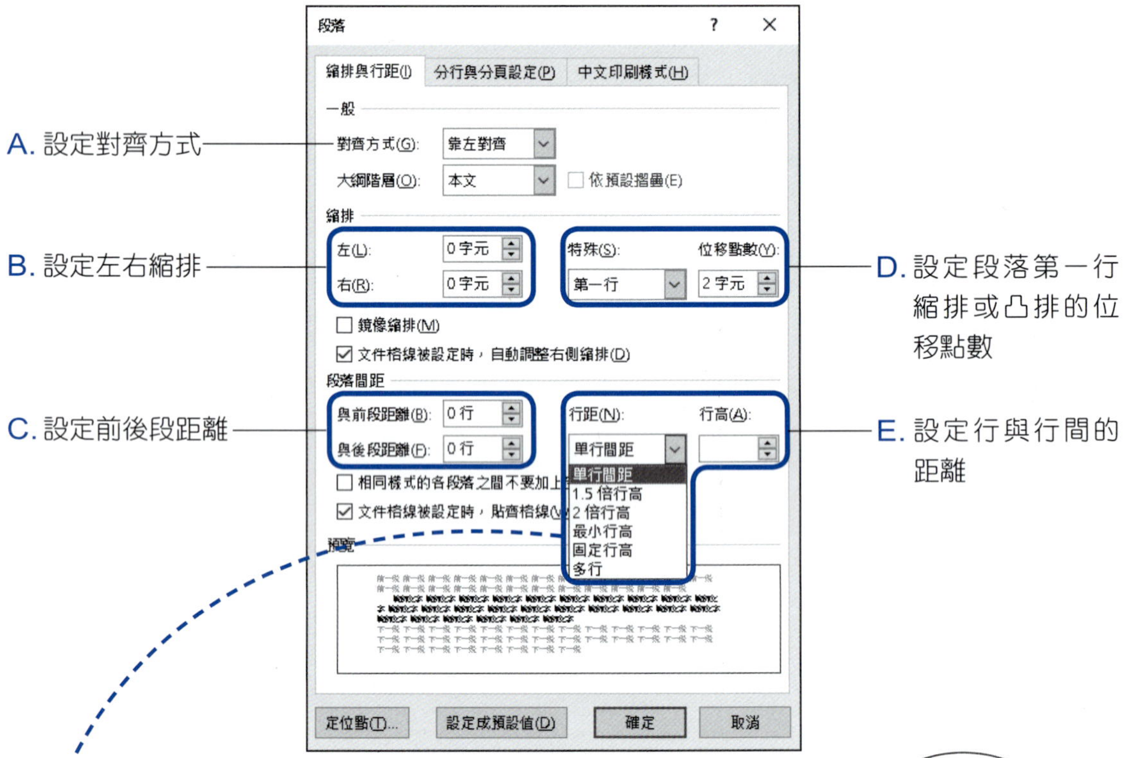

A. 設定對齊方式
B. 設定左右縮排
C. 設定前後段距離
D. 設定段落第一行縮排或凸排的位移點數
E. 設定行與行間的距離

行距	自訂行高	說明
單行間距	不可	以單行中最大字的高度為行高
最小行高	可	行高不可小於該段所需最小行高，最小行高以該段中最大字的高度為準
固定行高		行高固定，若段落中有文字大小超出自訂行高，**文字無法完整顯示**

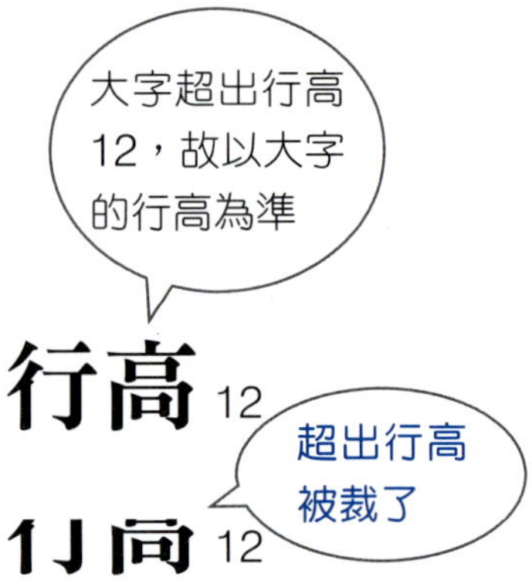

大字超出行高12，故以大字的行高為準

超出行高被裁了

a. 若文句行末為**手動換行**（顯示 ↓ **換行符號**），則設定行高時，會整段文句一併調整。

B2-2

b. 按**常用**標籤的工具鈕，也可設定段落的對齊方式及調整段落的縮排。

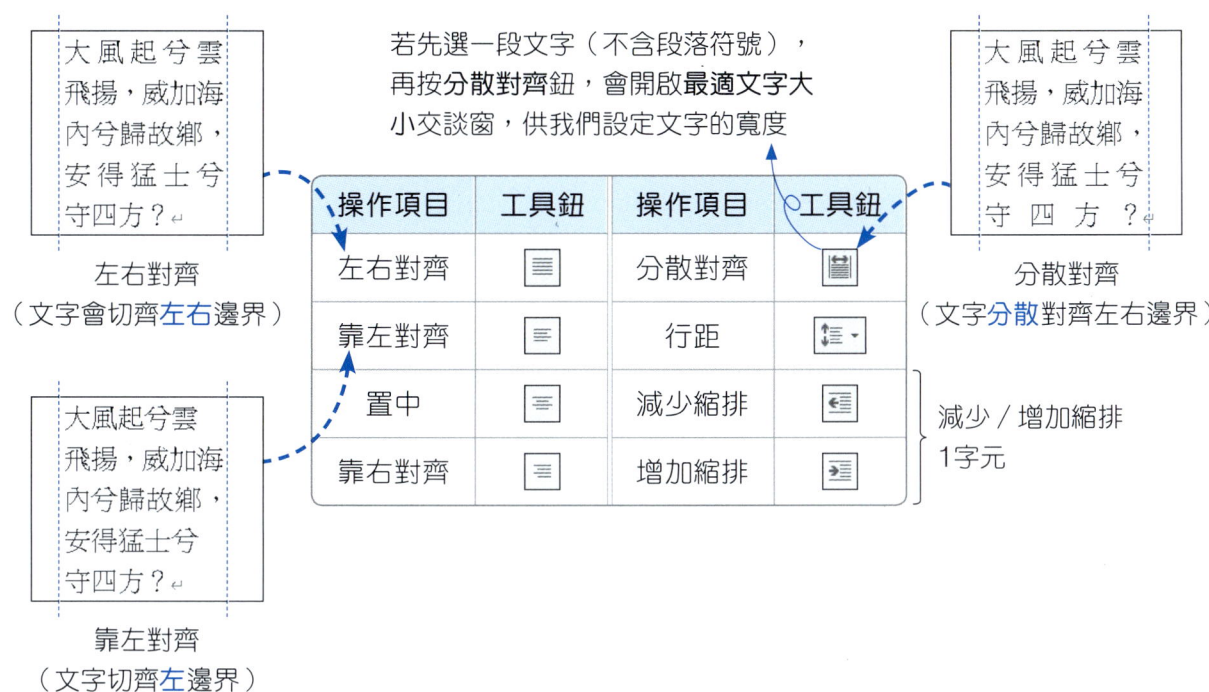

c. 在**檢視**標籤的**顯示**區，勾選**尺規**核取方塊，可顯示或隱藏尺規。利用水平尺規的4個調整鈕，也可以調整段落的縮排。

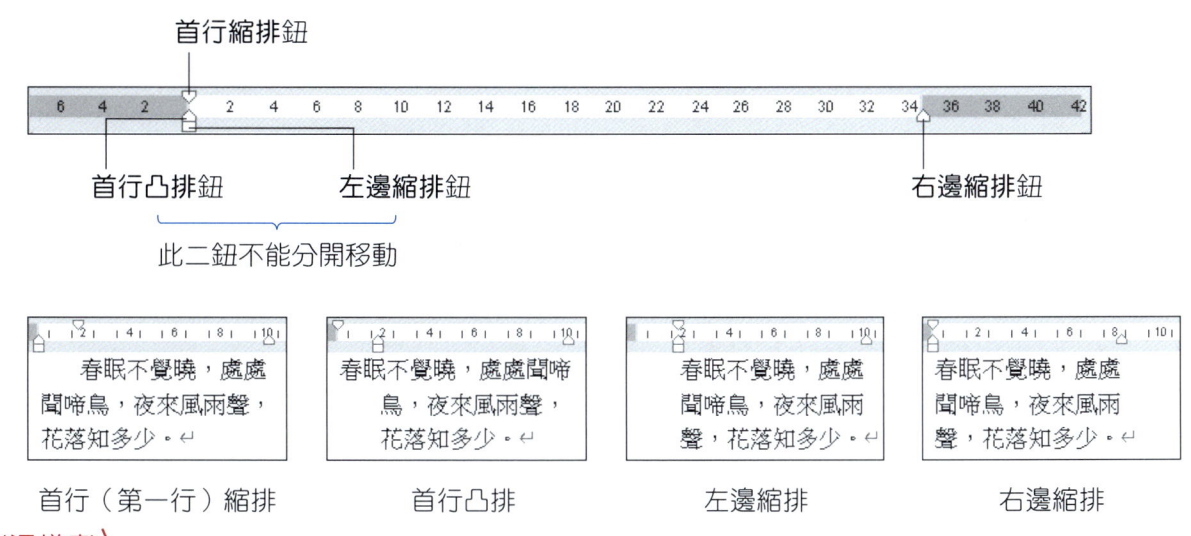

統測這樣考

(A)31. 如果要用Microsoft Word編輯一個文件，要將圖（九）文件範例中的標題「正確洗手七字訣」設定成『置中對齊，加上底線』，請問在選擇此段文字後，要點選下列哪幾個按鈕鍵，圖示中按鈕分別以1、2、3、4代表？
　　　(A)①③　(B)②③　(C)①④　(D)②④。　　　　　　　　　　　　　　[109工管]

圖（九）

2. 段落分頁設定：為了避免一段文字只有1、2個字落在下一頁，我們可自行設定段落分頁的規則。

A. 避免同一段落只遺漏一行在另一頁

B. 避免同一段落分隔成2頁

C. 設定某段落與下一段落同頁

D. 強迫某段落的內容顯示在下一頁開頭

3. **定位點**設定：在**尺規**上單按或在**常用**標籤，按**段落**區的 ⬚，按**定位點**，可設定定位點位置。

   a. **定位點**的對齊方式有**靠左**（預設）、**置中**、**靠右**、**小數點**、**分隔線**等5種。

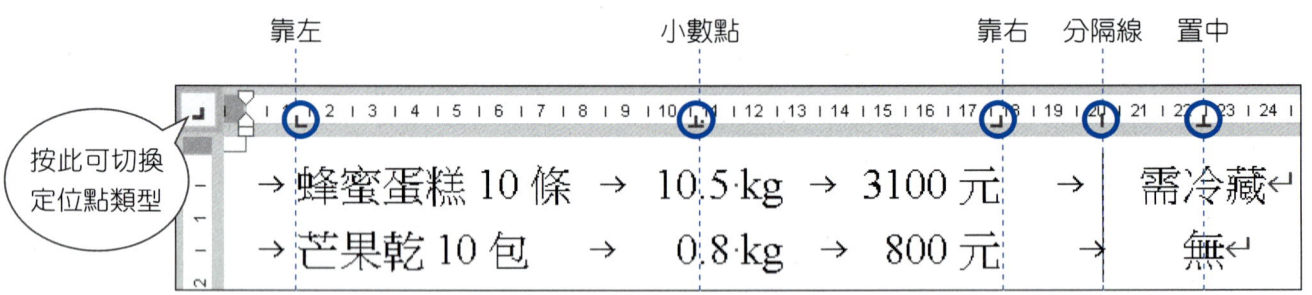

   b. 按**Tab**鍵，可讓文字對齊定位點。

   c. 拖曳尺規上的定位點，並按**Alt**鍵，可微調定位點位置；若拖曳定位點至尺規外，可清除該定位點。

   d. 利用**定位點**交談窗，可精確設定定位點位置。

統測這樣考

(A)37. 使用文書處理軟體（Word），下列哪一項最適合用來指定文字輸入的起始位置？ (A)定位點 (B)縮排 (C)對齊 (D)項目符號與編號。 [109商管]

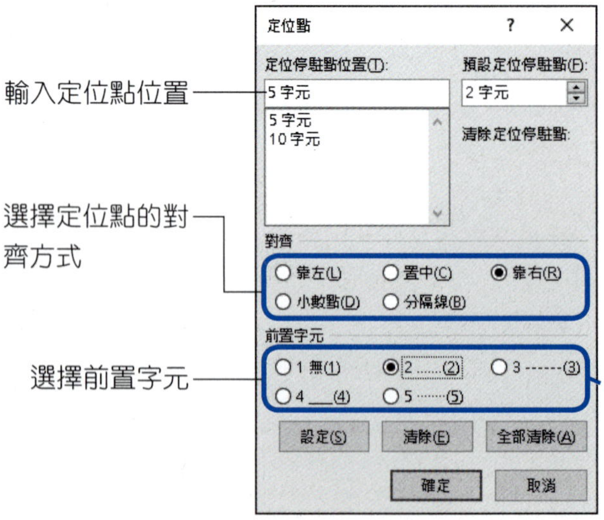

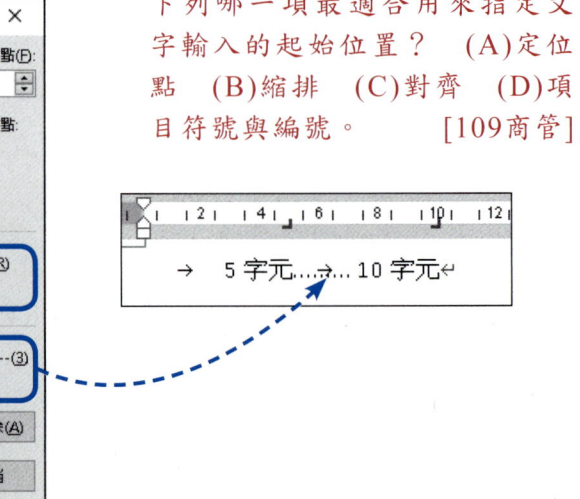

第 2 章　Word文件的編輯與美化

這就是編號

4. 項目符號及編號的設定：按**常用**標籤中的**項目符號**、**編號**，可將文句以條列方式呈現，並在文句前方加上項目符號或流水號。

    → 按 ◀ 或 ▶ 鈕可減少 / 增加項目符號或編號的階層。

5. 多欄式設定：在**版面配置**標籤，按**欄**，可將文件分欄編排，使文件版面較有變化。

    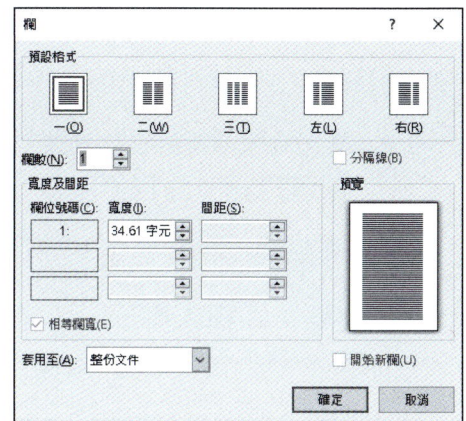

    a. 每一欄的寬度至少**3字元**。
    b. 分欄後內容與原內容之間是以**分節符號** ……分節符號（接續本頁）…… 隔開。
    c. 若要刪除分欄設定，可按Delete鍵刪除分節符號，或重新設定為一欄。

6. 分隔設定：在**版面配置**標籤，按**分隔符號**，可插入**分頁**、**分欄**、**換行**、**分節**等分隔符號，以強制將文字換行或換頁。

    a. 插入分欄符號 ……分欄符號……，可將文字強制移至下一欄。按Delete鍵可刪除插入的分隔符號。
    b. ……分欄符號……、……分節符號（下一頁）…… 等標記在列印時不會印出；按 ¶ 鈕可隱藏或顯示此標記。
    c. 分節後，可為不同節的內容設定不同的邊界、紙張大小、紙張方向、頁首及頁尾、欄、直書橫書……等設定。
    d. 刪除 ……分節符號（下一頁）…… 後，分節符號前的內容，會自動套用下一節的段落格式。

7. 其他格式設定：

格式	直書 / 橫書	首字放大	橫向文字	組排文字 / 並列文字
範例	直書　　橫書	愛是恆久忍耐、又有恩慈；愛是不嫉妒。愛是不自誇、不張狂；不作害羞的事。不求自己的益處，不輕易發怒，不計算人的惡，不喜歡不義，只喜歡真理。凡事包容，凡事相信，凡事盼望；凡事忍耐。愛是永不止息。	日期：12月25日 ➡ 日期：12月25日	親愛的＿＿＿先生/女士：　組排文字　時間：[國曆5月12日/農曆3月24日]　並列文字
備註	• 同一份文件可透過分節符號，設定第1頁為橫書、第2頁為直書 • 同一頁無法同時設定直書與橫書	可設定首字放大		組排文字最多6個字元；並列文字無此限制，且能加入括弧

統測這樣考　(B)38. 使用Word編輯專題報告包含封面、目錄、圖表目錄及本文等，有關頁碼的數字格式設定如下：封面頁沒有頁碼、目錄為羅馬數字（例如：I、II）、圖表目錄為英文大寫（例如：A、B）及本文為阿拉伯數字（例如：1、2），要完成上述要求，分隔設定可使用下列何者？　(A)分頁符號　(B)分節符號　(C)文字換行分隔符號　(D)分欄符號。　　[112商管]

二、樣式的使用

1. **樣式**：一套定義文字色彩、大小、段落間距…等格式的規則。選取要套用樣式的標的（如文字），再按樣式名稱，即可套用樣式。套用樣式後，只要修改該樣式，所有套用該樣式的標的都會隨之更改，因此可節省設定文件格式的時間。

2. **目錄**：在**參考資料**標籤，按**目錄**，可建立目錄。Word目錄預設有「超連結」。
   a. Word預設將文件中套用**標題**樣式的文字歸屬為目錄內容，**標題1**為第1層目錄，**標題2**為第2層目錄，依此類推。
   b. 將游標移至目錄上，按**F9**鍵，可更新目錄。

3. **超連結**：在**插入**標籤，按**連結**，可連結至相關網頁、電子郵件地址，或文件中的任一位置。　▶Word 2016：按**超連結**
   a. Word與網頁瀏覽器不同，無法利用直接單按的方式開啟超連結。
      若要開啟Word文件中的超連結，需按住**Ctrl**鍵，再單按設為超連結的文字。
   b. 若要設定連結至文件中的任一位置，須先在欲連結的位置，按**插入**標籤的**書籤**，並設定書籤名稱（書籤名稱不得以數字開頭）。

4. **圖表標號**：為圖片、表格**插入標號**，可在內文中引用圖表的標號。若設定**交互參照**功能，當圖表變動時，可使參照文字與圖表的標號同步更新。

5. **追蹤修訂**：在**校閱**標籤，按**追蹤修訂**，才可記錄文件每次被修改更動的痕跡，並保留原始的版本。當有多人編修同一份文件時，可使用此功能來管理每個人對文件的編修。

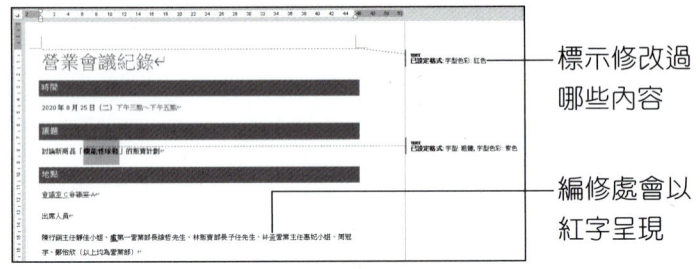

三、合併列印 106 112

1. 合併列印功能可快速產生多份內容相同，姓名、地址等資料不同的文件。

2. 合併列印的使用必須要有**主文件**與**資料來源**檔案：

項目	說明	檔案類型	範例
主文件	為合併文件的主體，可選用的類型有標籤、信件、目錄、電子郵件訊息、信封等	Word檔（*.doc、*.docx）	邀請函文件
資料來源	存放要併入主文件的資料檔案（1個主文件只能使用1個資料來源）	Word檔（*.doc、*.docx）、Excel檔（*.xls、*.xlsx）、Access檔（*.mdb、*.accdb）、網頁檔（*.html）	邀請名單

a. 資料來源為Word檔時，須為表格文字，或是資料之間以逗號、空格、定位點等符號做分隔。要注意來源資料必須包含各欄標題，且標題前不可有其他文字，不可另有大標題列。

b. 按編輯收件者清單鈕，可排序或篩選資料來源檔中的資料。

c. **功能變數**：是Word提供的預設功能，可使合併列印更富有彈性。如：Next Record可在同一頁插入多筆記錄；If…Then…Else可用來進行條件判斷，如判斷性別為 "男" 顯示 "先生"，否則顯示 "小姐"。加入的功能變數大多會以《》括住。

3. 合併列印的步驟流程：

Step 1 選取主文件類型（如信件） ≫ **Step 2** 選取資料來源檔案（如Excel檔） ≫ **Step 3** 開啟「編輯收件者清單」進行資料篩選 ≫ **Step 4** 在主文件中插入要合併的資料欄位 ≫ **Step 5** 完成與合併列印至新文件

4. 合併列印的範例：

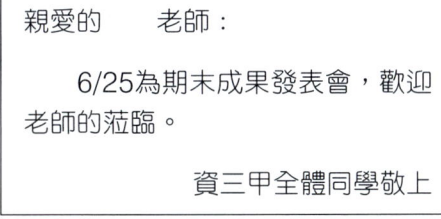

主文件（邀請函文件）

資料來源（教師名單）

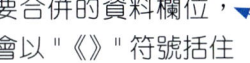

要合併的資料欄位，會以 "《》" 符號括住

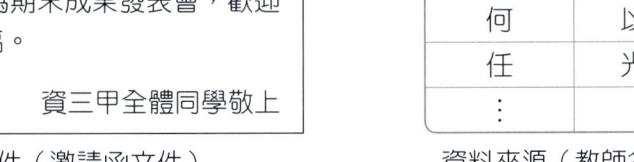

插入合併欄位（資料來源）的文件

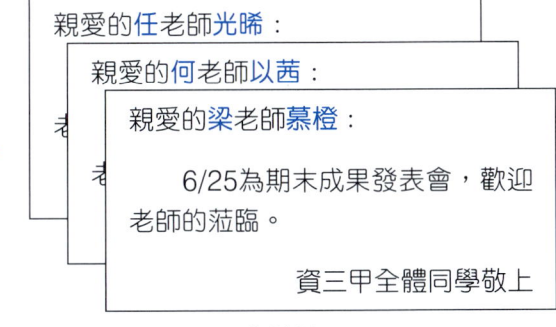

合併結果

統測這樣考

(B)38. 已經準備好考生的姓名、成績和地址等欄位的資料清單，如果要製作每一位同學個別的成績通知單，並且套印信封標籤，最適合採用Microsoft Word文書處理軟體的哪一項功能？ (A)表格建立 (B)合併列印 (C)追蹤修訂 (D)表單設計。　　[106商管]

得分區塊練

(B)1. 在Microsoft Word文書處理軟體中，若要將同欄不同列的文字對齊某一垂直基準線，宜使用下列哪一項功能來達成此效果？
(A)自動校正　(B)設定定位點　(C)設定字型格式　(D)交互參照。

(A)2. 在Word中，哪一項功能可以定義一套文字色彩、大小、段落間距…等格式的規則，以便於快速使文件擁有統一的格式？　(A)樣式　(B)超連結　(C)表格　(D)圖案。

(C)3. 若要在Word中設定按下某一超連結文字後，就跳至文件第2頁，應在第2頁先插入下列何者，才能完成此項設定？　(A)分隔設定　(B)頁碼　(C)書籤　(D)文字方塊。

(B)4. 下列哪一項不是合併列印功能中必須設定的項目之一
(A)主文件　(B)字型大小　(C)資料來源　(D)插入合併欄位。

(B)5. 利用Word的哪一項功能，可以快速製作出大量內容相同，但抬頭、地址不同的文件？　(A)表格　(B)合併列印　(C)文繞圖　(D)版面設定。

2-2　圖表的應用

一、圖片的插入與編修　110　113

1. 插入圖片：在**插入**標籤，按**圖片/此裝置**（或**線上圖片**），可插入電腦中或網路上的圖片。

2. 插入圖片後，可透過**圖片工具圖片格式**標籤編修圖片。

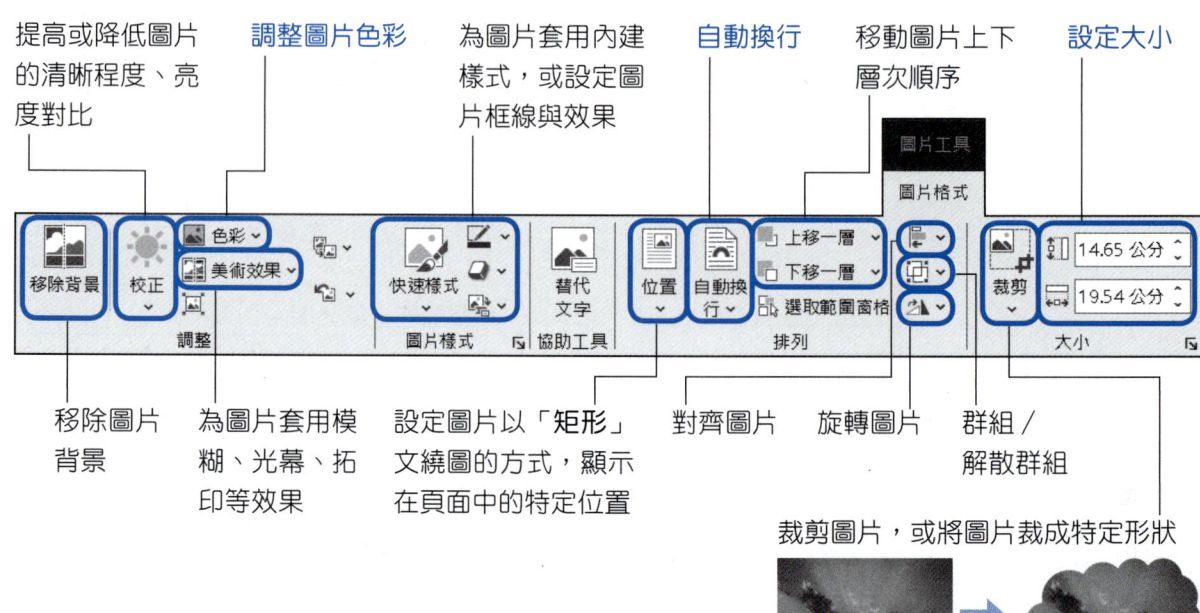

a. 調整圖片色彩　：調整圖片的飽和度、色調及更改圖片的色彩，如灰階、刷淡（如同浮水印效果）等；或將**圖片中的某一顏色設為透明**。

第 2 章 Word文件的編輯與美化

> 📘 統測這樣考
>
> (A)1. 下列何者不是Microsoft Word可設定文繞圖的方式？
> (A)左及右 (B)文字在前 (C)緊密 (D)矩形。 [103工管]

b. **自動換行**：可選擇以下8種**文繞圖**方式。

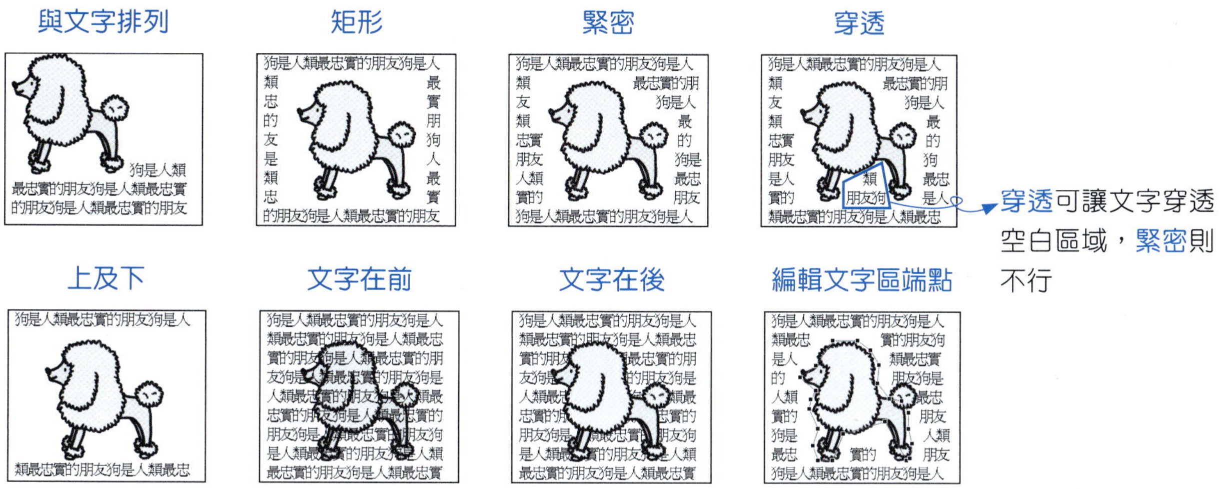

與文字排列	矩形	緊密	穿透

➡ **穿透**可讓文字穿透空白區域，**緊密**則不行

上及下	文字在前	文字在後	編輯文字區端點

c. 設定大小：調整圖片的寬度與高度。若在**大小**區按 ⌐，可開啟**版面配置**交談窗，進一步設定圖片的旋轉角度、設定圖片是否依照等比例縮放等。

二、圖案的插入與編修

1. 插入圖案：透過**插入**標籤所提供的工具鈕，可插入以下各類圖案。

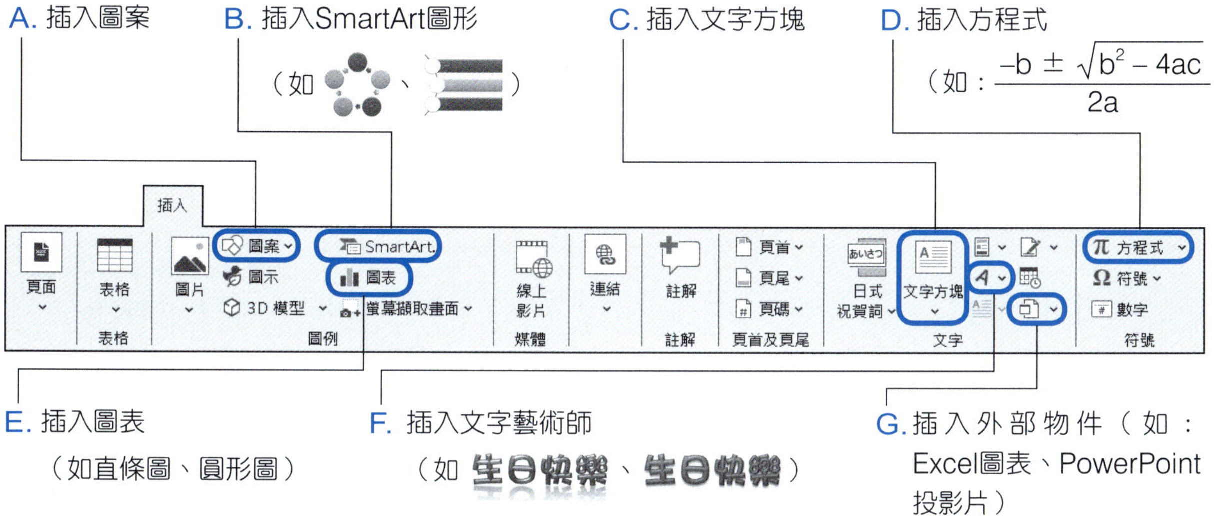

   A. 插入圖案
   B. 插入SmartArt圖形
   C. 插入文字方塊
   D. 插入方程式（如：$\dfrac{-b \pm \sqrt{b^2-4ac}}{2a}$）
   E. 插入圖表（如直條圖、圓形圖）
   F. 插入文字藝術師
   G. 插入外部物件（如：Excel圖表、PowerPoint投影片）

2. 圖案繪製技巧：繪製或調整圖形大小時，按住**Shift**鍵可固定長寬比例。欲選取多個圖案，須按住Shift鍵或Ctrl鍵。

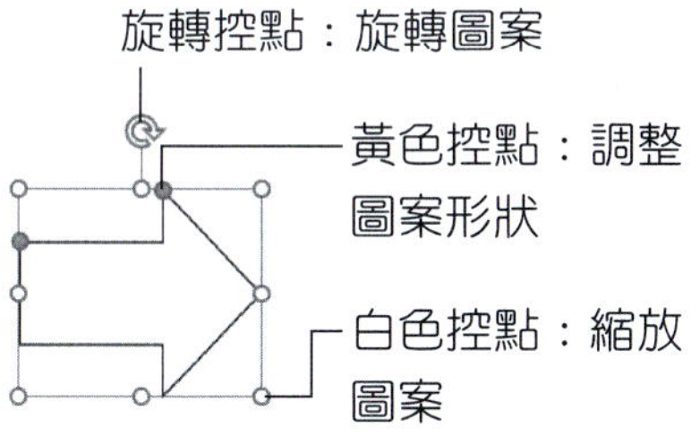

   旋轉控點：旋轉圖案
   黃色控點：調整圖案形狀
   白色控點：縮放圖案

   a. 拉曳圖案四周的控點，可改變圖案外觀。
   b. 在圖案按右鍵，選『新增文字』，或選取圖案後，直接輸入文字，皆可在圖案中加入文字。

> 📘 統測這樣考
>
> (C)38. 在文書處理軟體（Word），欲進行圖案等比例縮放，可先用滑鼠選取圖案後，將滑鼠移動到圖案的右下角控點上，再使用下列哪個按鍵並拖曳控點？
> (A)Ctrl (B)PrintScreen (C)Shift (D)Alt。 [110商管]

數位科技應用　滿分總複習

三、表格的建立與編修　102　103　106　114

1. 表格的建立與編修：透過**表格工具表格版面配置**標籤，可對表格做以下各類編修。

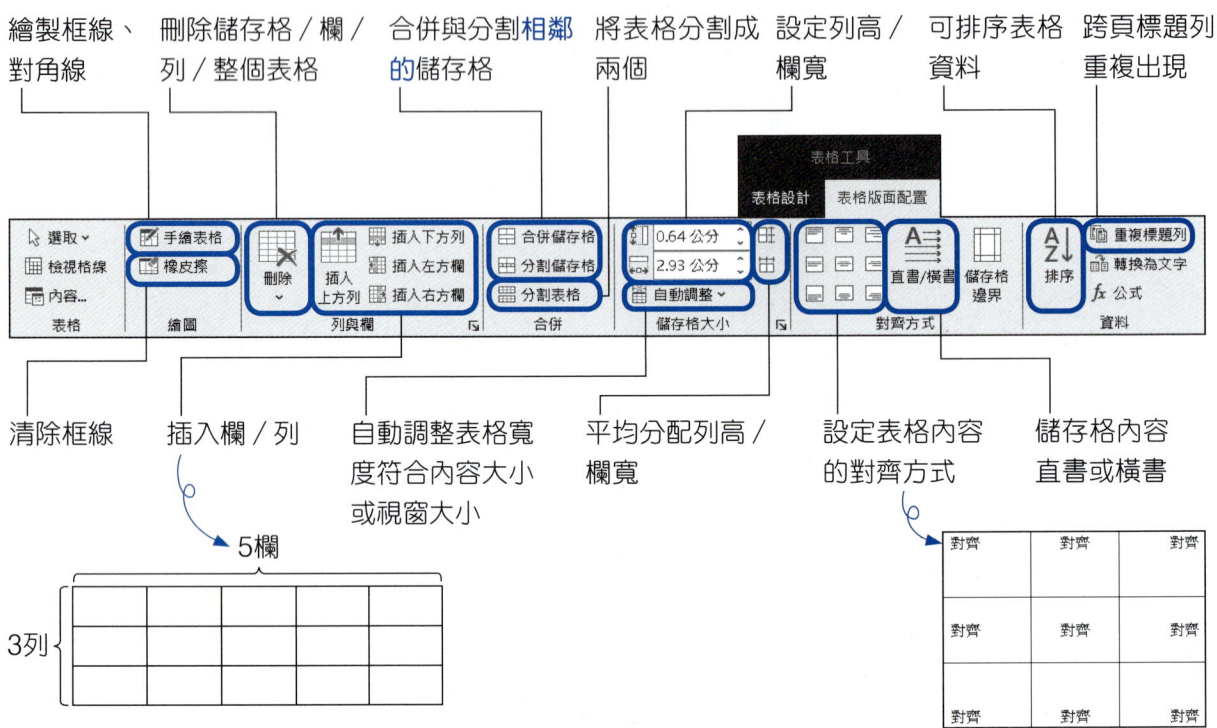

a. 將游標移到表格，按**分割表格**鈕或Ctrl＋Shift＋Enter鍵，可在游標所在列之前新增1個空白段落。

b. 在表格任一列的右方按Enter鍵，或在表格最右下欄按**Tab**鍵，可新增1列。

c. 透過拉曳，可調整表格的欄寬或列高，若拉曳時按住Alt鍵，可進行微調。

d. 選取表格後按**Delete**鍵，**只能刪除表格中的文字**；
若要刪除整個表格，須按**刪除／刪除表格**，或按Backspace鍵。

e. **跨頁標題重複**：選取標題列（如第1～2列），按**重複標題列**，可使跨頁的表格每頁都顯示標題。

f. 在**表格工具表格版面配置**標籤，可設定表格的外觀，也可透過**手繪表格**功能建立寬、高不一的表格，或繪製對角線。

2. 表格的**排序與運算**：按**排序**鈕，可排序表格中的資料；按**公式**鈕，可插入函數來進行表格資料的運算，如 "=SUM(LEFT)" 表示要加總左方儲存格的資料。

┃統測這樣考┃

(B)37. 下列何者不屬於文書處理軟體Microsoft Word表格工具的功能？　(A)合併或分割儲存格　(B)依照設定的條件，進行資料篩選　(C)將表格的資料內容，依照某一個欄位排序　(D)在某一儲存格中加入公式，計算平均值。　　　　　　　　　　　　　　　[106商管]

第 2 章 Word文件的編輯與美化

3. **文字與表格轉換**：在**插入**標籤，按**表格/文字轉換為表格**，可將以符號（如逗號、定位點）分隔的文字轉換成表格；在**表格工具表格版面配置**標籤，按**轉換為文字**，可將表格轉換成以符號分隔的文字。

   → 文字轉表格時，通常是以1個段落符號代表1列；1個分隔符號代表1個分欄線。

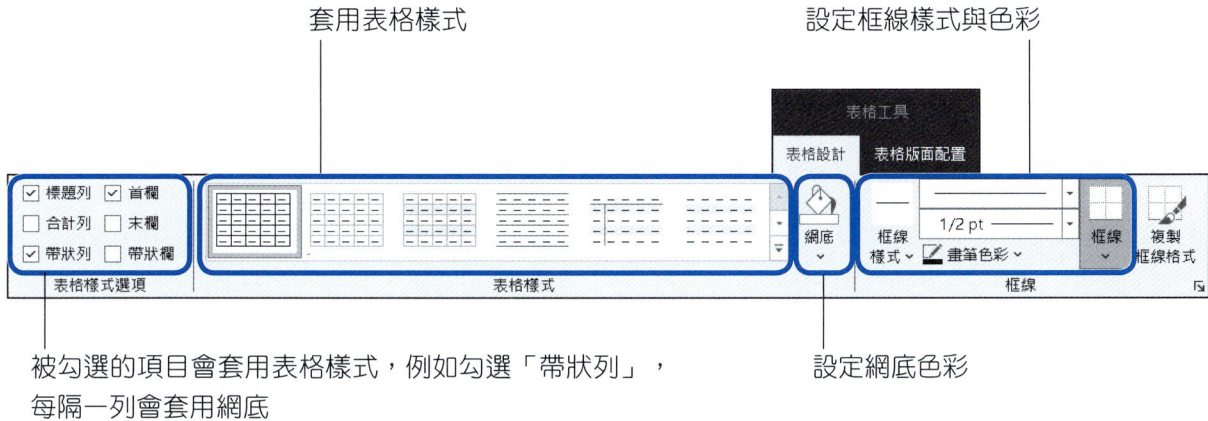

4. **表格美化**：透過**表格工具表格設計**標籤，可為表格套用樣式，或自行繪製表格框線。

四、表單功能

1. 問卷調查表、採購單、請假單等制式化的文件，適合使用Word的「**控制項**」來製作成電子表單，方便填表者以勾選或打字的方式輸入資料。

2. **表單**功能：在**開發人員**[註]的**控制項**區，提供文字、圖片、核取方塊、下拉式方塊等多種控制項，在文件中插入這些控制項，即可建立電子表單。

註：選『檔案/選項』，按自訂功能區，勾選**開發人員**核取方塊，才能顯示開發人員標籤。

數位科技應用 滿分總複習

滿分晉級

★新課綱命題趨勢★
情境素養題

▲閱讀下文，回答第1至2題：

光熙與雅芸希望在暑假期間舉辦一場班遊，以增進同學們之間的友誼，他們利用Word設計了一份家長同意書，內容包含了行程說明、費用、緊急聯絡人及家長簽名處等內容。

(A)1. 光熙與雅芸想要將家長簽名處的位置靠近版面右側，請問她可利用Word中的哪一項功能來設定位置？ (A)定位點 (B)行距 (C)超連結 (D)行高。　[2-1]

(D)2. 光熙與雅芸要為這份家長同意書進行美化，請問下列哪一項操作方式無法利用Word軟體做到？
(A)在家長同意書中插入電腦中的圖片　(B)在家長同意書中插入網路上的圖片
(C)將標題文字設定為文字藝術師效果　(D)在家長同意書中繪製向量圖。　[2-2]

(D)3. 陽陽利用Word軟體幫開果汁店的阿姨設計了一份飲料價目表，他希望價目表中的每一項飲料能更加醒目，請問他可以利用Word的哪一項功能來進行設定？
(A)頁首頁尾　(B)頁面邊界　(C)頁面框線　(D)項目符號。　[2-1]

(D)4. 小誠利用Word製作了畢業茶會的邀請函，若要在印製出的數百份邀請函中，分別寫上受邀人的姓名，相當沒有效率。請問下列哪一項功能可以幫助他改善這個問題？
(A)表格自動格式設定　(B)設定頁首及頁尾　(C)設定頁面邊界　(D)合併列印。　[2-1]

(D)5. 俊瀚計畫成立動畫同好社，他利用Word軟體製作了一份招生傳單，但俊瀚覺得傳單的文字標題不夠吸引人，請問他可以利用Word的哪一項功能來製作富有變化的藝術文字呢？ (A)圖案 (B)線上圖片 (C)文字方塊 (D)文字藝術師。　[2-2]

精選試題

2-1　(B)1. Microsoft Word所提供的合併列印功能，主要在整合文件與具下列何種軟體性質的資料？ (A)影像處理 (B)資料庫管理 (C)簡報系統 (D)網頁設計。

(A)2. 在Microsoft Word中，輸入一段文字後，並將該段文字的段落屬性設定如下圖，【縮排】中的【左】欄位值被設定為2字元，【特殊】欄位被設定為「第一行」且【位移點數】欄位值被設定為1字元，則該段文字被設定為何種縮排效果？
(A)全段左邊向右縮排2字元，第一行再多向右縮排1字元
(B)全段左邊向右縮排2字元，第一行再多向左凸排1字元
(C)全段左邊向右縮排1字元，第一行再多向右縮排2字元
(D)全段左邊向右縮排1字元，第一行再多向左凸排2字元。

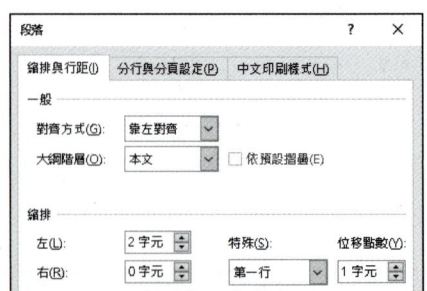

B2-12

第2章 Word文件的編輯與美化

(A)3. 在Word中，使用合併列印功能所插入的欄位變數，會以下列哪一種符號標示，以便與內文做區別？　(A)<< >>　(B)[[ ]]　(C){{ }}　(D)"。

(A)4. 在Word中，利用『目錄』功能來建立目錄後，如果要更新目錄的頁碼，應該如何操作？
(A)選取目錄，按F9鍵　　　　　　　(B)在頁首／頁尾重新插入頁碼
(C)在Word按F5鍵　　　　　　　　(D)按復原鈕 ↶ 。

(B)5. 如果在Word中插入目錄，預設會將下列哪一種文字歸屬為目錄內容？
(A)設定有超連結的文字　　　　　　(B)套用「標題」樣式的文字
(C)頁首／頁尾內的文字　　　　　　(D)格式為「18點新細明體」的文字。

(D)6. 下列有關Word軟體的敘述，何者不正確？
(A)當Office剪貼簿中已儲存24筆資料，此時若又複製文件中的某段文字，則剪貼簿中的第1筆資料會被刪除
(B)在Word的「草稿」模式下，不會顯示文件中的圖片及頁首頁尾文字
(C)在Word建立的目錄上按F9鍵，可設定只更新目錄的頁碼，而不更改目錄文字
(D)按F4鍵可插入$字符號。　6. F4鍵是重複上一個操作。

(D)7. 在Microsoft Word中，編輯一篇很長的文章時，若只有某些部分需要分欄，則須先插入什麼符號？　(A)分章　(B)分頁　(C)分段　(D)分節。

(A)8. 如附圖所示，文書處理軟體Word中，要配合下列哪一個按鍵才能微調表格內儲存格的垂直框線？
(A)[Alt]鍵　(B)[Shift]鍵　(C)[Ctrl]鍵　(D)[Ctrl] + [Alt]鍵。　　　　[技藝競賽]

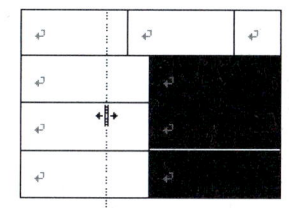

(C)9. 在Word的表格最右下欄按Tab鍵，會有什麼效果？
(A)新增一欄　(B)刪除一列　(C)新增一列　(D)游標移至定位點。

(C)10. 在Word中，無法對插入的圖片做下列哪一種編修？
(A)設定透明色彩
(B)將圖片色彩刷淡成浮水印
(C)設定從左移動至右的動畫效果
(D)裁切圖片尺寸。

(A)11. 下列有關Word的操作，何者有誤？
(A)選取表格，按Backspace鍵，會保留表格，只刪除表格的內容
(B)將圖片設為文字在前的文繞圖樣式後，可避免文件中的文字被圖片遮住
(C)在表格中的第1個儲存格按Tab鍵，可將游標移至右邊的儲存格
(D)可透過SmartArt圖形，來製作循環圖。
11. 選取表格，按Backspace鍵，會刪除整個表格。

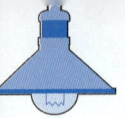

統測試題

(B)1. 在Word多段落文件中,如果設定其中一個段落為獨特的多欄格式,則系統會自動為該段落前後插入何種分隔符號?
(A)分頁 (B)分節 (C)分區 (D)分行。 [102商管群]

　　1. 以分欄編排的內容,與原一欄式編排的內容間,會以分節符號隔開。

(A)2. 下列有關Word表格功能的敘述,何者正確?
(A)表格內的資料可以進行排序與運算
(B)合併儲存格可以合併不相鄰的儲存格
(C)非巢狀的同一表格內可以插入多個多對角線儲存格
(D)選取整個表格後按下Delete鍵可以刪除整個表格。 [102商管群]

　　2. 在Word的表格中,無法合併不相鄰的儲存格;按Delete鍵僅能刪除表格中的資料。

(C)3. 在Microsoft Word中,欲將一個完整段落的文字排成如圖(一),則該段落應如何設定?
(A)「首行縮排」及「靠右對齊」
(B)「首行凸排」及「左右對齊」
(C)「首行凸排」及「置中對齊」
(D)「首行凸排」及「靠右對齊」。 [102工管類]

```
同一段落同一段落同一段落同一段落同一段落同
一段落同一段落同一段落同一段落同一段
落同一段落同一段落同一段落同一段落同
一段落同一段落同一段落
```
圖(一)

(C)4. 在Microsoft Word中,下列哪一種檔案格式不能成為合併列印的資料來源檔案?
(A).doc (B).mdb (C).ppt (D).xls。 [102工管類]

　　4. .ppt為簡報檔,無法作為合併列印的資料來源檔案。

(A)5. 有一份Microsoft Word文件,其排版結果如圖(二),請問由左至右的三個定位點的對齊方式分別為:
(A)置中、靠右、小數點　　　　(B)置中、小數點、靠左
(C)靠左、置中、小數點　　　　(D)置中、靠右、靠左。 [102工管類]

```
→    3.14    →    3.14    →    3.14
→    wwww    →    wwww    →    wwww
→    8.8     →    8.8     →    8.8
```
圖(二)

(B)6. 在Microsoft Word中,欲在一個完整段落的文字中插入一個圖片並排成如圖(三),則該圖片的文繞圖方式應如何設定?
(A)文字在前 (B)緊密 (C)矩形 (D)與文字排列。 [102工管類]

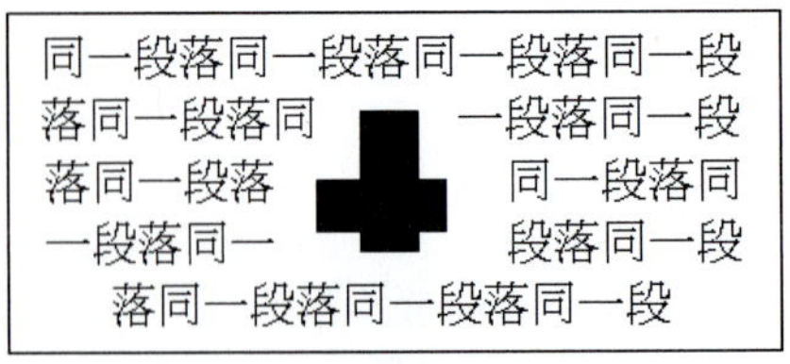

圖(三)

B2-14

第2章 Word文件的編輯與美化

(B)7. 在Microsoft Word中，選取如圖（四）所示之二行文字內容後，以「文字轉表格」的功能轉為表格，且分隔文字選項選取「逗號」，請問轉換後所得表格可為下列何者？

```
1, 2  3  4
5  6  7, 8
```
圖（四）

(A)
1	2	3	4
5	6	7	8

(B)
1		2	3	4
5	6	7	8	

(C)
1			2	3	4
5	6	7	8		

(D)
1	2	3	4	
5	6	7		8

[103商管群]

(D)8. 使用Microsoft Word進行合併列印，如何區別主文件的功能變數和其它文字？
(A)功能變數永遠是粗體字
(B)功能變數永遠是斜體字
(C)功能變數有加框線
(D)功能變數會以山形符號（<< >>）包圍。 [103工管類]

(D)9. 使用Microsoft Word編輯表格時，可以完成以下幾種操作？
①合併相鄰的儲存格
②將一儲存格水平或垂直分割為兩個儲存格
③將一儲存格加入對角線
④設定單一儲存格的網底
⑤在儲存格加入圖片
(A)2種　(B)3種　(C)4種　(D)5種。 [103工管類]

(C)10. 在Microsoft Word中，如果要將其他圖片檔案加入本文中，要從下面哪一個功能表中選取圖片？　(A)編輯　(B)格式　(C)插入　(D)檢視。 [103工管類]

(A)11. 下列何者不是Microsoft Word可設定文繞圖的方式？
(A)左及右　(B)文字在前　(C)緊密　(D)矩形。 [103工管類]

(B)12. 若用Microsoft Word軟體編輯一份文件時，希望第1頁之頁面方向採直向，而其之後的頁面方向都採橫向。應該在第1頁末尾插入什麼符號，再設定前後頁的直向／橫向？
(A)分行符號　(B)分節符號　(C)分頁符號　(D)分欄符號。 [104商管群]

(B)13. Microsoft Word提供下列哪一種定位點的對齊方式？
(A)左右　(B)小數點　(C)分離線　(D)分散。 [104商管群]

(D)14. 在Microsoft Word中，可利用「定位點」來調整文字的排列位置，當定位點設定好了之後，插入點要移到下一個定位點所在的位置，要按下列何鍵？
(A)「Ctrl」鍵　(B)「Alt」鍵　(C)「Shift」鍵　(D)「Tab」鍵。 [104工管類]

(D)15. 在Microsoft Word中，若要取消文件的兩欄設定，應如何操作？
(A)在文件的最後插入空白頁　(B)在文件的最後插入分頁符號
(C)版面配置中方向設為橫向　(D)將文件的欄設定改設為一欄。 [104工管類]

(A)16. 在Microsoft Word中執行合併列印的操作，當做完「插入合併欄位」後，所插入的欄位變數名稱（例如：姓名）會被某種括號框起來，其結果顯示為：
(A)«姓名»　(B){姓名}　(C)[姓名]　(D)‹姓名›。 [104工管類]

(D)17. 以Microsoft Word對齊段落時，如欲使段落中的文字，不論是否為最末一行，在呈現上均是同時對齊左右邊界，則應選擇下列何種對齊方式？
(A)靠左對齊　(B)置中對齊　(C)左右對齊　(D)分散對齊。 [105商管群]
17.「分散對齊」才能使一段文字均同時對齊左右邊界，
「左右對齊」的最後一段若沒有填滿左右邊界，即不會對齊左右邊界。

(B)18. 阿諾老師在Microsoft Word中想要把圖（五）考卷的右邊（第二頁）的題目，移到考卷左邊（第一頁）的右側空白處，何種設定最能幫助阿諾老師？
(A)文件檢視模式設定　　　　　　　(B)多欄式文件設定
(C)定位點設定　　　　　　　　　　(D)段落設定。　　　　　　　　[105工管類]

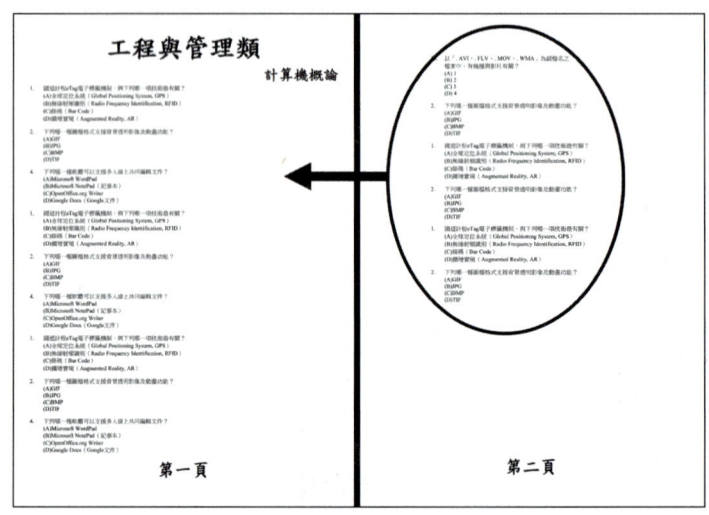

圖（五）

(B)19. 下列何者不屬於文書處理軟體Microsoft Word表格工具的功能？
(A)合併或分割儲存格
(B)依照設定的條件，進行資料篩選
(C)將表格的資料內容，依照某一個欄位排序
(D)在某一儲存格中加入公式，計算平均值。　　　　　　　　　　[106商管群]

19. Microsoft Excel可依照設定的條件，進行資料篩選。

(B)20. 已經準備好考生的姓名、成績和地址等欄位的資料清單，如果要製作每一位同學個別的成績通知單，並且套印信封標籤，最適合採用Microsoft Word文書處理軟體的哪一項功能？
(A)表格建立　(B)合併列印　(C)追蹤修訂　(D)表單設計。　　[106商管群]

(B)21. 在Microsoft Word的定位點可設定對齊方式，請問在下列哪項元件上點選可直接新增定位點？　(A)捲軸　(B)尺規　(C)標題列　(D)狀態列。　　　　　　[106工管類]

(C)22. 在Microsoft Word中，插入圖片後發現文字被圖片蓋住如圖（六）所示，下列何者是讓圖片及文字不會重疊的最佳方法？
(A)輸入空白鍵把圖片和文字分開　　(B)選取圖片後將它移至最下層
(C)使用「文繞圖」設定　　　　　　(D)選取文字後將它移至最上層。　[106工管類]

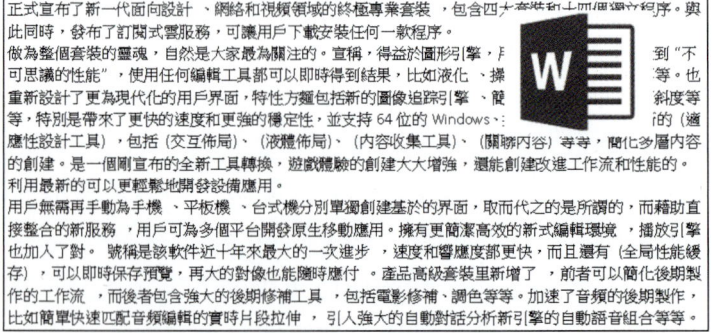

圖（六）

第2章 Word文件的編輯與美化

(C)23. 在Microsoft Word中，當段落中有文字大小超過行高時，下列何種行距設定會使文字無法完整顯示？ (A)最小行高 (B)單行間距 (C)固定行高 (D)多行。 [107商管群]

(A)24. 下列何者不是Microsoft Word定位點的對齊方式？
(A)靠下 (B)置中 (C)小數點 (D)分隔線。 [107工管類]

(D)25. 在Microsoft Word中，欲在圖（七）文件之每個商品的品項前面加「★」符號，使用下列哪項技巧的操作步驟最少？
(A)全選文字並插入符號「★」
(B)使用美工圖案插入「★」圖片
(C)複製「★」並在每行字的前面貼上
(D)全選文字並設定「項目符號」為「★」。 [107工管類]

```
奶茶............25
榛果奶茶........35
太妃奶茶........35
波霸奶茶........35
紅豆奶茶........40
椰果奶茶........40
杏仁奶茶........40
巧克力奶茶......40
```
圖（七）

(D)26. 下列有關Microsoft Word中設定分欄的敘述，何者不正確？
(A)可以分別設定各欄位之寬度
(B)可以設定各欄位是否相等欄寬
(C)可以分別設定各相鄰欄位之間距
(D)可以分別設定各相鄰欄位間是否出現分隔線。 [107工管類]

(A)27. 有關Microsoft Word定位點的說明，下列何者不正確？
(A)在尺規之置中定位點的符號為 ▣
(B)在尺規之分隔線定位點的符號為 ▪
(C)在文件編輯區中定位點之間的編輯標記為 →
(D)在文件編輯區中要將文字放在所設定的定位點位置，要按Tab鍵移動插入點。
[108商管群]

(C)28. 在Microsoft Word中，移動圖（八）中箭頭所指之 ▽ 圖示，可以改變下列何種設定？
(A)左邊縮排 (B)右邊縮排 (C)首行縮排 (D)末行縮排。 [108工管類]

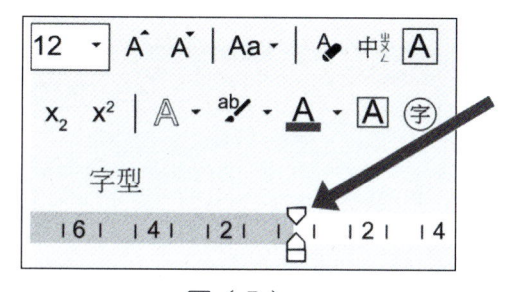

圖（八）

(A)29. 使用文書處理軟體（Word），下列哪一項最適合用來指定文字輸入的起始位置？
(A)定位點 (B)縮排 (C)對齊 (D)項目符號與編號。 [109商管群]

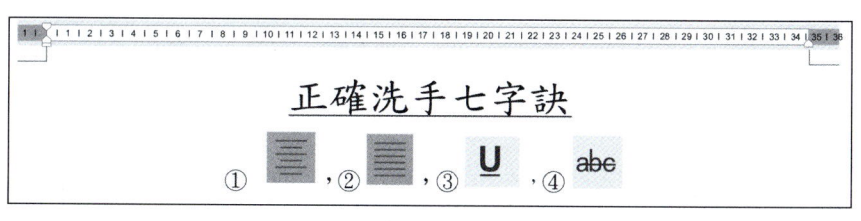

(A)30. 如果要用Microsoft Word編輯一個文件，要將圖（九）文件範例中的標題「正確洗手七字訣」設定成『置中對齊，加上底線』，請問在選擇此段文字後，要點選下列哪幾個按鈕鍵，圖示中按鈕分別以1、2、3、4代表？
(A)①③ (B)②③ (C)①④ (D)②④。

30.①置中對齊；②左右對齊；③底線；④刪除線。 [109工管類]

圖（九）

(A)31. 使用文書處理應用軟體MS Office Word時，下列哪一個圖示為「插入分頁」功能的符號？　(A)　(B)　(C)　(D)。　[109資電類]

(C)32. 在文書處理軟體（Word），欲進行圖案等比例縮放，可先用滑鼠選取圖案後，將滑鼠移動到圖案的右下角控點上，再使用下列哪個按鍵並拖曳控點？
(A)Ctrl　(B)PrintScreen　(C)Shift　(D)Alt。　[110商管群]

(C)33. 圖（十）是在Microsoft Word填寫「插入表格」選單的部分內容，下列哪個表格與此選單所產生的表格外觀最接近？　[110工管類]
(A)　(B)
(C)　(D)

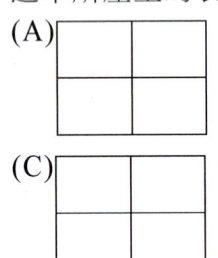

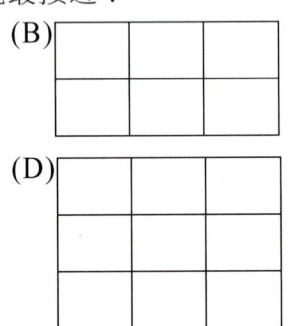

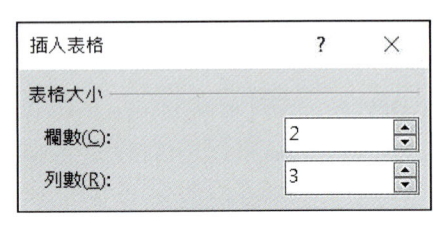

圖（十）

(B)34. 小明使用Microsoft Word幫老師製作家長會邀請函，若要將同學及家長姓名分別套印在邀請函上，如圖（十一）所示，請問用下列哪種功能最適合？
(A)段落設定　　　　　　　　　　(B)合併列印
(C)資料驗證　　　　　　　　　　(D)快速組件。　[110工管類]

34. 合併列印功能可快速產生多份內容相同，姓名、地址等資料不同的文件。

學生姓名	家長姓名
王小明	王大明
陳小美	陳阿美
吳小柔	吳柔柔
李小花	李阿花

圖（十一）

(B)35. 在文書處理軟體（Word）中，要完成如圖（十二）所示的文件，該使用下列何項工具？
(A)橫向文字　　　　　　　　　　(B)並列文字
(C)組排文字　　　　　　　　　　(D)堆疊文字。　[110商管群]

圖（十二）

35. Word的組排文字與並列文字功能皆可製作出文字並排的效果，差別在於：
- 組排文字：最多只能將6個字並排。
- 並列文字：無字數上的限制，且能用括弧括住文字。

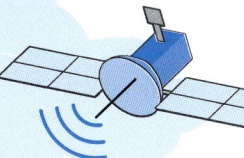

(B)36. 圖（十三）是用Microsoft Word製作的獎狀，其中「中華民國一一零年二月五日」文字是使用什麼對齊方式？
(A)左右對齊　(B)分散對齊　(C)置中對齊　(D)靠左對齊。 [110工管類]

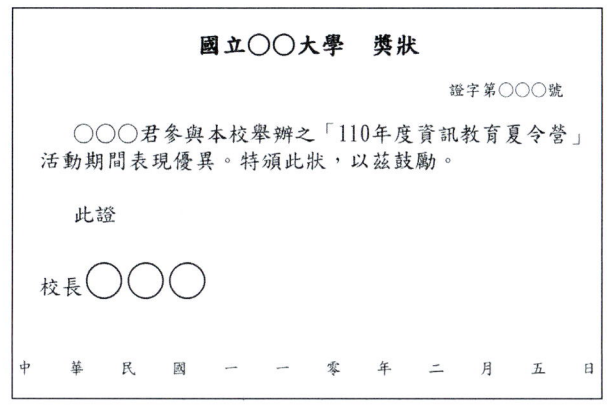

```
        國立○○大學　獎狀

                         證字第○○○號

   ○○○君參與本校舉辦之「110年度資訊教育夏令營」
   活動期間表現優異。特頒此狀，以茲鼓勵。

   此證

   校長 ○○○

   中　華　民　國　一　一　零　年　二　月　五　日
```
圖（十三）

(B)37. 使用Word編輯專題報告包含封面、目錄、圖表目錄及本文等，有關頁碼的數字格式設定如下：封面頁沒有頁碼、目錄為羅馬數字（例如：I、II）、圖表目錄為英文大寫（例如：A、B）及本文為阿拉伯數字（例如：1、2），要完成上述要求，分隔設定可使用下列何者？
(A)分頁符號　(B)分節符號　(C)文字換行分隔符號　(D)分欄符號。 [112商管群]

(B)38. 使用 Word 編輯時，在圖（十四）左邊段落裡日期為阿拉伯數字欲改為右邊段落的形式，須使用下列哪一項相關功能達到此目的？
(A)直書　(B)橫向文字　(C)橫書　(D)垂直文字。 [112商管群]

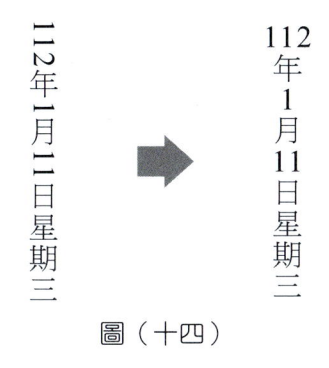

圖（十四）

▲ 閱讀下文，回答第39題

快樂國小3年1班導師針對全班20位學生的考試結果處理程序如下：
①利用Excel試算表將個別學生二科以上（含二科）不及格者顯示V，以便後續加強輔導
②導師利用Word合併列印功能，製作信件給須加強輔導同學的家長

(C)39. 在文書處理軟體Word中，導師利用合併列印功能的相關步驟如下，若要產生須加強輔導同學的信件，其必要步驟的順序為何？
　　　　①主文件中插入合併欄位
　　　　②開啟「編輯收件者清單」進行篩選二科以上（含二科）不及格同學名單
　　　　③選取資料來源Excel檔案
　　　　④開啟「信件」主文件
　　　　⑤完成與合併列印至主文件
　　　　⑥完成與合併列印至新文件
(A)①②③④⑤　(B)④③②①⑤　(C)④③②①⑥　(D)④①②③⑥。 [112商管群]

41. 雖然游標插入點在第一行，但因為第一行行末為↓換行標誌，所以設定行距為「固定行高」與行高為「8pt」時，第一、二行的文字皆無法完整顯示。

(D)40. 在一段文字中，字與字間插入圖案，設定圖案的文繞圖為「與文字排列」，其結果為下列何者？ [113商管群]

(A)  在 Microsoft Word 中插入圖案，要將圖案隱藏除了打開選取窗格操作，還須設定圖案的文繞圖

(B)  在 Microsoft Word 中插入圖案，要將圖案隱藏除了打開選取窗格操作，還須設定圖案的文繞圖

(C) 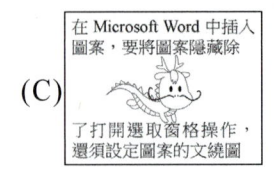 在 Microsoft Word 中插入圖案，要將圖案隱藏除了打開選取窗格操作，還須設定圖案的文繞圖

(D)  在 Microsoft Word 中插入圖案，要將圖案隱藏除了打開選取窗格操作，還須設定圖案的文繞圖

(A)41. 使用文書處理編輯時，一段落的字體大小為12pt，游標插入點在第一行，如圖（十五）所示。設定段落間距中的行距為「固定行高」與行高為「8pt」，會產生下列哪一個結果？ [113商管群]

君自故鄉來，應知故鄉事↓
來日綺窗前，寒梅著花未。↵

圖（十五）

(A) 君目故鄉來，應知故鄉事。
　　來日綺窗前，寒梅者化禾。

(B) 君自故鄉來，應知故鄉事。
　　來日綺窗前，寒梅者化禾。

(C) 君目故鄉來，應知故鄉事。
　　來日綺窗前，寒梅著花未。

(D) 君自故鄉來，應知故鄉事。
　　來日綺窗前，寒梅著花未。

(B)42. 利用文書處理軟體要完成如圖（十六）中的甲表格，則須在插入表格時，於乙圖中分別設定欄數與列數為何？
(A)欄數：3、列數：5　　　　　　　(B)欄數：5、列數：3
(C)欄數：3、列數：3　　　　　　　(D)欄數：5、列數：5。 [114商管群]

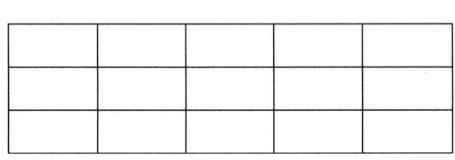

甲表格 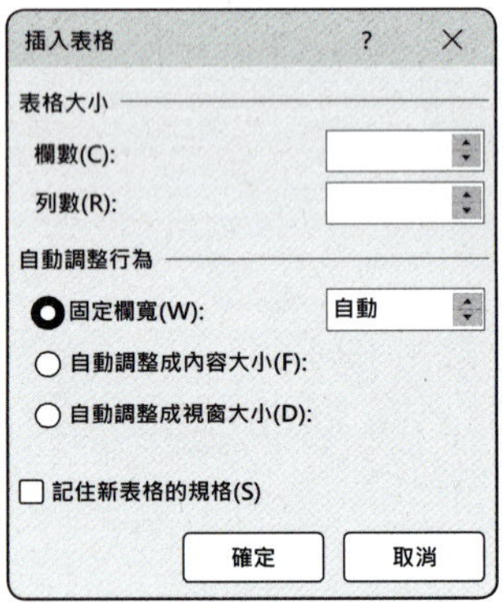　　　　　　　　　　　乙圖

圖（十六）

NOTE

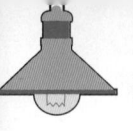

NOTE

統測考試範圍

單元 2

商業簡報應用

學習重點
第4章曾**連續考3年**，須熟悉操作細節

章名	常考重點	
第3章 認識簡報軟體	• 簡報軟體簡介 • 簡報的檢視模式 • 母片	★★★☆☆
第4章 PowerPoint的基本操作	• 多媒體的插入 • 投影片的列印 • 放映特效的設定 • 簡報的放映	★★★★☆

統測命題分析
最新統測趨勢分析（111～114年）

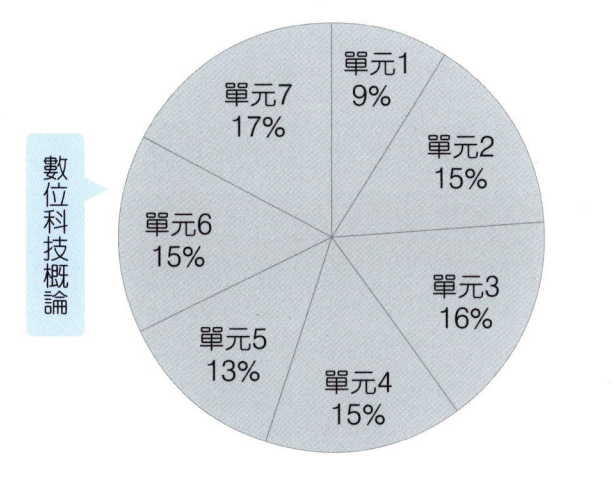

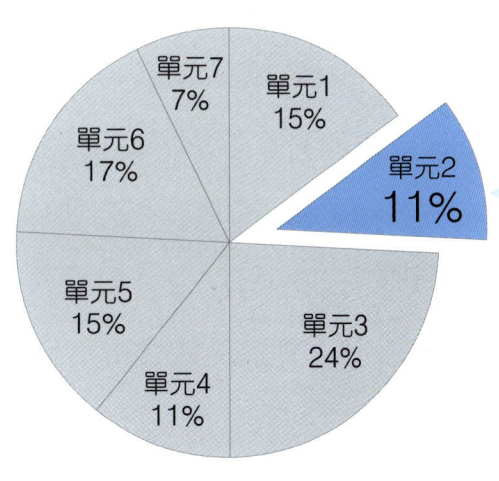

數位科技概論
- 單元1 9%
- 單元2 15%
- 單元3 16%
- 單元4 15%
- 單元5 13%
- 單元6 15%
- 單元7 17%

數位科技應用
- 單元1 15%
- 單元2 11%
- 單元3 24%
- 單元4 11%
- 單元5 15%
- 單元6 17%
- 單元7 7%

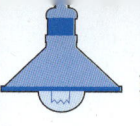

第 3 章 認識簡報軟體

3-1 簡報製作的概念

一、簡報製作的流程

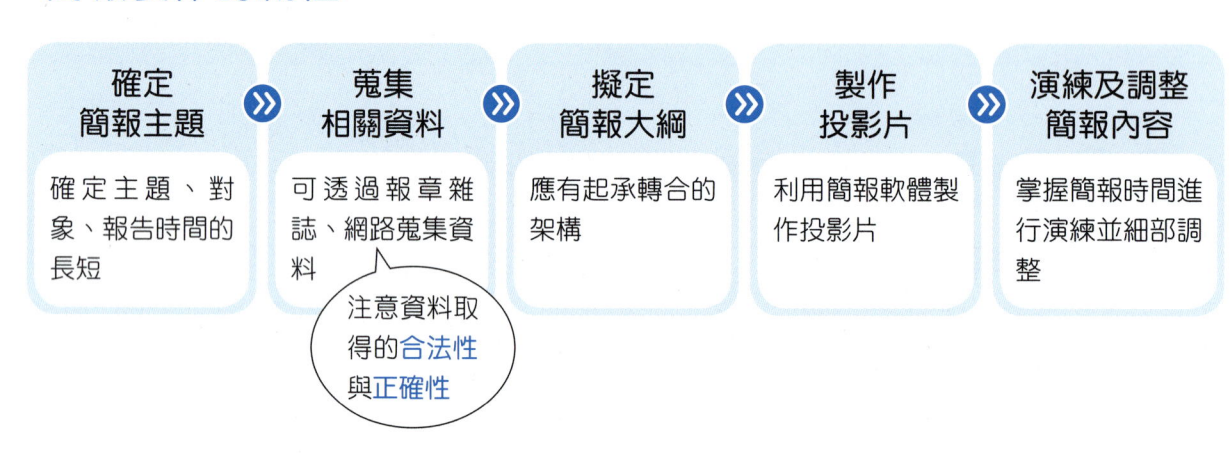

確定簡報主題	▶	蒐集相關資料	▶	擬定簡報大綱	▶	製作投影片	▶	演練及調整簡報內容
確定主題、對象、報告時間的長短		可透過報章雜誌、網路蒐集資料		應有起承轉合的架構		利用簡報軟體製作投影片		掌握簡報時間進行演練並細部調整

注意資料取得的**合法性**與**正確性**

二、擷取資料重點的要領

1. **列出簡報大綱**：清楚列出簡報大綱，可讓聽講者一目了然。
2. **內容簡潔扼要**：1張簡報只表達1個重點，將重點以條列式呈現。
3. **不可偏離主題**：切中主題，掌握文件內容的原意。
4. **適當使用縮寫**：簡報中的專有名詞，第1次出現時可將中文及全文一併寫出，之後則可使用縮寫。

三、版面編排的要領

1. **點列層級不要太多**：簡報內容不宜超過2層，各層級文字大小應有區隔，並適當內縮。
2. **文字樣式不宜多**：善用**母片**來設定簡報內容文字樣式，使簡報風格儘量清爽、簡約。
3. **選用適當的字型**：簡報中較常使用黑體或圓體等，一份簡報最多不要用超過2～3種字型。

4. 採用適當的字體大小：

   a. 標題文字應最大，建議44pt以上。

   b. 條列文字第一層建議32pt以上，第二層文字建議28pt以上。

5. 採用適當的顏色配置：

   a. 文字與背景的色彩，必須對比明顯。

   b. 使用單一或淡雅的背景色，避免使用花紋複雜的圖片作為背景。

   c. 在版面上適度留白，避免版面過於擁擠。

四、簡報製作常見的問題

1. 內容過於冗長：簡報中的文字應簡潔扼要，才能突顯重點。

2. 字體太小：會讓聽講者不易看清楚簡報內容。

3. 配色不當：簡報色彩過多或配色不當，會使簡報不易閱讀。

4. 動畫過多或太慢：易造成干擾也會模糊簡報焦點，或是影響簡報進行。

得分區塊練

(C)1. 在簡報製作的流程中，下列哪一個步驟是流程中的第1個步驟？
   (A)蒐集相關資料　　　　　　　(B)製作投影片
   (C)確定簡報主題　　　　　　　(D)擬定簡報大綱。

(A)2. 有關簡報版面的編排要領，下列何者錯誤？
   (A)簡報點列層級越多越好，以展現內容豐富度
   (B)使用單一或淡雅的背景色，避免使用花紋複雜的圖片作為背景
   (C)文字與背景的色彩，須對比明顯
   (D)在版面上應適度留白，避免過於擁擠。

3-2 簡報軟體簡介

1. **簡報軟體**：可用來製作商業演講、說明會、產品發表會等會議上所需的簡報。

2. 常見的簡報軟體：

類型	軟體名稱	軟體系列	開發廠商
單機版	PowerPoint	Microsoft Office	微軟公司
	Keynote	iWork	蘋果公司
	Impress	LibreOffice	文件基金會（TDF）
		OpenOffice	Apache
線上版	PowerPoint Online	Office Online	微軟公司
	Keynote	iWork for iCloud	蘋果公司
	Google簡報	Google文件	Google公司

→ 當放映簡報地點的電腦中並沒有安裝PowerPoint軟體時，我們可以利用**線上版**簡報軟體進行線上編輯／放映投影片。

3. PowerPoint可處理的檔案類型有：

檔案類型	副檔名	說明
PowerPoint簡報檔	**pptx**	預設的簡報格式
	ppt	PowerPoint 2003（含）之前版本預設的簡報格式
	ppsx	播放檔的格式
	pps	PowerPoint 2003（含）之前版本的播放檔格式
	potx	範本檔案的格式
	pot	PowerPoint 2003（含）之前版本的範本檔案格式
開放簡報格式	odp	LibreOffice及OpenOffice預設的簡報格式
文件檔	docx / doc	Word文件格式
	txt	只能儲存純文字

💡 **解題密技** 雙按ppt、pptx檔會啟動PowerPoint；
雙按pps、ppsx檔會直接進入投影片播放模式。

統測這樣考

(C)41. 透過Microsoft PowerPoint編輯好的簡報檔，儲存成下列哪種檔案格式，不需要透過Microsoft PowerPoint編輯模式就可以直接播放簡報檔？
(A)PowerPoint 97-2003簡報（.ppt） (B)PowerPoint XML簡報（.xml）
(C)PowerPoint播放檔（.ppsx或.pps） (D)PowerPoint簡報（.pptx）。 [109工管]

第3章 認識簡報軟體

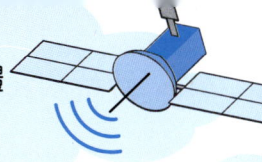

4. 按『檔案/另存新檔』，輸入檔案名稱再選要儲存的檔案類型（如.pptx、.ppsx、.potx、.gif、.jpg、.png等），可將簡報以新檔名儲存。
   → PowerPoint 2010以後版本還可將檔案另存成wmv（影片檔）、pdf（可攜式文件檔）、odp（LibreOffice及OpenOffice開放簡報格式）。

5. 若開啟簡報檔案的電腦中未安裝有簡報中所套用的特殊字型，則這些特殊字型會以新細明體呈現；在儲存簡報檔案時，可選擇將簡報中的字型內嵌在簡報中，以解決字型未安裝的問題。

6. 檔案的匯出：按『檔案/匯出』，可選擇將投影片匯出成視訊檔（如mp4、wmv）、講義、可攜式文件檔（如pdf）、圖片檔（如gif）等。

7. 建立新簡報的方法：
   a. 空白簡報：直接開啟空白簡報。
   b. 範本：開啟內建的簡報範本，可快速製作出具有特定用途的簡報（如商品銷售、農產品發表等簡報）。
   c. 佈景主題：開啟PowerPoint預先設定好投影片樣式的簡報，可省去美化投影片的時間。

8. 設定投影片大小：在建立新簡報時，預設的投影片大小為寬螢幕（16:9），PowerPoint有16:9、4:3、16:10、A4、A3、B4、B5等尺寸供使用者選擇。
   → 使用者可透過**設計**的**自訂**區，按**投影片大小**，選擇要更換的投影片大小。

得分區塊練

(A)1. 小陳即將對主管進行行銷企畫簡報，應該選擇下列何種應用軟體，製作簡報投影片？ (A)PowerPoint (B)Word (C)Excel (D)小畫家。

(A)2. Microsoft PowerPoint提供了下列哪一項功能？
(A)投影片的製作 (B)防火牆架設 (C)資料庫建立 (D)檔案壓縮。

(A)3. 下列哪一種應用軟體較適合用來製作開會資料並將它利用投影設備展現出來？
(A)簡報軟體 (B)繪圖軟體 (C)試算表軟體 (D)文書處理軟體。

(D)4. 若在儲存檔案時，不輸入副檔名，那麼PowerPoint 2016／2019會自動為它加上何種類型的副檔名？ (A)xlsx (B)docx (C)ppsx (D)pptx。

統測這樣考

(B)39. 利用PowerPoint製作的簡報檔案，可直接輸出成①至⑤中哪幾種副檔名的檔案格式？
①pptx ②pttx ③ppsx ④mp4 ⑤wav
(A)①、②、③ (B)①、③、④ (C)②、③、⑤ (D)②、④、⑤。 [114商管]

數位科技應用　滿分總複習

統測這樣考

(C)23. 下列何者為Microsoft PowerPoint的預設檢視模式？
(A)備忘稿模式　　　　(B)投影片瀏覽模式
(C)標準模式　　　　　(D)閱讀檢視模式。　[109工管]

3-3　簡報的檢視模式　113

檢視模式	使用時機
標準模式	編輯投影片內容
大綱模式	以條列文字顯示投影片編輯窗格中的文字
投影片瀏覽	• 在此模式下會顯示所有投影片的縮圖，無法進行文字的編輯 • 方便增刪投影片、調整投影片的順序、套用轉場效果 • 當投影片設定排練計時後，可在此模式下檢視時間
備忘稿	編輯或檢視備忘稿
閱讀檢視	在視窗中播放簡報

◎五秒自測　哪一種檢視模式最適合用來調整投影片順序、設定投影片的轉場效果？ 投影片瀏覽。

1. 標準模式 🔲 分為下列3個部分：

   （投影片／大綱窗格、投影片編輯窗格、備忘稿編輯窗格）

   a.「投影片」窗格：顯示投影片縮圖，可方便刪除、切換投影片，以及調整投影片的順序。

   b.「大綱」窗格：以條列文字顯示**投影片編輯窗格**中的文字，供簡報設計者編修。

2. 投影片縮圖若顯示有 ★，代表投影片設定有**動畫**或**轉場**效果；
   按 ★ 圖示，可預覽動畫效果。

得分區塊練

(D)1. 在Microsoft PowerPoint中製作投影片，若要顯示所有投影片的縮圖版本，並重排投影片的順序，則在哪一種檢視模式進行最合適？
(A)標準模式　(B)投影片放映　(C)備忘稿　(D)投影片瀏覽。

(D)2. 在簡報軟體Microsoft PowerPoint中，不提供下列哪一種編輯模式？
(A)大綱模式　(B)投影片瀏覽　(C)標準模式　(D)圖形化編輯模式。

(A)3. 在Microsoft PowerPoint環境中，下列何者的文字可於「大綱模式」中直接編輯？
(A)投影片編輯窗格　(B)文字藝術師　(C)文字方塊　(D)圖案。

  3.「大綱模式」是以條列的方式，顯示投影片編輯窗格中的文字，供使用者編修。

3-4 佈景主題及母片　103　104　109

1. **佈景主題**：預先設計好的投影片樣式，包含字型樣式、版面配置、背景和色彩配置等。在**設計**標籤套用佈景主題，可省去美化投影片的時間。

    a. 同一份簡報中，可為不同的投影片套用不同的佈景主題。

    b. 為簡報套用佈景主題後，若要修改佈景主題的外觀（如：文字色彩、圖片大小），必須在**投影片母片**檢視模式下修改。

2. **佈景主題色彩**：每一個佈景主題都提供多種色彩配置方式，在**設計**標籤，按**色彩**，可選用或是自行調配一組喜歡的色彩配置，還可更改佈景主題的字型配置，以同時完成所有投影片的標題及內文預設的字型變更。

    → 超連結的文字色彩，必須透過**佈景主題色彩**來設定。

3. **母片**：在**檢視**標籤，按**投影片母片**，在投影片母片檢視模式下可**一次完成所有投影片**的外觀設定。母片的類型有**投影片母片、講義母片、備忘稿母片**。

    ◎五秒自測　若要一次完成所有投影片的外觀設定，應使用PowerPoint的哪一項功能？母片。

數位科技應用 滿分總複習

統測這樣考

(C)26. 下列何者不是Microsoft PowerPoint提供的母片？
(A)投影片母片　　(B)講義母片
(C)動畫母片　　(D)備忘稿母片。　[106工管]

a. **投影片母片**：預設含有11種**版面配置**，變更投影片母片外觀，會決定這11種版面配置的外觀。

b. 講義母片：設定講義及大綱的外觀。

c. 備忘稿母片：設定備忘稿的外觀。

4. 在**母片**中所做的格式設定會套用至**整份簡報**，而在某張投影片中單獨所做的格式設定，則**僅會反應在該張投影片中**。

> **解題密技** 在某一張投影片修改格式後，該張投影片格式**不會受到母片所設定的格式影響**。

> **解題密技** 修改某張投影片格式後，再修改投影片母片，則該張投影片不會套用母片的設定，必須在**常用標籤按重設**，才能重新套用母片格式。

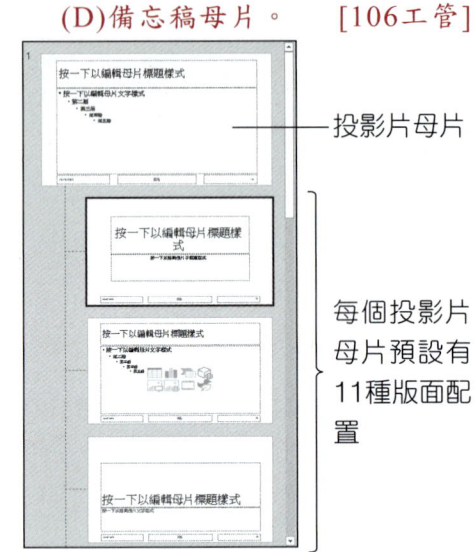

（圖示說明）投影片母片；每個投影片母片預設有11種版面配置

統測這樣考

(B)26. 「投影片母片、大綱母片、講義母片、備忘稿母片、背景母片」中，有幾種是Microsoft PowerPoint提供的母片？　(A)2　(B)3　(C)4　(D)5。　[110工管]
解：PowerPoint提供的母片類型：投影片母片、講義母片、備忘稿母片。

得分區塊練

(C)1. 下列有關PowerPoint佈景主題的敘述，何者錯誤？
(A)是PowerPoint預先設計好的投影片樣式
(B)每個佈景主題都提供有多種色彩的配置
(C)一份簡報只能套用一種佈景主題
(D)使用者可對套用佈景主題後的投影片進行編修。

1. 在欲套用的佈景主題按右鍵，選『套用至選定的投影片』，即可在一份簡報套用多種佈景主題。

(A)2. 在PowerPoint中，下列哪一種功能可以一次設定簡報檔案中所有投影片的格式？
(A)母片　(B)表格　(C)自訂放映　(D)投影片版面配置。

統測這樣考

(D)38. 簡報軟體（PowerPoint）中的母片類別，不包含下列哪一種？
(A)用於控制整個簡報的外觀之投影片母片
(B)自訂簡報及備忘稿一併列印為講義時的外觀之備忘稿母片
(C)自訂簡報在列印為講義時的外觀之講義母片
(D)自訂簡報在播放投影片的外觀之播放母片。　[109商管]

第3章 認識簡報軟體

滿分晉級

★新課綱命題趨勢★
情境素養題

▲閱讀下文，回答第1至2題：

新冠肺炎疫情持續延燒，衛福部中央疫情指揮中心每天召開記者會，告知國人國內疫情的最新情況。東仁想要製作一份有關防疫的簡報，以便讓沒空看記者會及新聞的親友能快速瞭解疫情的近況，提高防疫意識。

(B)1. 東仁無法利用下列哪一套軟體製作防疫簡報呢？
(A)PowerPoint (B)Chrome (C)Keynote (D)Impress。 [3-1]

(D)2. 東仁在製作防疫簡報時，下列有關製作簡報過程中應注意的事項，何者錯誤？
(A)透過網路蒐集的防疫資料須注意合法性與正確性
(B)可用母片來設定簡報內容文字樣式，使簡報風格一致
(C)簡報中應使用黑體、圓體等適當的字型樣式
(D)為求內容完整性，整場記者會中，指揮官的發言都必須逐字納入簡報中。 [3-1]

2. 指揮官的發言逐字納入簡報，會導致簡報內的文字過多，無法突顯重點。

(D)3. 學校老師出了一份專題作業，希望同學們分組進行並製作投影片上台報告，阿仁這組同學在製作投影片時討論內容該如何呈現。請問下列4位同學中，哪一位同學說的內容較不正確？
(A)阿仁：「投片內容應精簡，不宜過於冗長」
(B)阿國：「投影片中的文字與背景，色彩對比要明顯」
(C)靜宜：「投影片的字體不要太小，避免台下觀眾看不到」
(D)曉華：「投影片的動畫應該越多越好，以吸引台下觀眾注意力」。 [3-1]

3. 動畫過多容易造成干擾也會模糊簡報焦點。

(B)4. 新聞報導「3D列印」應用領域廣，從玩具、模型，到工業用零件，都可以列印出來。小玉想以3D印表機作為期末專題報告的主題，請問她可以使用下列哪一套軟體來製作專題簡報？ (A)Java (B)PowerPoint (C)Photoshop (D)Illustrator。 [3-2]

(B)5. 如果魔術師要用PowerPoint，表演在5秒內將上百張投影片中的文字全部變為紅色，請問他可使用下列哪一項功能？
(A)大綱 (B)母片 (C)動畫 (D)頁首頁尾。 [3-3]

精選試題

3-1

(B)1. 下列哪一種字體樣式較適合出現在簡報中？
(A)華康少女體 (B)微軟正黑體 (C)華康娃娃體 (D)文鼎香蕉人體。

(B)2. 下列何者不是在製作簡報時，擷取資料重點的要領？
(A)內容簡潔扼要 (B)列出所有內容
(C)不可偏離主題 (D)適當使用專有名詞的縮寫。

(A)3. 簡報的製作步驟大致可區分為下列5項：a.演練及調整簡報內容 b.確定簡報主題 c.擬定簡報大綱 d.蒐集相關資料 e.製作投影片，請問簡報製作的流程順序應如何排列較為正確？ (A)bdcea (B)abcde (C)dabce (D)ecdab。

B3-9

3-2 (C)4. 下列哪一種Microsoft的應用軟體，較適合編輯一個名為「Msword.pptx」的檔案？
(A)Access　(B)Excel　(C)PowerPoint　(D)Word。

(B)5. 在PowerPoint中，有關檔案格式的敘述，下列何者錯誤？　　5. PowerPoint 2010以後
(A)可開啟.ppsx檔　　　　　　　　(B)可儲存.html檔　　　　版本已不支援網頁檔
(C)可儲存.wmv檔　　　　　　　　(D)可開啟.docx檔。　　　（.html）。

3-3 (D)6. 在Microsoft PowerPoint的『投影片瀏覽檢視模式』中，若游標變成了 符號，則代表使用者目前正在對投影片進行何種作業？
(A)新增　(B)修改　(C)複製　(D)搬移。

(A)7. 在PowerPoint中， 鈕具有什麼功能？
(A)放映投影片　(B)新增投影片　(C)切換至投影片瀏覽模式　(D)列印投影片。

3-4 (A)8. 在Microsoft PowerPoint中，對何者之格式設定會套用在整份簡報上？
(A)母片　(B)子片　(C)整片　(D)全片。

統測試題

(A)1. 在Microsoft PowerPoint簡報軟體的檢視模式及播放列中，點選 按鈕會進入下列哪一種模式？　　　　　　　　　　　　　　　　1. 表示進入標準模式。
(A)標準模式　　　　　　　　　　　(B)母片模式
(C)投影片放映　　2. 第6張投影片標題　(D)投影片瀏覽。　　　　　　　[102工管類]
　　　　　　　　　文字為置中對齊。

(C)2. 使用Microsoft PowerPoint簡報軟體，先在「母片」中設定標題文字置中，然後在第5張投影片中設定標題文字靠左對齊，並在第7張投影片中設定標題文字靠右對齊，則下列敘述何者錯誤？
(A)第4張投影片標題文字置中　　　3. PowerPoint提供的母片有投影片母片、備忘稿
(B)第5張投影片標題文字靠左對齊　　　母片以及講義母片；在某一張投影片修改格式
(C)第6張投影片標題文字靠左對齊　　　後，該張投影片格式不會受到母片所設定的格
(D)第7張投影片標題文字靠右對齊。　　式影響；.pps是一種PowerPoint 2003（含）
　　　　　　　　　　　　　　　　　　以前版本的播放檔格式。　　　[102工管類]

(D)3. 下列有關Microsoft PowerPoint的敘述，何者正確？
(A)PowerPoint提供的母片有投影片母片、備忘稿母片以及大綱母片三種
(B)我們先設定某些投影片後，接著再修改投影片母片的設定，則投影片母片的新設定都會套用到所有的投影片上
(C).pps是一種PowerPoint範本檔的格式
(D)PowerPoint檔案可以存成.jpg或.png圖片檔。　　　　　　　　　　　[103商管群]

(A)4. 下列何者為Microsoft PowerPoint「播放檔」的副檔名？
(A)pps　(B)ppt　(C)pdf　(D)pfx。　　　　　　　　　　　　　　[103工管類]

(A)5. Microsoft PowerPoint的母片是投影片的格式樣版，母片的編輯無法做以下哪一項設定？
(A)列印模式　(B)套用版面配置　(C)頁首與頁尾　(D)字型樣式。　　[103工管類]

(B)6. 使用Microsoft PowerPoint簡報軟體，若在投影片母片中設定標題文字為紅色，接著在第5張投影片中設定標題文字為白色，最後又在投影片母片中設定標題文字為黑色，完成以上設定後的第5張投影片中標題文字為哪種顏色？
(A)紅色　(B)白色　(C)黑色　(D)灰色。　　　　　　　　　　　　[104商管群]
6. 在某一張投影片修改格式後，該張投影片格式不會受到母片所設定的格式影響。

B3-10

第3章 認識簡報軟體

(C)7. 下列何者不是Microsoft PowerPoint提供的母片？
(A)投影片母片　(B)講義母片　(C)動畫母片　(D)備忘稿母片。 [106工管類]

(A)8. 在Microsoft PowerPoint中，下列哪一種檢視模式會顯示所有投影片的縮圖，以方便調整投影片的順序？
(A)投影片瀏覽　(B)大綱模式　(C)投影片放映　(D)備忘稿。 [106工管類]

(D)9. 若要將具有20張投影片的Microsoft PowerPoint檔案中的所有投影片均設定相同的自訂背景圖，使用下列哪項方式的操作步驟最少？
(A)在每張投影片當中直接插入背景圖
(B)在「頁首及頁尾」功能中設定背景圖
(C)在「新增投影片」功能套用含圖片的版面配置
(D)使用「投影片母片」功能並在其中設定背景圖。

10. Microsoft PowerPoint檢視投影片的方式有標準模式、投影片瀏覽、備忘稿、閱讀檢視、大綱模式。 [107工管類]

(B)10. 下列何者與Microsoft PowerPoint檢視投影片的方式最不相關？
(A)備忘稿　(B)整頁模式　(C)投影片瀏覽　(D)標準模式。 [108工管類]

(D)11. 假設目前Microsoft PowerPoint的預設投影片標題字是「黑色，細明體」。依序操作下列甲→乙→丙的編輯步驟，步驟甲所新增的投影片，其標題字的顏色與字體為下列何者？
甲、新增一頁「標題及內容」的投影片，並停留在這一頁
乙、在標題區輸入文字，並改變標題文字字體為「標楷體」
丙、編輯投影片母片，將整份投影片的標題字改為「紅色，微軟正黑體」，並離開母片編輯模式
(A)紅色，微軟正黑體　　　　　　(B)黑色，細明體
(C)黑色，標楷體　　　　　　　　(D)紅色，標楷體。 [108工管類]

(D)12. 簡報軟體（PowerPoint）中的母片類別，不包含下列哪一種？
(A)用於控制整個簡報的外觀之投影片母片
(B)自訂簡報及備忘稿一併列印為講義時的外觀之備忘稿母片
(C)自訂簡報在列印為講義時的外觀之講義母片
(D)自訂簡報在播放投影片的外觀之播放母片。 [109商管群]

(C)13. 透過Microsoft PowerPoint編輯好的簡報檔，儲存成下列哪種檔案格式，不需要透過Microsoft PowerPoint編輯模式就可以直接播放簡報檔？
(A)PowerPoint 97-2003簡報（.ppt）
(B)PowerPoint XML簡報（.xml）
(C)PowerPoint播放檔（.ppsx或.pps）
(D)PowerPoint簡報（.pptx）。 [109工管類]

(C)14. 下列何者為Microsoft PowerPoint的預設檢視模式？
(A)備忘稿模式　(B)投影片瀏覽模式　(C)標準模式　(D)閱讀檢視模式。 [109工管類]

(B)15. 「投影片母片、大綱母片、講義母片、備忘稿母片、背景母片」中，有幾種是Microsoft PowerPoint提供的母片？
(A)2　(B)3　(C)4　(D)5。

15. PowerPoint提供的母片類型：投影片母片、講義母片、備忘稿母片。 [110工管類]

(B)16. 利用PowerPoint製作的簡報檔案，可直接輸出成①至⑤中哪幾種副檔名的檔案格式？
①pptx　②pttx　③ppsx　④mp4　⑤wav
(A)①、②、③　(B)①、③、④　(C)②、③、⑤　(D)②、④、⑤。 [114商管群]

16. 在PowerPoint簡報軟體中，可將檔案輸出成pptx（預設的簡報格式）、ppsx（播放檔的格式）、mp4（視訊檔）。

B3-11

NOTE

第 4 章　PowerPoint的基本操作

4-1　簡報的編輯

一、投影片的增刪與美化

1. **新增投影片**：在**常用**標籤，按**新投影片**，或按Ctrl + M鍵，可新增空白投影片。

2. **插入投影片**：

   a. 插入原有的投影片至簡報：在**常用**標籤，按**新投影片**鈕下方的倒三角形，選**重複使用投影片**。

   b. 使用文字檔（如Word檔的大綱）建立投影片：在**常用**標籤，按**新投影片**鈕下方的倒三角形，選**從大綱插入投影片**。

3. **刪除投影片**：選取投影片縮圖，按Delete鍵。

4. **版面配置**：投影片中的文字、圖片、表格等物件，可有不同的配置方式（如標題及內容、章節標題、只有標題）。

   a. 在**常用**標籤，按**版面配置**，可選擇所需的版面配置樣式。

   b. 在**常用**標籤，按**重設**，可使投影片重新再套用母片的設定。

   單按即可變更版面配置

5. **背景設定**：在**設計**的**自訂**區，按『**設定背景格式**』，可為部分或全部投影片套用背景。

得分區塊練

(D)1. 在PowerPoint中,有關投影片增刪的說明,下列何者正確?
(A)按Ctrl + N鍵可新增投影片
(B)無法從其他的簡報檔案,插入現有的投影片
(C)使用「從大綱插入」功能可將多張圖片檔插入至投影片中
(D)使用「新投影片」功能會新增空白投影片。

(C)2. 在PowerPoint中,若要快速改變單張投影片的文字、圖片或表格配置方式,可善用下列哪一項功能?
(A)背景設定　(B)母片　(C)版面配置　(D)色彩配置。

二、簡報文字的輸入與編輯

1. 插入文字方塊:在**插入**的**文字**區,按**文字方塊**,可在投影片任意位置加入文字。

2. 投影片中的**文字方塊**有下列2種選取方式,其差別如下表所示:

選取方式	說明	範例
在文字方塊中單按	可輸入、刪除與選取文字	範例　外框呈現虛線
單按邊框	可設定整個文字方塊的框線、色彩、字型色彩…等樣式	範例　外框呈現實線

3. 文字樣式與段落間距的設定:按**常用**標籤中的工具鈕,可設定文字樣式與段落間距。

操作項目	工具鈕	操作項目	工具鈕
文字陰影	S	分散對齊	
字元間距	AV	新增或移除欄	
行距		水平對齊方式	
文字方向		垂直對齊方式	

4. 用**文字藝術師**美化簡報文字:在**插入**的**文字**區,按**文字藝術師樣式**來為文字設定陰影、光暈、立體等樣式。

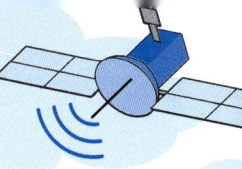

5. 項目符號及編號的設定：按**常用**的**段落**區可設定文句以條列方式呈現，並在文句前方加上項目符號或編號。

操作項目	工具鈕	快速鍵
項目符號	≔	—
編號	≔	—
減少清單階層	⇤	Shift + Tab
增加清單階層	⇥	Tab

得分區塊練

(D)1. 下列哪一項功能不在PowerPoint的常用標籤中？
　　　(A)設定文字樣式為陰影
　　　(B)調整文字的字元間距
　　　(C)設定文字方塊內文字的垂直對齊方式
　　　(D)調整投影片大小。

1. 若要調整投影片大小，須在設計的自訂區，按投影片大小，選自訂投影片大小，以設定投影片的尺寸。

(A)2. 在製作投影片時，若文字段落或條列資料之間距離過近，應如何處理較佳？
　　　(A)加寬行距與段落間距　　　(B)設定文字方向
　　　(C)調整字元間距　　　　　　(D)設定分散對齊。

三、多媒體的插入　102

1. 插入聲音 🔊音訊：在**插入**的**媒體**區中，按**音訊**，可插入wav、mp3、midi、aiff、au等聲音檔。

    a. 可設定聲音檔的播放方式為**從按滑鼠順序、自動、按一下時播放**。

    b. 插入的聲音檔預設僅播放一次，當投影片播放至下一頁時，即會停止播放。

    c. 設定**循環播放，直到停止**功能，可使聲音檔在同一張投影片重複播放。若再設定**跨投影片播放**功能，則當投影片切換至其他頁面時，聲音檔仍可繼續播放。

    d. 在**動畫窗格**中，**可指定音樂在某一段範圍內播放**，如1～3張投影片播MUSIC1.WAV，4～6張投影片播MUSIC2.WAV。

B4-3

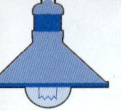

2. PowerPoint 2016／2019可選擇要以內嵌或連結的方式插入聲音或影片檔。

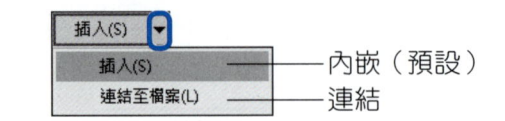

   a. **內嵌**：聲音檔會嵌入在簡報檔中。

   b. **連結**：聲音檔插入後，若改變聲音檔的位置（即改變存放的路徑），將會無法播放！

3. 插入視訊：在**插入**的**媒體**區，按**視訊**，可插入avi、mpg、wmv等影片檔，也可插入網站（如YouTube）中的影片。

   a. PowerPoint預設是以「**內嵌**」的方式插入影片。

   b. 在PowerPoint中插入影片後，可在**視訊工具播放**標籤，按**修剪視訊**，來裁切影片的開始時間與結束時間。

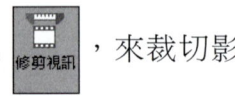

4. 插入圖表：在**插入**的**圖例**區，按**圖表**，可建立直條圖、圓形圖等圖表[註]。

5. 插入SmartArt圖形：在**插入**的**圖例**區，按**SmartArt圖形**，可插入清單、流程圖、循環圖等SmartArt圖形。

6. **新增超連結**：在**插入**的**連結**區，按**連結**。透過超連結，可開啟相關網頁、檔案、電子郵件，或連至某張投影片。

   ▶PowerPoint 2016：按**超連結**

   → 超連結文字的色彩若與背景色彩有不協調的情況，可在**設計**的**變化**列示窗，按 鈕，選**色彩/自訂色彩**，再按**超連結**，即可**變更超連結文字的色彩**。

四、物件的編輯

1. 調整順序：在物件上按右鍵，選『移至最上層（或移到最下層）』，可調整物件的上下層級。先繪製的物件會被後繪製的物件遮住。

2. 物件群組：選取多個物件後，按右鍵，選『組成群組/組成群組』，可將多個物件組成一個群組，以便同時移動或縮放群組內的物件。

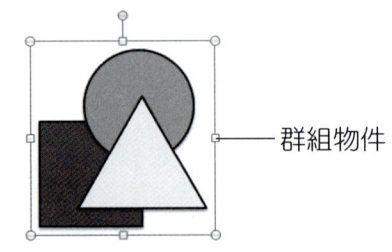

—— 群組物件

統測這樣考

(A)40. 同學在準備課程期末展示報告時，想透過Microsoft PowerPoint軟體製作一個簡報檔，在每頁簡報下想增加一個「箭頭向左的圖形」按鈕，當按下「箭頭向左的圖形」，簡報自動會跳到上一張投影片，請問編輯時，在點選「箭頭向左的圖形」後，要插入下列何種功能？
(A)插入超連結　　　　　　　　　(B)插入頁首及頁尾
(C)插入投影片編號　　　　　　　(D)插入註解。　　　　　　　　[109工管]

解：透過超連結，可開啟相關網頁、檔案、電子郵件，或連至某張投影片。

註：在PowerPoint插入圖表時，會自動開啟Excel進行圖表數據的整理，有關常見圖表類型之介紹，將彙整於「6-3 統計圖表的製作」中說明。

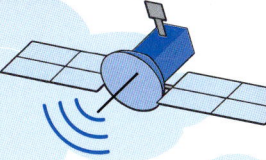

3. 物件對齊 ：選取2個以上物件，在**繪圖工具圖形格式**的**排列**區，按**對齊**，可一次將多個物件對齊，或排列物件位置。

靠左對齊	水平置中	靠右對齊	水平均分
靠上對齊	垂直置中	靠下對齊	垂直均分

4. 在圖案中加入文字：選取圖案後，直接輸入文字，或在圖案上按右鍵，選『新增文字』，可在圖案中加入文字。

五、投影片的列印　106　108　110　112

1. 列印投影片：按『檔案/列印』，可設定欲列印的份數、範圍及列印項目。設定列印範圍，可選擇全部、目前的投影片、或指定頁數；設定列印項目，有以下4種模式可選擇。

模式	說明
全頁投影片模式	每頁只列印1張投影片
備忘稿模式	列印投影片的內容及備忘稿，供簡報者報告時參考
大綱模式	列印投影片的大綱
講義模式	可將多張投影片（如1、2、3、4、6、9張）列印在同一頁，作為聽講者的講義

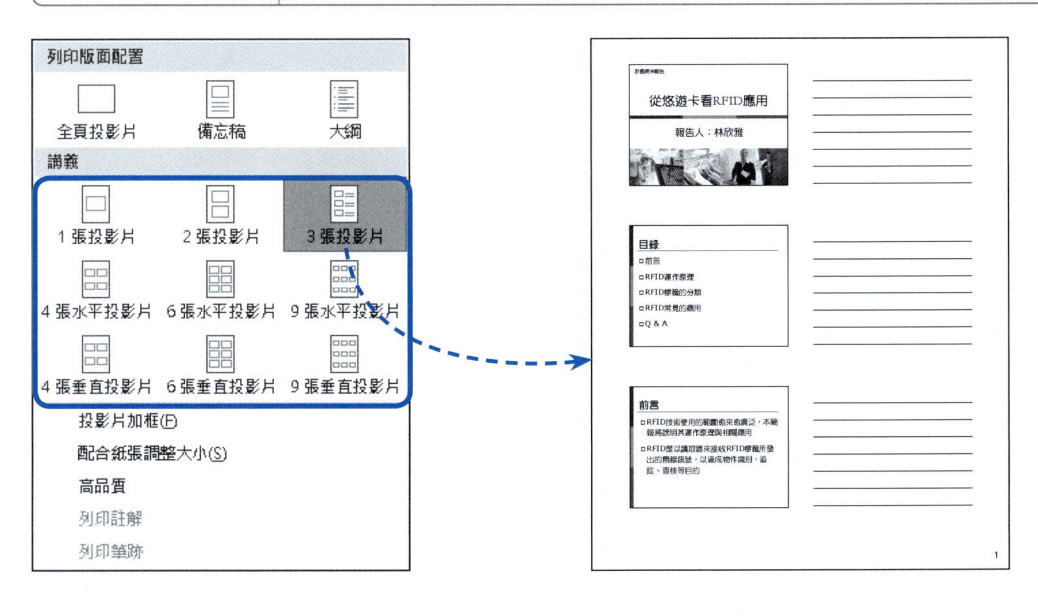

B4-5

2. 設定投影片大小：在**設計**的**自訂**區，按**投影片大小**，選**自訂投影片大小**，可設定投影片的尺寸（如長25.4公分、寬19.05公分）、方向（如直向、橫向）、投影片編號起始值等。

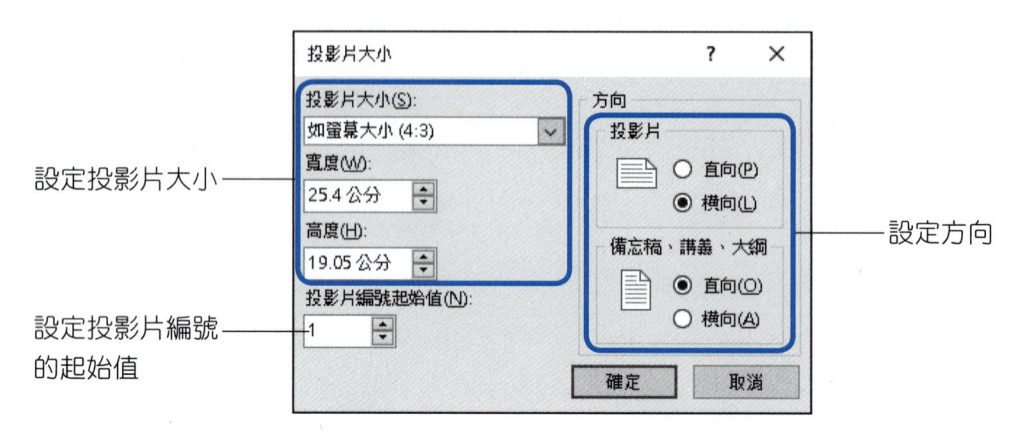

3. 設定投影片的頁首及頁尾：在**插入**的**文字**區，按**頁首及頁尾**，可在投影片、備忘稿或講義的頁首及頁尾加入日期、**投影片編號**、簡報標題等資料。

   a. 要修改頁首／頁尾資料的格式，必須在**母片**檢視模式下修改。

   b. 勾選**標題投影片中不顯示**，可設定標題投影片不顯示頁首、頁尾資料。

   c. 若希望第一張投影片不顯示頁碼，第二張投影片的頁碼為1，須先在頁首及頁尾交談窗中，勾選**標題投影片中不顯示**，再於**投影片大小**交談窗中，設定**投影片編號起始值為0**。

統測這樣考

(C)40. 使用PowerPoint編輯簡報時，封面頁不出現頁碼、內頁要有頁碼且從1開始，相關設定處理除了在頁首頁尾交談窗勾選「標題投影片中不顯示」，還須配合下列何者設定投影片編號起始值為0方可達成？ (A)在「常用」頁籤的「版面配置」 (B)在頁首頁尾交談窗 (C)投影片大小交談窗 (D)在投影片母片中的版面配置。[112商管]

得分區塊練

(C)1. 在Microsoft PowerPoint中，下列哪一種物件不可以被插入至簡報投影片中？
(A)mp3音樂檔案
(B)連結至網際網路上的超連結
(C)資料庫的表單
(D)螢幕錄製影片。

(A)2. 在PowerPoint中，如果要設定按下某段文字後即跳至第1張投影片，應該使用哪一項功能？ (A)插入連結 (B)插入圖表 (C)版面設定 (D)直書／橫書。

(D)3. 關於「Microsoft PowerPoint」的功能，下列敘述何者錯誤？
(A)可以插入mp3檔
(B)可以插入表格
(C)可以插入圖案檔
(D)不可以插入影片檔。

3. PowerPoint可插入影片檔。

統測這樣考

(A)31. 在Microsoft PowerPoint中欲一次列印含有兩頁的投影片共三份時，下列何種設定會讓所列印出來之頁次順序為1,2,1,2,1,2？
(A)自動分頁 (B)未自動分頁 (C)從長邊翻頁 (D)從短邊翻頁。 [108工管]

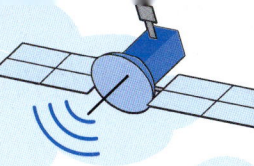

4-2　特效使用與簡報放映

一、放映特效的設定

1. 設定**投影片轉場效果**：在**轉場**標籤，可設定部分或全部投影片的**轉場效果**、**聲音**、**自動換頁的時間**（或**按滑鼠換頁**）。

    a. 設定自動換頁時間後，簡報會自動連續播放，過程中不需再藉由鍵盤或滑鼠的操作。

    b. 在**轉場**標籤的**切換到此投影片**區，選『**無**』，可取消轉場效果。

2. 設定**動畫**的播放：在**動畫**標籤，可設定投影片中個別物件的顯示效果，及各物件的播放時機（如下表所示）。

播放時機	說明
按一下時	按一下滑鼠開始播放
隨著前動畫	與前一個動畫同時播放
接續前動畫	前一個動畫播放完畢後播放

    a. 移動路徑：設定動畫沿著路徑移動，PowerPoint提供有預設的路徑，我們也可自行繪製路徑。

    → 選取移動路徑，按Delete鍵，可移除套用的移動路徑動畫效果。

    b. 已套用動畫的物件旁會顯示 ⓪、①、② 等編號，簡報放映時，動畫會依編號順序依序放映。

    c. 在投影片中，被設為最先播放動畫的物件，該物件旁會顯示 ①，但若該物件的播放時機被設定為「隨著前動畫」或「接續前動畫」時，則編號 ① 會改以 ⓪ 顯示。

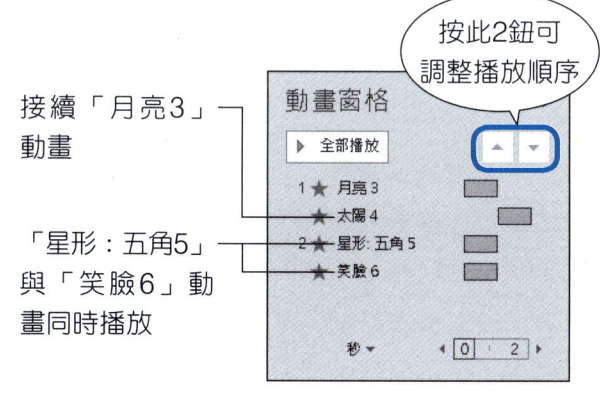

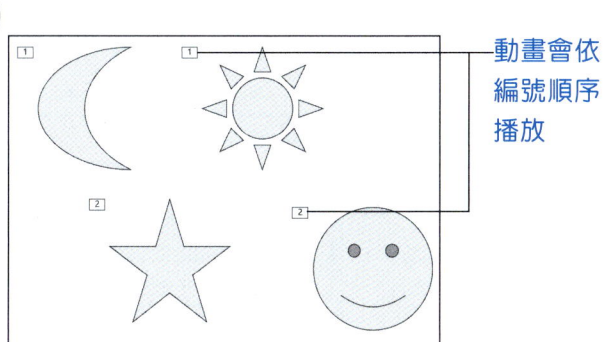

    d. 預覽動畫：在**動畫**標籤，按**預覽**，可預覽動畫播放效果。

數位科技應用 滿分總複習

統測這樣考

(B)49. 要設定簡報播放的順序為第1、5、3、2、4頁，可透過何項功能來完成？
(A)自訂動畫
(B)自訂投影片放映
(C)設定排練計時
(D)隱藏不放映的投影片。　　[113商管]

二、簡報的放映　105　107　113

1. 播放簡報：

功能	操作方式
從目前檢視的投影片開始播放	・按Shift + F5鍵 ・按投影片放映鈕
從第一頁投影片開始播放	・按F5鍵 ・按『投影片放映』標籤的從首張投影片
跳至下一頁	・按↓鍵　　　　・按N鍵 ・按Page Down鍵　・按滑鼠左鍵 ・按Enter鍵
跳至上一頁	・按↑鍵　　　　・按P鍵 ・按Page Up鍵　・按Backspace鍵
結束投影片播放	・按Esc鍵

2. 投影片編號若畫斜線，如圖，代表該張投影片被設為**隱藏**，播放時不會顯示。

3. 播放簡報時，可透過**指標選項**功能，將滑鼠指標變成「畫筆」或「螢光筆」，以便在投影片上標示文字或重點，輔助解說；播放結束後，簡報者可選擇是否保留畫筆所繪製的註解。

4. **自訂放映**：在**投影片放映**標籤，按**自訂投影片放映**，再按**自訂放映**，可自訂簡報中各投影片的放映順序（如播放順序為第1、5、3、2、4頁）。

5. 透過「設定放映方式」功能，讓簡報每次放映時都依照自訂放映的設定來播放。

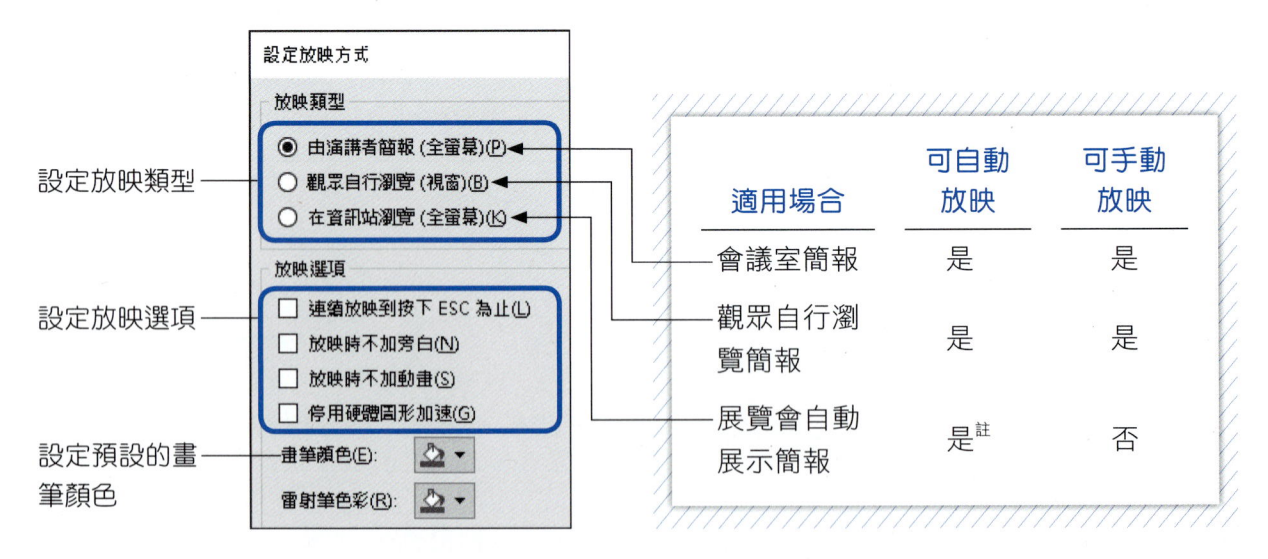

適用場合	可自動放映	可手動放映
會議室簡報	是	是
觀眾自行瀏覽簡報	是	是
展覽會自動展示簡報	是[註]	否

註：在此放映類型中，只有在按Esc鍵後，才能停止播放，否則會不斷播放簡報的內容。

第4章 PowerPoint的基本操作

6. **排練計時**：在**投影片放映**標籤，按**排練計時**，記錄每張投影片的轉場時間。簡報放映時，可讓投影片自動轉場，省去手動切換的麻煩。

    a. **從頭開始**錄製，並可播放旁白。

    b. 排練計時完成後，若需修改時間，可按**排練計時**重新排練。

7. 線上展示：在**投影片放映**標籤，按**線上展示**，可將簡報透過瀏覽器放映給遠端使用者觀看。

8. 插入動作按鈕：在**插入**的**圖例**區，按**圖案**。

    a. 不同的動作按鈕可使投影片播放時，跳至不同的位置，如「上一項」鈕 ◁ 預設被按下會跳至上一張投影片、「首頁」鈕 預設被按下會跳至第一張。

    b. 我們可自行變更按鈕的動作（如播放聲音、切換至特定投影片）等。

    c. 我們也可自行插入圖片，並設定動作。

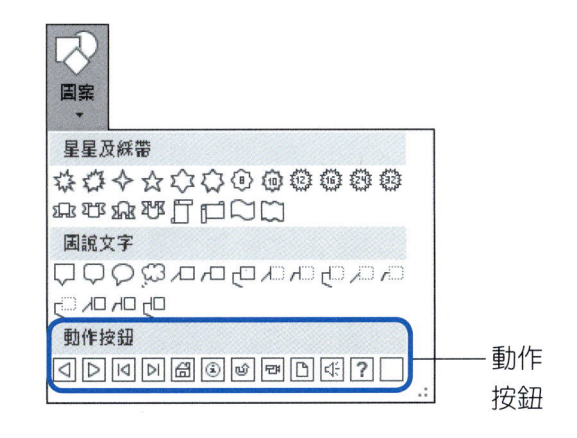

有背無患

- 錄製投影片放映：在**投影片放映**標籤，按**錄製投影片放映**，可錄製旁白，與記錄投影片換頁時間、動畫時間、雷射筆移動軌跡。可用在演講者未能親臨現場時，讓活動仍可照常進行。

- 電子相簿：在**插入**標籤，按**相簿**，可將大量照片匯入至簡報中，以製作成相簿。在建立相簿時，可設定相簿的外觀，例如一張投影片顯示幾張相片、相片的外框樣式…等。若要修改相簿外觀，可按**相簿**鈕下方的倒三角形，選**編輯相簿**。

- 螢幕錄製功能：在**插入**的**媒體**區，按**螢幕錄製**，即可進行螢幕錄製。錄製好的影片可以進行剪輯，可另存成MP4檔。

得分區塊練

(D)1. 在Microsoft PowerPoint簡報軟體播放簡報過程中，若欲中途結束播放，則可按下列何鍵？ (A)Alt鍵 (B)Ctrl鍵 (C)Del鍵 (D)Esc鍵。

統測這樣考

(C)38. 有關簡報進行排練計時過程中，下列哪一些正確？
① 從頭開始錄製並可播放旁白
② 排練完成後其排練時間不能再修改
③ 設定排練計時後，仍可從中間某一頁開始播放
④ 可從投影片瀏覽之檢視模式觀看排練時間
(A)①②③ (B)①②④ (C)①③④ (D)②③④。　　　　[113商管]

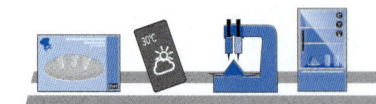

滿分晉級

★新課綱命題趨勢★
情境素養題

▲閱讀下文，回答第1至3題：

為了面對及解決極端氣候、國際間衝突、貧富差距擴大等問題，聯合國提出「2030永續發展目標（SDGs）」，期望透過17個核心目標指引全球共同為地球永續發展努力。小恩想讓更多人瞭解如何從個人日常生活中落實SDGs，他使用Microsoft PowerPoint製作一份有關認識SDGs的簡報。

(C)1. 第1張投影片（上圖左）中，每個方塊的左右間距都相同，請問小恩是使用下列哪一項功能來達成？
(A)字元間距　(B)投影片大小　(C)物件對齊　(D)佈景主題。 [4-1]

(B)2. 小恩製作簡報時，發現有一段文字被色塊壓住（如下圖左），請問小恩應該如何調整，才能讓文字不要被色塊壓住（如下圖右）？
(A)選取色塊後，按右鍵，選「編輯端點」
(B)選取色塊後，按右鍵，選「移到最下層」
(C)選取色塊後，在繪圖工具圖形格式的排列區按「對齊」，選「靠下對齊」
(D)選取色塊後，按Ctrl + X剪下，再按「選擇性貼上」，以「點陣圖」貼上。 [4-1]

(A)3. 小恩想將製作完成的投影片列印出來，並希望每頁可呈現6張投影片，請問他應在PowerPoint中的何處進行設定？
(A)檔案/列印/講義
(B)檢視/閱讀檢視
(C)檢視/講義母片
(D)設計/設定背景格式。 [4-1]

第4章 PowerPoint的基本操作

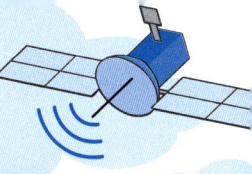

▲ 閱讀下文，回答第4至5題：

炫佑看電視時，偶然看到可愛的「PUI PUI天竺鼠車車」影片，他上網搜尋相關資訊，發現天竺鼠車車的影片近期爆紅，但很少人知道影片中5隻天竺鼠車車－馬鈴薯、西羅摩、阿比、巧克力、泰迪等角色名稱及特色，炫佑決定製作一份介紹這5隻天竺鼠車車角色的簡報並分享至網路上。

4. wav、mp3、au皆為音訊檔案格式；ppsx為PowerPoint的播放檔格式。

(D)4. 炫佑想要在投影片中，播放天竺鼠車車「PUI PUI」叫聲，他所準備的聲音檔案格式不能為下列何者？ (A)wav (B)mp3 (C)au (D)ppsx。 [4-1]

(D)5. 炫佑想將製作完成的投影片列印出來，他希望列印的簡報資料以每一頁呈現3張投影片，請問他可以在列印投影片時，選擇下列哪一種模式？
(A)全頁投影片模式　　　　(B)備忘稿模式
(C)大綱模式　　　　　　　(D)講義模式。
5. 講義模式：可將多張投影片（如2、3、4、6、9張）列印在同一頁。 [4-1]

(D)6. 蘋果公司前執行長賈伯斯是眾所皆知的簡報天才，他所製作的簡報都是少字、圖多。若他想將簡報列印出來，以便在演講時，可觀看簡報的備註內容，他應該選擇下列哪一種簡報列印模式？
(A)大綱模式 (B)投影片模式 (C)講義模式 (D)備忘稿模式。 [4-1]

(A)7. 佳琳的姐姐即將步入禮堂，她為姊姊特製了一段簡報影片，想在婚宴上播放給親朋好友觀賞。請問她可以利用PowerPoint的哪一項功能，將簡報設定為自動播放？
(A)轉場 (B)佈景主題 (C)母片檢視 (D)線上展示。 [4-2]
7. 利用「轉場」效果，可設定每隔數秒自動切換投影片。

精選試題

4-1

(A)1. 以Microsoft PowerPoint軟體製作簡報時，希望某產品商標的圖片都出現在每一張投影片的右下方，下列何者是最好的方法？
(A)將商標的圖片加入投影片的母片中，再套用到所有的投影片
(B)將商標的圖片加入備忘稿中
(C)在投影片的頁首、頁尾的設定中，加入商標的圖片
(D)修改投影片的版面設定。
1. 在投影片的頁首、頁尾的設定中，只能設定文字，無法加入圖片，須在母片中加入圖片，才會顯示在每張投影片。

(C)2. 在PowerPoint中，當投影片套用佈景主題之後，其文字格式未跟著改變，可執行下列哪一項功能強迫更新？
(A)再套用一次佈景主題
(B)按一次佈景主題的「套用至選定的投影片」選項
(C)用「重設」功能重新套用版面配置
(D)再變更一次母片的文字格式設定。 [技藝競賽]

(C)3. PowerPoint無法插入下列哪一種類型的影片？
(A)WMV (B)AVI (C)RMVB (D)MPEG。

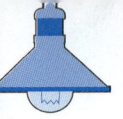

(C)4. 志明在編修PowerPoint簡報時，他先透過母片將標題的文字設定為置中，卻發現第3頁投影片的標題文字依舊為靠左對齊。另外，他切換至簡報第1頁，想刪除投影片中的插圖，卻發現無法選取該圖片。請根據上述，判斷下列何者有誤？
(A)志明曾在簡報第3頁，更改標題文字的對齊方式
(B)在第3頁透過「重設」功能，可讓第3頁的標題文字更改為置中對齊
(C)需切換至「投影片瀏覽」模式中，才能選取投影片中的插圖
(D)無法選取第1頁投影片中的圖片，有可能是因為該圖片插入在母片中。

(D)5. 下列有關PowerPoint中物件的敘述，何者錯誤？
(A)選取散落在不同位置的多個物件，按 🔲 鈕，再按 🔲 鈕，可將物件聚集在一起
(B)在同一個位置先繪製「圓形」，再繪製「方形」，則方形會遮住圓形
(C)可在圖案物件中加入文字
(D)選取單一群組物件後，按 🔲 鈕，可讓群組內的所有物件靠上對齊。

4-2

(C)6. 小明利用PowerPoint簡報軟體製作一份包含20張投影片的旅遊攝影集，他想讓這些投影片一次連續播放完畢，中間都不必再按鍵盤或滑鼠以顯示下一張投影片，他應該在下列何項功能中設定？
(A)檔案存檔　(B)檢視模式　(C)投影片換頁　(D)自動校正。

(C)7. 在Microsoft PowerPoint簡報軟體中播放投影片時，按下列何鍵無法切換到下一頁投影片？　(A)滑鼠左鍵　(B)鍵盤之Enter鍵　(C)鍵盤之↑鍵　(D)鍵盤之N鍵。

(A)8. 假設某張投影片中，只包含有A、B兩個物件，若利用動畫功能，設定A物件的播放時機為「按一下時」播放，B動畫的播放時機為「接續前動畫」播放，則A、B物件所顯示的順序編號應為
(A)A、B皆為 1
(B)A為 1，B為 2
(C)A、B皆為 2
(D)A為 2，B為 1。

8. 當播放時機設為「接續前動畫」或「隨著前動畫」時，該物件的播放順序編號會與前動畫相同。

(A)9. 在Microsoft PowerPoint中，如果要將聲音檔作為背景音樂持續播放，最簡單的方式是透過以下何種功能？
(A)在播放選項設定「循環播放」、「跨投影片播放」
(B)在動作按鈕設定超連結
(C)在動畫設定投影片切換時，音樂自動從切斷處接續播放
(D)用巨集功能撰寫程式。

統測試題

(C)1. 下列有關PowerPoint中插入音訊物件的說明，何者不正確？
(A)可以插入的聲音檔案格式包括wav、mp3等
(B)可以設定自動或按一下時播放
(C)插入單張投影片的聲音物件，無法設定為循環播放
(D)連結的聲音檔案如果變更路徑將無法正常播放。　　　　　　　　[102商管群]

1. 在PowerPoint中，可為投影片插入的聲音物件，設定為循環播放。

(D)2. 有一份100頁的Microsoft PowerPoint投影片，想要列印其中的第5頁到第18頁，以及第34頁。請問在列印對話方塊中，該如何設定列印範圍方能把指定的15頁投影片列印出來？
(A)5~18 and 34　(B)pp. 5 to 18+34　(C)5~18&34　(D)5-18, 34。　[102工管類]

2. 「-」表示列印連續範圍；「,」表示列印不連續範圍。

第4章 PowerPoint的基本操作

> 3. PowerPoint已將「按一下」改名為「按一下時」；
> 將「與前動畫同時」改名為「隨著前動畫」。

(D)3. Microsoft PowerPoint對投影片內物件所指定動畫的銜接，以下哪一項設定無法完成？
(A)按一下 (B)與前動畫同時 (C)接續前動畫 (D)跳過動畫不播放。 [103工管類]

(B)4. Microsoft PowerPoint提供的列印模式中，若要設定每頁列印多張投影片，則需用下列何種模式？
(A)投影片模式 (B)講義模式 (C)備忘稿模式 (D)大綱模式。 [104工管類]

(A)5. 用Microsoft PowerPoint製作簡報，可用下列何項功能來連結到外部的檔案或網頁？
(A)插入超連結 (B)進行段落設定 (C)設定動畫 (D)設定投影片放映。 [104工管類]

(C)6. Microsoft PowerPoint播放簡報時，可將滑鼠指標變成畫筆，進行標註。在簡報結束時，PowerPoint會如何處理筆跡標註？
(A)自動儲存為註解 (B)自動儲存為備忘稿
(C)簡報者可選擇是否保留筆跡 (D)自動儲存成JPG檔。 [105商管群]

(B)7. 用Microsoft PowerPoint做簡報的時候，通常都會點選「投影片放映」模式進行簡報。在PowerPoint投影片放映模式時，請問以下敘述何者正確？
(A)回到上一頁可以按一下「→」鍵
(B)可以按「Esc」鍵結束放映
(C)回到上一頁可以按一下滑鼠右鍵
(D)播放下一頁可以按一下「Page Up」鍵。 [105工管類]

(D)8. 在Microsoft PowerPoint的「標準模式」下，下列哪一種按鍵可以從「目前投影片」開始播放投影片？
(A)「F5」鍵 (B)「Alt + F5」鍵
(C)「Ctrl + F5」鍵 (D)「Shift + F5」鍵。 [105工管類]

(A)9. 下列何者不是Microsoft PowerPoint簡報資料的列印模式？
(A)標準模式 (B)大綱模式 (C)講義模式 (D)備忘稿模式。 [105工管類]

(D)10. 在Microsoft PowerPoint的「列印」設定中，哪一種「列印項目」不會將投影片上的圖片列印出來？
> 10.大綱模式只會列印投影片的大綱。

(A)講義（每頁3張投影片） (B)講義（每頁9張投影片）
(C)備忘稿 (D)大綱模式。 [106商管群]

(B)11. Microsoft PowerPoint的輸出模式中，下列哪一種列印模式不會顯示投影片中的圖片或圖案？
(A)講義模式 (B)大綱模式 (C)投影片模式 (D)備忘稿模式。 [106工管類]

(C)12. 有關Microsoft PowerPoint簡報軟體的操作，下列敘述何者錯誤？
(A)在Microsoft Word中進行字串複製後，可以直接在Microsoft PowerPoint中貼上
(B)每張投影片可以設定不同的自動播放時間
(C)簡報時必須依投影片順序來播放
(D)簡報中的圖片可以設定超連結。

> 12.利用自訂放映功能可自訂簡報中各投影片的放映順序。

[107商管群]

(D)13. 在Microsoft PowerPoint中，為了掌握簡報時間與速度，在正式簡報前，使用者可以使用下列哪項功能進行預演？
(A)轉場功能 (B)母片設計功能 (C)預存時間功能 (D)排練計時功能。 [107工管類]

(A)14. 下列何者不屬於Microsoft PowerPoint投影片動畫設定之效果類型？
(A)投影片切換 (B)進入 (C)結束 (D)強調。 [107工管類]

B4-13

(C)15. 小青要從有統計圖表的PowerPoint檔案中印一份沒有圖表的簡報資料給老闆，小青開啟該PowerPoint檔案後，按「檔案」、「列印」，再來請你幫小青選擇以下哪一個圖案來完成此任務？

(A) 備忘稿　(B) 6張水平投影片　(C) 大綱　(D) 全頁投影片

15.大綱模式：以條列方式顯示投影片的大綱，所以不會列印出圖表。 [108商管群]

(A)16. 在Microsoft PowerPoint中欲一次列印含有兩頁的投影片共三份時，下列何種設定會讓所列印出來之頁次順序為1,2,1,2,1,2？
(A)自動分頁　(B)未自動分頁
(C)從長邊翻頁　(D)從短邊翻頁。

16.自動分頁：當列印份數設定超過1份，會先印完整份文件後，再列印第2份。 [108工管類]

(A)17. 同學在準備課程期末展示報告時，想透過Microsoft PowerPoint軟體製作一個簡報檔，在每頁簡報下想增加一個「箭頭向左的圖形」按鈕，當按下「箭頭向左的圖形」，簡報自動會跳到上一張投影片，請問編輯時，在點選「箭頭向左的圖形」後，要插入下列何種功能？
(A)插入超連結　(B)插入頁首及頁尾
(C)插入投影片編號　(D)插入註解。

17.透過超連結，可開啟相關網頁、檔案、電子郵件，或連至某張投影片。 [109工管類]

(B)18. 用Microsoft PowerPoint在播放簡報時，如何透過按下鍵盤按鍵結束放映簡報？
(A)同時按下【Ctrl】與字母【C】鍵
(B)按下【ESC】鍵
(C)按下【END】鍵
(D)按下【Enter】鍵。

18.在播放簡報時，按下【Esc】鍵可結束放映簡報。
19.放映簡報時：
• 按↓、Page Down、Enter、N鍵、或滑鼠左鍵，可跳至下一頁。
• 按↑、Page Up、P、Backspace鍵，可跳至上一頁。
• 按Esc鍵，可結束投影片播放。 [109工管類]

(C)19. 關於Microsoft PowerPoint的投影片放映操作，下列敘述何者正確？
(A)至上一張投影片，可按鍵盤上的「PageDown」鍵
(B)至最後一張投影片，可按鍵盤上的「Esc」鍵
(C)至第一張投影片，可按鍵盤上的「Home」鍵
(D)至下一張投影片，可按鍵盤上的「PageUp」鍵。 [110工管類]

(D)20. 下列關於簡報軟體（PowerPoint）的敘述，何者錯誤？
(A)在PowerPoint中可以將簡報儲存成PNG圖檔
(B)在列印投影片時，可以選擇講義模式列印
(C)在PowerPoint中可以設定投影片切換時的聲音
(D)在設定物件動畫時，無法進行動畫速度快慢的設定。 [110商管群]

(C)21. 下列關於Microsoft PowerPoint的功能描述，何者最不正確？
(A)可自動切換投影片，並套用轉場效果
(B)可插入文字和圖片，並運用動畫效果
(C)可運用時間軸及影格製作動畫，讓簡報有多元的呈現
(D)可製作相簿而插入大量照片，並根據照片進行文字說明。 [110工管類]

(C)22. 使用PowerPoint編輯簡報時，封面頁不出現頁碼、內頁要有頁碼且從1開始，相關設定處理除了在頁首頁尾交談窗勾選「標題投影片中不顯示」，還須配合下列何者設定投影片編號起始值為0方可達成？
(A)在「常用」頁籤的「版面配置」
(B)在頁首頁尾交談窗
(C)投影片大小交談窗
(D)在投影片母片中的版面配置。

22.若希望第一張投影片不顯示頁碼，第二張投影片的頁碼為1，須先在頁首及頁尾交談窗中，勾選標題投影片中不顯示，再於投影片大小交談窗中，設定投影片編號起始值為0。 [112商管群]

(C)23. 有關簡報進行排練計時過程中，下列哪一些正確？
①從頭開始錄製並可播放旁白
②排練完成後其排練時間不能再修改
③設定排練計時後，仍可從中間某一頁開始播放
④可從投影片瀏覽之檢視模式觀看排練時間
(A)①②③　(B)①②④　(C)①③④　(D)②③④。　　　　　　　[113商管群]

23.②排練完成後其排練時間可以修改。

(B)24. 要設定簡報播放的順序為第1、5、3、2、4頁，可透過何項功能來完成？
(A)自訂動畫　　　　　　　　　(B)自訂投影片放映
(C)設定排練計時　　　　　　　(D)隱藏不放映的投影片。　　　[113商管群]

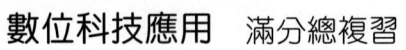

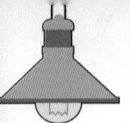

NOTE

統測考試範圍

單元 3

商業試算表應用

學習重點

本篇最常考**公式／函數的使用**，這次考了3題（占12%）命題比重高，務必熟記使用方式並加強練習

章名	常考重點	
第5章 認識電子試算表軟體	• 電子試算表軟體簡介 • 資料類別的設定	★★☆☆☆
第6章 Excel資料的計算與分析	• 公式的使用 • 儲存格參照 • 函數的使用 • 資料排序 • 資料驗證、篩選、小計與剖析	★★★★★

統測命題分析　最新統測趨勢分析（111～114年）

數位科技概論

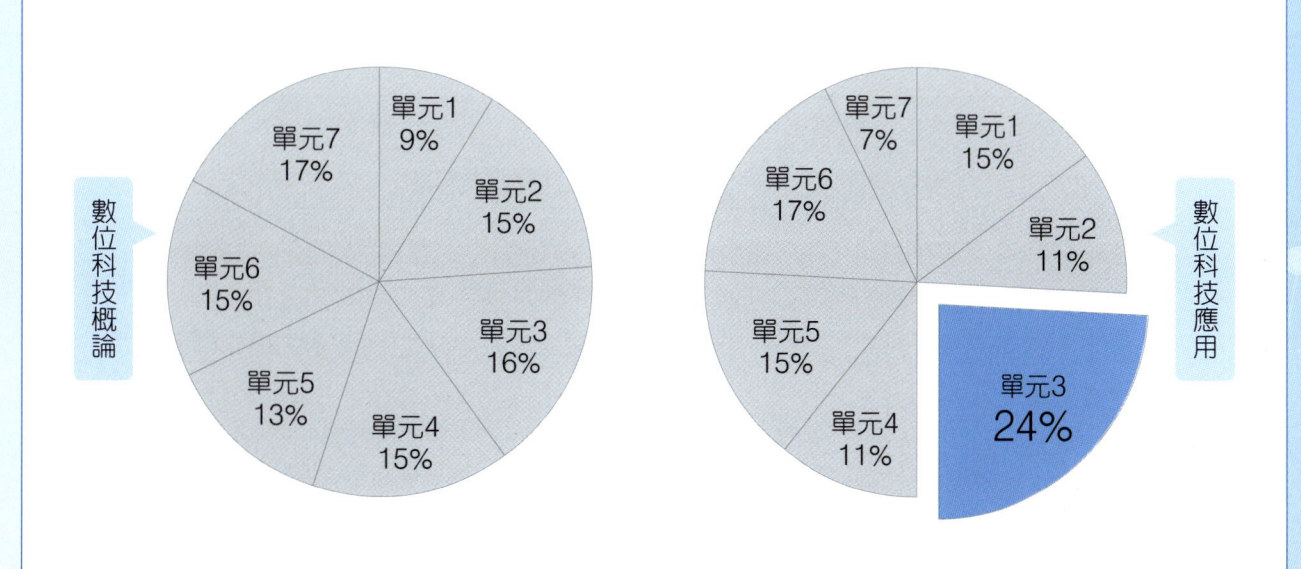

- 單元1 9%
- 單元2 15%
- 單元3 16%
- 單元4 15%
- 單元5 13%
- 單元6 15%
- 單元7 17%

數位科技應用

- 單元1 15%
- 單元2 11%
- 單元3 24%
- 單元4 11%
- 單元5 15%
- 單元6 17%
- 單元7 7%

第 5 章 認識電子試算表軟體

5-1 電子試算表軟體簡介

一、電子試算表軟體

1. **電子試算表軟體**：可用來輸入資料,並針對這些資料做運算、篩選、排序、分組、小計等分析工作,再把運算結果以數值、圖表等方式呈現出來。

2. 常用在編製各種報表及統計圖,如成績單、薪資管理、會計記帳、財務分析、趨勢統計等。

3. 常見的電子試算表軟體:

類型	軟體名稱	軟體系列	開發廠商
單機版	Excel	Microsoft Office	微軟公司
	Numbers	iWork	蘋果公司
	Calc	LibreOffice	文件基金會(TDF)
		OpenOffice	Apache
線上版	Excel Online	Office Online	微軟公司
	Numbers	iWork for iCloud	蘋果公司
	Google試算表	Google文件	Google公司

→ 當電腦中沒有安裝Excel試算表軟體時,我們可以利用**線上版**試算表軟體進行線上編輯。

4. 在Excel中,按『檔案/開啟』,可開啟下列檔案類型來編修:

檔案類型	副檔名	說明
Excel檔	**xlsx**	預設的試算表格式
	xls	Excel 2003(含)之前版本預設的試算表格式
	xltx	範本檔案的格式
	xlt	Excel 2003(含)之前版本的範本檔案格式
開放試算表格式	ods	LibreOffice及OpenOffice預設的試算表格式
網頁檔	mht / mhtml htm / html	網頁格式,可透過瀏覽器瀏覽
資料庫檔	dbf / mdb / accdb	資料庫格式,可將資料匯入進行運算

◎ 五秒自測　Excel 2016 / 2019預設的副檔名為何？　.xlsx。

第5章 認識電子試算表軟體

5. 按『檔案/另存新檔』，輸入檔案名稱再選檔案類型（如.xlsx、.xltx、.txt、.ods、.htm、.html、.mht、.xml或.csv等檔案格式），可將文件以新檔名儲存。

→ Excel 2010（含）以後的版本還可將檔案另存成pdf檔。

得分區塊練

(C)1. 下列何者不是電子試算表軟體的主要功能？ (A)編輯、計算資料 (B)分析、管理資料 (C)處理影像、圖片 (D)編製統計圖表。

(D)2. 有關Microsoft Excel應用軟體之敘述，下列何者錯誤？
(A)可將輸入資料進行統計分析　　(B)主要用以編製試算表
(C)可用以製作統計圖　　　　　　(D)適合用以編輯圖像。

(B)3. 曉君從網路上下載了一個副檔名為.xls的檔案，請問她可以利用下列哪一套軟體來開啟這個檔案？ (A)Word (B)Excel (C)PowerPoint (D)小畫家。

統測這樣考
(B)43. 使用電子試算表軟體（Excel），工作表中AA欄的下一欄位為何？
(A)AAA (B)AB (C)BB (D)BA。　　　　　　　　[110商管]

5-2　工作表與活頁簿　110

1. 1個Excel的**活頁簿**（即1個Excel檔案）預設含有**1**張空白的**工作表**（Sheet），每個活頁簿至少需含有1張工作表。

2. Excel工作表中的每一個**儲存格**，是以欄、列編號來表示其位址，若欲表示多個相鄰的儲存格範圍，需以 "**:**" 隔開儲存格位址；若欲表示**不相鄰**的儲存格範圍，則以 "," 隔開儲存格位址，如：

   a. D1,E2，指第D欄第1列的儲存格、第E欄第2列的儲存格，共2個儲存格。

   b. A2:A4，指A2、A3、A4共3個儲存格。

   c. B4:C5,D5，指B4、B5、C4、C5、D5共5個儲存格。

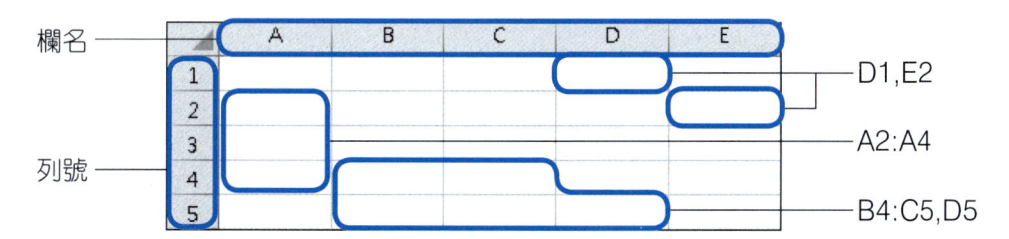

   d. 欄名：A、B、⋯Z、AA、AB、⋯、AZ、BA、BB、⋯、BZ，以此類推；
      列號：1～1048576。

   e. 定義儲存格名稱：選取一個或多個相鄰的儲存格，並在**名稱方塊** 小計 ▼ 輸入儲存格名稱。

3. 在工作表標籤上按右鍵,可新增、刪除、搬移、複製工作表,或改變工作表標籤的名稱、顏色。雙按工作表標籤也可為工作表重新命名。

4. 工作表刪除後,無法按Ctrl + Z鍵復原。

得分區塊練

(D)1. 在Excel中,若選取儲存格A3:C6,請問共選取幾個儲存格?
　　　　(A)2　(B)3　(C)6　(D)12。

(D)2. 有關MS Excel軟體實作的敘述,下列何者錯誤?
　　　　(A)一般可以由桌面上的「開始」功能表中啟動Excel
　　　　(B)啟動Excel時會自動開啟新的活頁簿
　　　　(C)可以對工作表進行刪除、重新命名及移動等作業
　　　　(D)被刪除的工作表可以立即復原。

(A)3. 在Excel 2016 / 2019中,每個活頁簿預設含有幾張空白工作表?
　　　　(A)1　(B)2　(C)3　(D)4。

5-3　Excel的基本操作

一、儲存格的選取與增刪

1. 選取儲存格:

選取範圍	指標呈現形狀	操作
單一儲存格	✛	單按儲存格
相鄰儲存格	✛	拉曳欲選取的範圍
不相鄰儲存格	✛	單按或拉曳欲選取的範圍,按Ctrl鍵,再選其它欲選取的範圍
一欄	↓	單按欄名
一列	→	單按列號
整個工作表	✛	按左上方的**全選鈕**或按Ctrl + A鍵

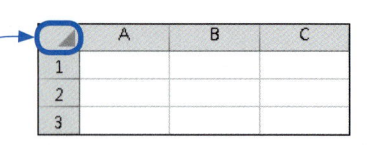

◉ 五秒自測　Excel的「全選」鈕位於工作表的何處? 左上方。

2. 在**常用**標籤，按**插入**或**刪除**，可增刪欄、列與儲存格。

3. 在欄名／列號上按右鍵，再按『插入』，可新增欄／列，原內容會**右移**一欄（或**下移**一列）；若按『刪除』，可刪除欄／列，原內容會**左移**一欄（或**上移**一列）。

得分區塊練

(A)1. 在Microsoft Excel中，若要選取整張工作表，應如何操作？
　　　(A)按工作表最左上方的按鈕　　　(B)在任一列號上單按
　　　(C)在任一欄名上雙按　　　　　　(D)按Ctrl + L鍵。

(C)2. 若單按Excel工作表中的任一欄名，會產生下列哪一種效果？
　　　(A)該欄被刪除　　　　　　　　　(B)該欄原本的資料左移一欄
　　　(C)該欄被選取　　　　　　　　　(D)該欄以外的儲存格被選取。

二、資料的輸入

1. 輸入的資料主要可分為：

   a. **數值資料**：指「可計算」的資料，包含數值、日期、時間等。

   b. **文字資料**：由中、英文及數字組成。若要將純數值當成文字資料，須在數值前加上**單引號**（'），如 '1234。

資料格式	預設對齊方式	儲存格寬度不足時
數值	靠右對齊	顯示「####」符號
文字	靠左對齊	只會顯示儲存格可容納的部分文字

2. 在儲存格中按**Alt + Enter**鍵，可強迫換行。在**常用**標籤，按**自動換行**，可讓超出儲存格寬度的文字自動換行。

3. 按F2鍵可編輯選取的儲存格。

4. **填滿控點**：選取儲存格後，儲存格**右下角**會顯示填滿控點■。拉曳填滿控點，可填入**重複性**或具**順序性**（如1、2、3…或2、4、6…或9/13、9/14、9/15…）的資料。

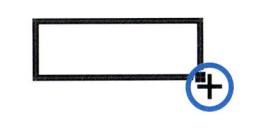

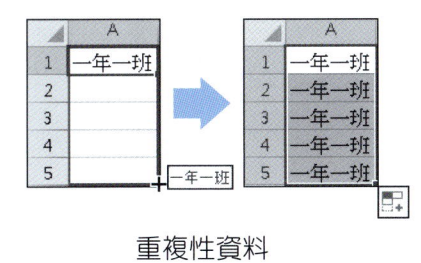

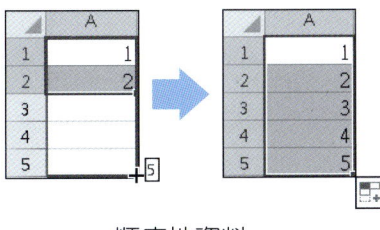

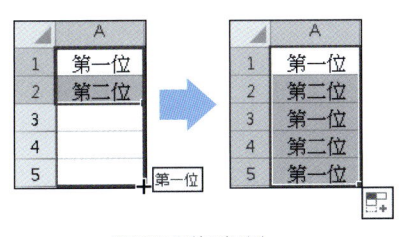

重複性資料　　　　　順序性資料　　　　　循環重複資料

5. 利用填滿控點複製儲存格格式：拉曳填滿控點後，按右下角的**自動填滿選項**。

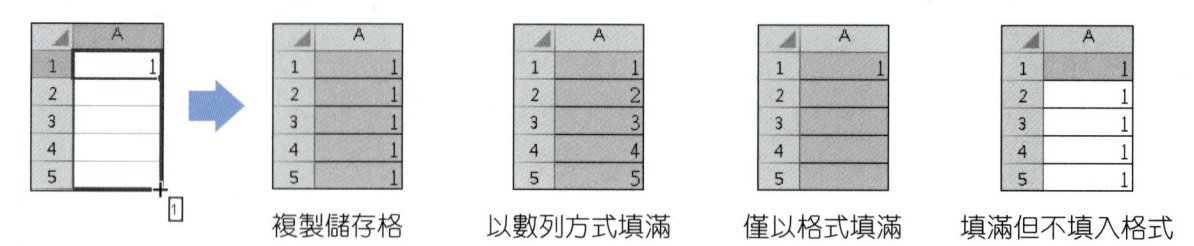

   複製儲存格　　以數列方式填滿　　僅以格式填滿　　填滿但不填入格式

6. 透過**自訂清單**自訂資料的順序（如北部、中部、南部、東部）後，即可透過拉曳填滿控點，來填入自訂的資料內容。

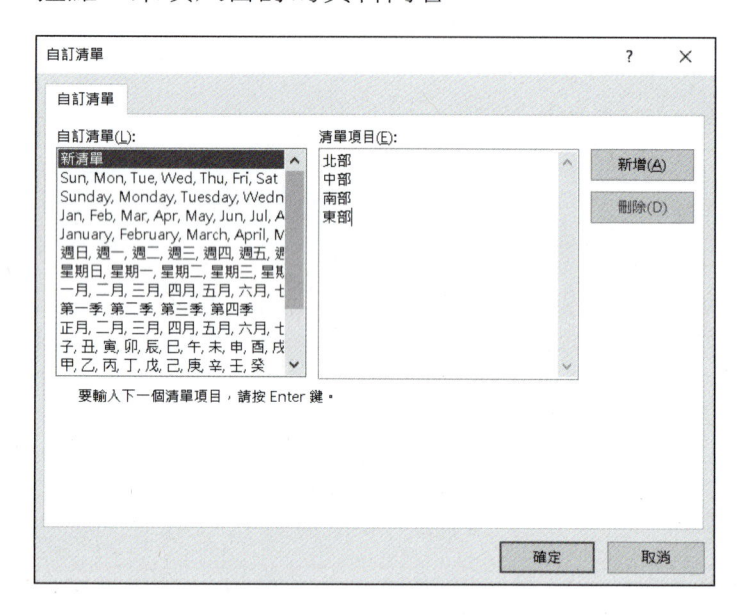

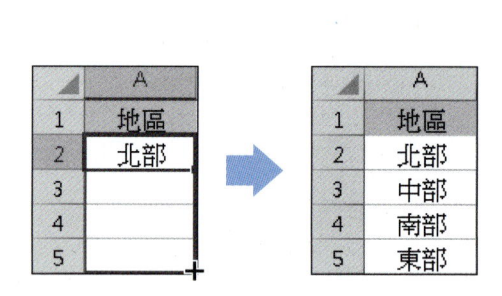

7. 資料清除：按Delete鍵僅能刪除儲存格內的資料；若要清除格式、註解或資料，須在**常用**標籤，按**清除**來選擇。

有背無患

- **註解**：可用來說明儲存格資料內容的意義，以方便查閱。
- 插入註解的儲存格，其右上角會出現紅色三角形的註解指標，當滑鼠游標移至含有註解的儲存格時，便會顯示註解文字。
- **工作表背景**：在**頁面配置**標籤，按**背景**，可為工作表加入圖片作為背景，但列印時不會印出背景。

  Excel 2016：在版面配置標籤，按版面設定

得分區塊練

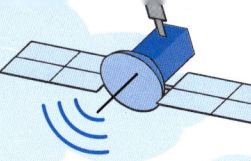

(C)1. 在Microsoft Excel中，若A1和A2儲存格內的資料分別為a1和b2，在選取A1至A2儲存格，並拉曳其右下角的填滿控點至A6，則下列何者為A6儲存格內的資料？
(A)b2　(B)b3　(C)b4　(D)b5。

(C)2. Excel儲存格顯示 #### 符號，表示：
(A)引用計算之儲存格參照無效　　(B)同一列資料未對齊
(C)用來顯示資料之儲存格寬度不足　(D)Excel不支援此種資料格式。

(A)3. 假設A1儲存格的內容為 "ABC"，當選取A1儲存格後，輸入 "123"，再按Esc鍵，則A1儲存格會顯示下列何者？　(A)ABC　(B)123　(C)ABC123　(D)Esc。

(C)4. 下列哪一種方法最適合用來在Excel試算表中，複製一個儲存格中的數字資料到與該儲存格相連接的其他儲存格中？
(A)拖曳儲存格左下角的「填滿控點」至欲複製的儲存格中
(B)按下「Ctrl」鍵，然後拖曳儲存格右下角的「填滿控點」至欲複製的儲存格中
(C)拖曳儲存格右下角的「填滿控點」至欲複製的儲存格中
(D)拖曳儲存格左下角的「填滿控點」至欲複製的儲存格中，並按住Alt鍵。
4. 選取有數字資料（如5）的儲存格，若直接拖曳「填滿控點」，可將數字複製至拖曳過的儲存格中；若按住Ctrl鍵拖曳，會在儲存格中填入連續性的資料（6、7…）。

三、資料類別的設定　103　109　112

1. **資料類別**：在**常用**標籤，按**數值**區的 ▣，可為不同性質的資料，設定適當的資料類別，如**通用格式**（預設）、數值（5.00）、貨幣（$5.00）、會計專用（NT$5.00）、日期（2024/3/14）、時間（13:00）、**百分比**（5%）、分數（9 1/4）、文字等。

2. 自訂類別：在**常用**標籤，按**數值**區的 ▣，在**類別**區選『自訂』，可自訂資料類別。

格式符號	說明	自訂格式	套用前	套用後
#（數字位數）	小數點左邊的#符號，表示要顯示所有的整數位數；小數點右邊設定的#符號個數若少於實際位數，會將超出部分四捨五入	#.#	12.35	12.4
		#.###	12.35	12.35
0（數字位數）	規則同#符號，唯一差異是，若設定的0符號多於實際位數，不足的位數會以0顯示	000.000	12.35	012.350
		0.0	12.35	12.4
?（數字位數）	規則同#符號，唯一差異是，若設定的?符號多於實際位數，不足的位數會以空白顯示	???.???	12.35	△12.35△
		?.?	12.35	12.4
*（星號）	會以星號之後的字元填滿整個欄寬	$*-#	123	$------123
""（雙引號）	會顯示雙引號裡的文字	#"公分"	123	123公分

△代表半形空格

數位科技應用 滿分總複習

圖說：
- 在**自訂**類別的**類型**欄，輸入自訂的資料類別
- "正成長"0.00% （正值的格式）；"負成長"-0.00% （負值的格式）；0% （等於零的格式）

	A
1	0.1
2	-0.06
3	0

↓

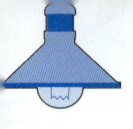

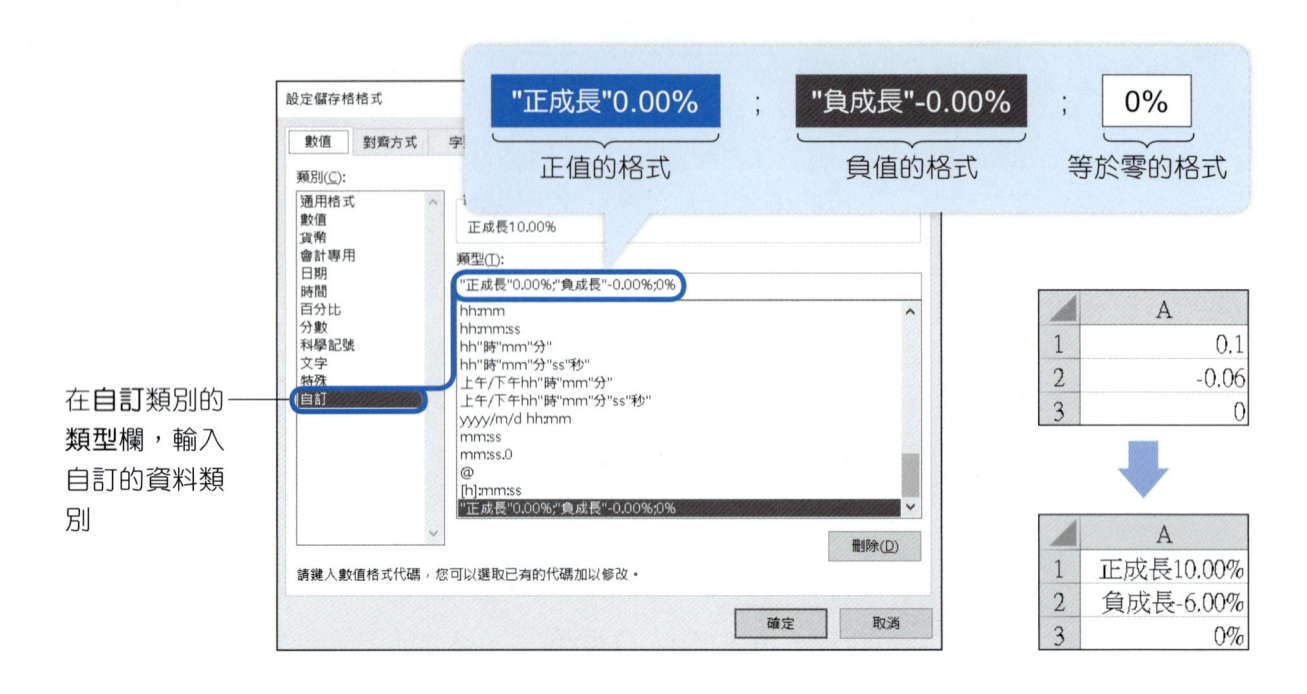

	A
1	正成長10.00%
2	負成長-6.00%
3	0%

3. 按**常用**標籤的工具鈕也可設定資料類別。

工具鈕	套用範例	工具鈕	套用範例
$ ▾ 貨幣樣式	1800 → $1,800.00	←.0 .00 增加小數位數	100.9 → 100.90
% 百分比樣式	0.05 → 5%	.00 →.0 減少小數位數	100.9 → 101（四捨五入）
, 千分位樣式	1800 → 1,800.00		

⚡ 統測這樣考

(B)1. 在 Microsoft Excel 中，先將儲存格 A1 的內容輸入為「23.449」，再將儲存格 A1 的數值格式代碼自行設定為「000.0」後，則下列何者為儲存格 A1 的顯示內容？
(A)23.4　(B)023.4　(C)23.45　(D)023.5。　　[103商管]

四、格式的設定

1. 儲存格格式：在儲存格按右鍵，按『儲存格格式』，可在不同的標籤設定格式。

　a. 對齊方式標籤：設定文字對齊方式（如水平置中、垂直置中）、方向（如直書、旋轉45度）、自動換行、縮小字型以適合欄寬、合併儲存格等。

　b. 字型標籤：設定字型、**粗體**、*斜體*、底線、刪除線、大小、色彩、上標/下標等。

　c. 外框標籤：設定儲存格框線的樣式、色彩等。

　d. 填滿標籤：設定儲存格的背景顏色、網底樣式及色彩等。

⚡ 統測這樣考

(C)41. 使用電子試算表軟體（Excel），儲存格中的數值為「0.8765」，若按下「.00 →.0」按鈕一次後，在儲存格中會顯示成：
(A)0.876　(B)0.8765　(C)0.877　(D)8.765。　　[109商管]

解：減少小數位數鈕 .00 →.0 ：每按一下此鈕可減少一位小數位數，並四捨五入進位。

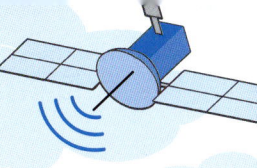

2. **格式化條件**：在**常用**標籤，按**條件式格式設定**，可將符合某種條件的儲存格設定為特定的格式，如小於50的數值設定為紅字 + 紅色網底。

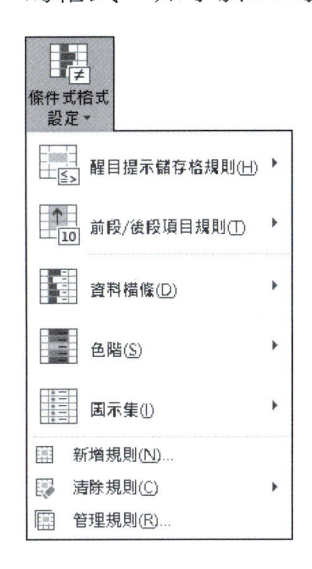

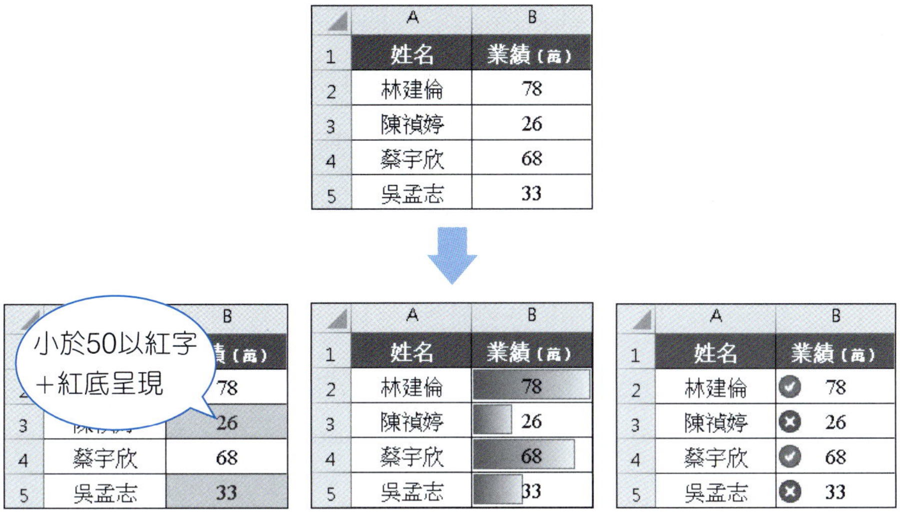

醒目提示儲存格規則　　　　資料橫條　　　　圖示集

3. 欄寬與列高的調整：

    a. 在**常用**標籤，按**格式**，選**欄寬**或**列高**，可指定欄寬與列高。

    b. 拉曳列號的下框線（指標形狀為 ↕ ），或欄名的右框線（指標形狀為 ↔ ），可調整列高與欄寬。

    c. 雙按列號的下框線，或欄名的右框線，可將欄列自動調整成最適列高（或欄寬）。

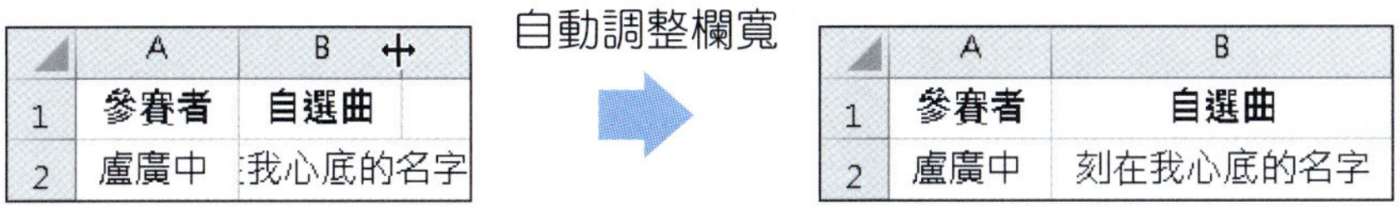

4. 欄列的隱藏與顯示：選取欄或列，按右鍵，按『**隱藏**』，可隱藏欄列。選取被隱藏欄列的前、後欄（或列），按右鍵，按『**取消隱藏**』，可還原隱藏的欄列。

    → 要取消隱藏的A欄，必須在B欄按住滑鼠左鍵向左拉曳，接著在B欄按右鍵，按『取消隱藏』。

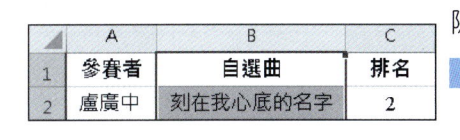

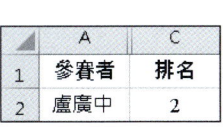

5. **跨欄置中**：選取相鄰儲存格，按 🔲 鈕，可合併儲存格（僅保留左上角儲存格中的資料），並使文字水平置中對齊；再按一次 🔲 鈕，可取消跨欄置中。

B5-9

6. **凍結窗格**：選取儲存格，在**檢視**標籤，按**凍結窗格**，選**凍結窗格**，可固定該儲存格上方列及左方欄，使標題欄列不會隨著視窗的捲動而移動。按**凍結窗格**，選**凍結頂端列**（**或凍結首欄**）可凍結工作表第1列（或第1欄）。

→ 要取消凍結窗格，需按**凍結窗格**，選**取消凍結窗格**。

五、工作表的列印

1. 版面設定：在**頁面配置**標籤，按**版面設定**區的 ▫，可進行下列設定。

    a. 設定工作表的列印方向（如直向、橫向）、縮放比例（如調整成一頁寬、縮小80%）、紙張大小、起始頁碼。

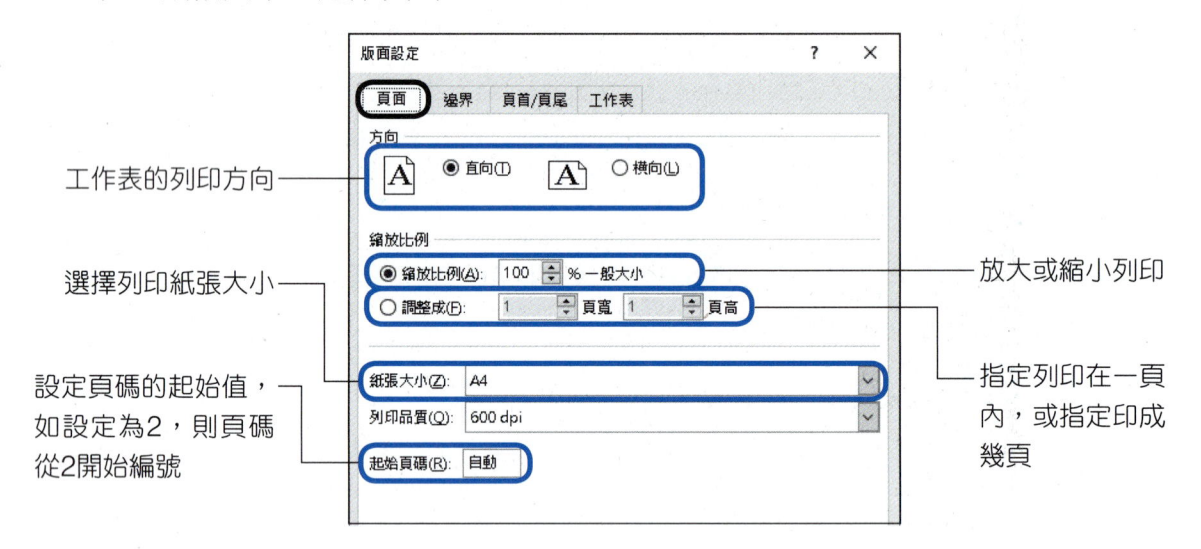

    工作表的列印方向
    選擇列印紙張大小
    設定頁碼的起始值，如設定為2，則頁碼從2開始編號
    放大或縮小列印
    指定列印在一頁內，或指定印成幾頁

    b. 設定邊界、對齊方式、跨頁時標題重複列印。

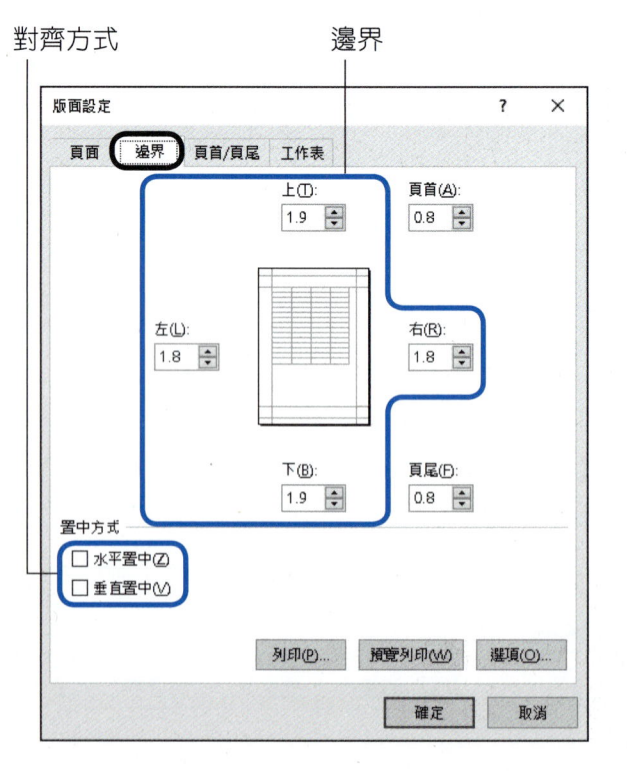

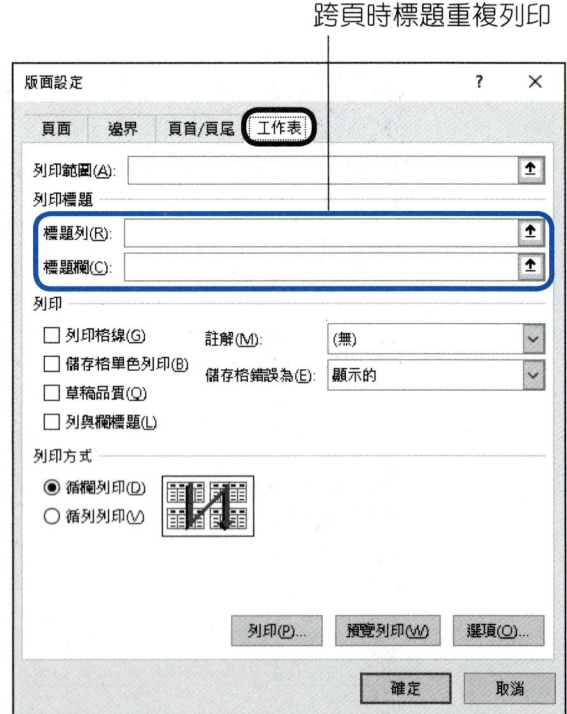

    對齊方式　　邊界　　　　　　　　　　　　跨頁時標題重複列印

c. 設定頁首／頁尾的內容，包含字型樣式、頁碼、頁數、時間日期…等。

字型樣式　頁碼　總頁數　日期　時間　檔案路徑　活頁簿名稱　工作表名稱　插入圖片

2. **分頁預覽**：在**檢視**標籤，按**分頁預覽**，再按右鍵，選『插入分頁』或拉曳分頁線可調整列印範圍，如將被分隔到另1頁的少部分內容印在同1頁，或將原本應列印在同1頁的內容，分開列印在不同頁。

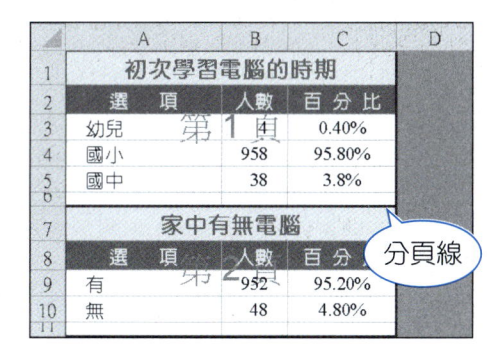

得分區塊練

(D)1. 在Excel中，下列何者為工具列按鈕的「跨欄置中」功能？
(A) B　(B) ≡　(C) ≡　(D) 圄 。

(B)2. 小威使用Excel記錄資料，如果他想將數值 "0.05" 改以 "5%" 來呈現，應該設定儲存格的資料類別為下列何者？
(A)數值　(B)百分比　(C)貨幣　(D)通用格式。

(A)3. 在Excel中，當滑鼠指標變成下列哪一種形狀時，表示可以調整列高？
(A) ↕　(B) ↓　(C) ✣　(D) ✚ 。

B5-11

數位科技應用 滿分總複習

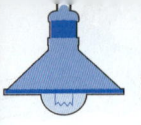

滿分晉級

★新課綱命題趨勢★
情境素養題

▲ 閱讀下文，回答第1至2題：

過年期間，彩券行總是人潮滿滿，大家都想試試手氣，為自己拚搏一個大紅包！佑宏想要製作一個台灣彩券刮刮樂的中獎率統計圖表，分析每款刮刮樂的中獎機率以及期望值，分享給親友，讓親友過年都有機會荷包滿滿。

(C)1. 佑宏使用下列哪一套軟體最適合製作出上述情境中的統計圖表？
(A)PhotoImpact　(B)Adobe Reader　(C)Excel　(D)Chrome。　[5-1]

(A)2. 承上題，佑宏使用上題的軟體製作完統計圖表後，想要將檔案另存新檔，請問他無法儲存成下列哪一種格式？　(A)pptx　(B)xlsx　(C)pdf　(D)html。　[5-1]

(A)3. 志明與春嬌擁有一家便利商店，年終結算時想製作一張統計圖表來顯示今年度各類商品的獲利率與排行表，他們應當利用下列哪一種軟體？
(A)Microsoft Excel　(B)Microsoft Word　(C)小算盤　(D)FoxPro資料庫。　[5-1]

(D)4. 老師請阿豪將Excel中「第3欄第6列」儲存格的數字改成6，請問阿豪應該更改下列哪一個儲存格的數字？　(A)A6　(B)F3　(C)F6　(D)C6。　[5-2]

(A)5. 采兒在整理班級通訊錄時，她將手機號碼（純數值資料）輸入至Excel中，發現每次輸入完畢後，第1個數字0都會消失不見，她必須怎麼做才能讓手機號碼數值變成文字資料並完整顯示？
(A)在數值前加上「'」　　　　　　　(B)在數值後加上「'」
(C)在數值前加上「"」　　　　　　　(D)在數值後加上「"」。　[5-3]

精選試題

5-1

(C)1. 要統計經濟成長率並製作經濟成長率等統計圖表，可使用下列哪一種應用軟體？
(A)PowerPoint　(B)AutoCAD　(C)Excel　(D)Outlook。

(A)2. Excel無法開啟下列哪一種類型的檔案？
(A)簡報檔（pptx）　　　　　　　　(B)文字檔（txt）
(C)資料庫檔（accdb）　　　　　　　(D)Excel檔（xlsx）。

5-2

(A)3. 在Microsoft Excel中，一個活頁簿至少要有幾個工作表？
(A)1　(B)2　(C)3　(D)4。

(A)4. 在Excel中儲存格位址「B2」代表
(A)第二列第B欄　　　　　　　　　(B)第B列第二欄
(C)B2工作表內的儲存格　　　　　　(D)共B＊2個儲存格。

(D)5. 在Excel中，一個「活頁簿」代表
(A)一張工作表　(B)三張工作表　(C)一個儲存格　(D)一個Excel檔案。

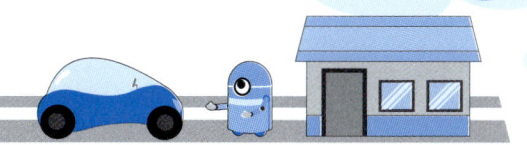

(C)6. 有關Excel的敘述，下列何者錯誤？
(A)預設的副檔名為XLSX
(B)活頁簿中的第1張工作表，名稱預設為 "工作表1"
(C)A1 + A3是指A1、A2、A3等3個儲存格
(D)每張工作表中含有多個儲存格。

6. A1:A3才是指A1、A2、A3等3個儲存格。

(D)7. 在Excel中，儲存格位址A5:C3，代表幾個儲存格？
(A)2　(B)3　(C)6　(D)9。

7. A5:C3代表A5、A4、A3、B5、B4、B3、C5、C4、C3等9個儲存格。

(B)8. 在Excel中，有關工作表的敘述，下列何者錯誤？
(A)工作表可以重新命名
(B)選取工作表按Delete鍵，可以刪除工作表
(C)工作表的標籤色彩可以自訂
(D)新的活頁簿預設含有1個工作表。

8. 按Delete鍵只能刪除儲存格中的資料，在工作表標籤上按右鍵，選『刪除』，才能刪除工作表。

(A)9. Excel儲存格預設的資料格式為：　(A)通用　(B)數值　(C)貨幣　(D)日期。

(D)10. 在Excel中，若數字「19.20」以下列儲存格的格式代碼「# ??/??」顯示，則下列何者為正確結果？
(A)19 20/100　(B)19 10/50
(C)19 5/25　(D)19 1/5。

10.本題是要將19.2改以分數方式來表示（分母最多2位數），其中「#」用來呈現整數，即19；「??/??」表示小數部分（0.2），即1/5，故答案為19 1/5。

(B)11. 在Excel中，儲存格內資料為數值，則預設對齊情況為
(A)靠左　(B)靠右　(C)靠中　(D)不一定。

(A)12. 在Excel欄位中，可以減少小數點的位數之工具列按鈕為
(A) [.00→.0]　(B) [←.0.00]　(C) [%]　(D) [$ ▼]。

(C)13. 在Excel中，要完成如下圖A1儲存格所示的設定，不需使用到下列哪一個工具鈕？
(A) [⊞▼]　(B) [◇▼]　(C) [%]　(D) [$ ▼]。

	A	B	C
1	$		1,300.00
2			

(C)14. 在A1儲存格輸入51.26，接著自訂資料的類別格式，則下列自訂格式與顯示結果的對照，何者有誤？
(A)格式為「?.?」，會顯示51.3
(B)格式為「#」，會顯示51
(C)格式為「#%」，會顯示51%
(D)格式為「0.000」，會顯示51.260。

14.格式為「#%」會顯示5126%。

統測試題

(B)1. 在Microsoft Excel中,先將儲存格A1的內容輸入為「23.449」,再將儲存格A1的數值格式代碼自行設定為「000.0」後,則下列何者為儲存格A1的顯示內容?
(A)23.4　(B)023.4　(C)23.45　(D)023.5。　　　　　　　　　　[103商管群]

(C)2. 使用電子試算表軟體(Excel),儲存格中的數值為「0.8765」,若按下「.00→.0」按鈕一次後,在儲存格中會顯示成:
(A)0.876
(B)0.8765
(C)0.877
(D)8.765。

2. 減少小數位數鈕 .00→.0 :每按一下此鈕可減少一位小數位數,並四捨五入進位。　　[109商管群]

(B)3. 使用電子試算表軟體(Excel),工作表中AA欄的下一欄位為何?
(A)AAA　(B)AB　(C)BB　(D)BA。　　　　　　　　　　　　[110商管群]

第6章 Excel資料的計算與分析

6-1 公式與函數的使用

統測這樣考
(B)41. 在Microsoft Excel中，下列哪一項正確？
(A)公式「＝5 - 7 * 3」的結果為-6
(B)公式「＝5 * 3 < -10」的結果為FALSE
(C)公式「＝4 ^ 3 <= 12」的結果為TRUE
(D)公式「＝123 & 456」的結果為579。
[106商管]

一、公式的使用　106 107 108 110 111 112 113

1. 公式格式：以**等號**（＝）為開頭，如＝A1 + B1。

2. Excel中常用的算術運算符號（下表中的範例是假設A1的值為10，B1的值為2）：

優先順序	運算符號	意義	範例	運算結果
1	( )	括號	= (A1 - 5) * B1	10
2	-	負號	= -A1	-10
3	%	百分比	= A1%	0.1
4	^	次方	= A1 ^ B1	100
5	*	乘法	= A1 * B1	20
5	/	除法	= A1 / B1	5
6	+	加法	= A1 + B1	12
6	-	減法	= A1 - B1	8
7	&	字串連接	= A1 & B1	102

3. 輸入公式後，若儲存格顯示錯誤訊息，可按訊息旁的錯誤檢查選項鈕，來找出錯誤原因。常見的錯誤訊息：

錯誤訊息	可能原因
#DIV/0!	除數為0或空值所產生，如＝5 / 0
#N/A	使用參照函數（如VLOOKUP）時，引數中含有無效的值
#NAME?	公式有無法辨識的內容，如輸入錯誤的函數名稱＝SUN(A1:C1)
#REF!	公式中所參照的儲存格位址被刪除
#VALUE!	a. 公式中所參照的儲存格含有文字資料 b. 公式中引用了儲存格範圍來進行算術運算，如＝A1:B1 + C1

統測這樣考
(A)45. Microsoft Excel中，在E2儲存格輸入＝B2 + C2 & "元"，而B2及C2儲存格的內容分別為20及30，則E2儲存格顯示為何？
(A)50元　(B)2030元　(C)#REF!　(D)#VALUE!。　[108商管]

B6-1

數位科技應用 滿分總複習

得分區塊練

統測這樣考

(C)41. 使用電子試算表軟體（Excel），儲存格A1、A2、B1、B2內的存放字串值分別為 "Hello"、"OK"、"Fine"、"Best"，若在儲存格A3鍵入一個公式「=$A$1 & A2」，然後將此儲存格複製後貼到儲存格B3，下列何者是儲存格B3的公式計算結果？
(A)"FineBest"　(B)"FineOK"
(C)"HelloBest"　(D)"HelloFine"。　[110商管]

(B)1. 在Microsoft Excel中，若在A1儲存格中輸入數值1、B2儲存格輸入數值2，A2儲存格中輸入=A1+1，則A2儲存格的值為：　(A)1　(B)2　(C)3　(D)0。

(B)2. 若想在Excel的儲存格中輸入公式，則鍵入的第一個字元須為下列何者？
(A)%　(B)=　(C)#　(D)$。

(D)3. 在Excel中，若要計算 $4 + \frac{2}{5}$，應在儲存格中輸入下列何者？
(A)(4+2)/5　(B)=(4+2)/5　(C)4+2/5　(D)=4+2/5。

(D)4. 在Excel的儲存格中輸入「=2030/7/10」，結果會顯示以下何者？
(A)2030年7月10日　(B)#VALUE　(C)2030/7/10　(D)29。
4. 在儲存格中輸入公式「=2030/7/10」，其運算結果為29（=2030/7/10 = 290/10）。

二、儲存格參照　103 105 108 109 110 111 113 114

1. 儲存格參照位址的類型：
   a. **相對參照位址**：依據儲存格的欄列移動變化量，自動調整公式中的儲存格位址，如A1、B2。
   b. **絕對參照位址**：複製公式時不會因儲存格位址的改變而改變公式內容，欄名列號前須加上 "$"，如$A$1、$B$2。
   c. **混合參照位址**：同時使用相對位址與絕對位址的公式，如$A1、B$2。

2. 按**F4**鍵可讓公式中的儲存格位址，在相對參照、絕對參照及混合參照間切換。

穩操勝算

複製下圖中的儲存格C1至儲存格D2，則儲存格D2顯示的值為何？

	A	B	C	D
1	1	2	= A$1 + $B1	
2	3	4	5	

答 6

解 儲存格D2相對於C1為右移1欄、下移1列，因此公式中相對參照的部分為欄名 + 1、列號 + 1，絕對參照的部分則不改變。

儲存格D2顯示的值為 = B$1 + $B2
　　　　　　　　　　= 2 + 4
　　　　　　　　　　= 6

+1題

假設儲存格C3的公式為 = B2 + C2，若複製C3的公式至B2，則B2顯示的值為何？

	A	B	C
1	7	6	3
2	20		15
3	33	19	

答 13

解 儲存格C3相對於B2為左移1欄、上移1列。

儲存格B2顯示的值為 = A1 + B1
　　　　　　　　　　= 7 + 6
　　　　　　　　　　= 13

3. 立體參照位址：指參照到其他活頁簿或工作表中的儲存格位址。例如活頁簿1要參照到活頁簿2中工作表1的儲存格A1，其公式為：

= '[活頁簿2.xlsx]　工作表1'!　$A$1

參照的活頁簿檔名，　　　　參照的工作表名稱，　　參照的儲存格
以中括號表示　　　　　　　以驚嘆號表示

⚡統測這樣考　(B)50. 若要在 "活頁簿1" 中的A1儲存格設定參照 "活頁簿3工作表3" 中的B3儲存格，則下列何者為A1儲存格內的正確格式？
(A)= 活頁簿3.xlsx@工作表3&B3
(B)= [活頁簿3.xlsx]工作表3!B3
(C)= (活頁簿3.xlsx)工作表3#B3
(D)= {活頁簿3.xlsx}工作表3@B3。　　　　　　　　[108商管]

得分區塊練

(C)1. 在Microsoft Excel中，給如圖（一）所示之儲存格內容，若在儲存格E1輸入的公式為「= (A1+D2)-B1-A2」，則該公式的計算值為多少？
(A)-11　(B)-2　(C)4　(D)9。

	A	B	C	D	E
1	4	-3	2	1	
2	-1	2	-3	-4	

圖（一）

(A)2. 於Excel 試算表中，將儲存格以絕對參照位址表示時，是在欄名及列名前加上哪個符號？　(A)$　(B)%　(C)&　(D)：。

(B)3. 在Microsoft Excel的工作表中，若儲存格C5存放公式「= $A1 + B$3」，將此儲存格複製後貼到儲存格D7，則儲存格D7的公式為？
(A)= $A2 + C$3　(B)= $A3 + C$3　(C)= $A2 + D$3　(D)= $A3 + D$3。

(D)4. 在Microsoft Excel中，某個儲存格的公式為= O5 + P6 + Q7，若要將整個公式全部改為絕對參照，則下列何者為正確選項？
(A)= $(O5 + P6 + Q7)　　　　(B)= $O5 + $P6 + $Q7
(C)= O5$ + P6$ + Q7$　　　　(D)= $O$5 + $P$6 + $Q$7。

(D)5. 在Excel中，若儲存格A3中存放公式「= B1/2」，將此儲存格複製後貼到儲存格C5，請問儲存格C5中的公式為何？
(A)「= B1/2」　(B)「= B3/2」　(C)「= D1/2」　(D)「= D3/2」。

(C)6. 在圖（二）中，Microsoft Excel之儲存格D4公式為= $A1 + B$2，若將D4的公式複製到儲存格E4，請問儲存格E4會顯示的值為何？　(A)4　(B)5　(C)6　(D)7。

	A	B	C	D	E
1	1	2	3		
2	3	4	5		
3	4	5	6		
4				5	

圖（二）

三、函數的使用 `102` `103` `104` `105` `106` `107` `108` `109` `111` `112` `113` `114`

1. 函數格式：以**等號**（＝）為開頭，如＝ SUM(A1:A10)；SUM( )為函數名稱，括號內的資料為引數，是函數計算時所使用的資料（通常為某一儲存格中的資料）。

2. 插入函數：在**公式**標籤按工具鈕，可插入函數。另外，在**常用**標籤按**自動加總**鈕 ∑ ▾ 旁的倒三角形，或是按資料編輯列的**插入函數** f_x，也可插入函數。

3. 常用的**數學與三角函數**的說明與範例：

函數名稱	用途
ABS(X)	取X的絕對值
INT(X)	計算小於等於X的最大整數
MOD(X, Y)	取X除以Y的餘數
ROUND(X, n)	將X四捨五入至第n個小數位數
ROUNDDOWN(X, n)	將X無條件捨去至第n個小數位數
ROUNDUP(X, n)	將X無條件進位至第n個小數位數
SUM(X, Y)	計算X、Y的總和
SUMIF(範圍A, 條件式, 範圍B)	在範圍A中，將符合條件式者所對應之範圍B的值加總 若省略範圍B，則加總範圍A符合條件式的值
SUMPRODUCT(範圍A, 範圍B)	分別計算範圍A與範圍B相對應的儲存格乘積，再加總

> 若n < 0 須往小數點左方取位數 如ROUND(27, -1)= 30

例 ABS(-10) = 10、ABS(10) = 10

INT(13.25) = 13、INT(21.68) = 21、INT(-13.25) = -14、INT(-21.68) = -22

MOD(10, 2) = 0、MOD(10, 3) = 1

ROUND(3.1415, 2) = 3.14、ROUND(8.85, 1) = 8.9

ROUND(12.56, 0) = 13、ROUND(27.5, -1) = 30

ROUNDDOWN(3.1415, 2) = 3.14、ROUNDDOWN(8.85, 1) = 8.8

ROUNDUP(3.1415, 2) = 3.15、ROUNDUP(8.85, 1) = 8.9

	A	B	C	D	E	F
1		售價	數量			
2	橡皮擦	10	5		商品銷售總數量	12 (a)
3	膠水	20	4		商品售價低於 30 的數量	9 (b)
4	自動筆	30	3		商品總銷售額	220 (c)

a. 計算商品銷售總數量：F2 = SUM(C2:C4)

b. 計算商品售價低於30的數量：F3 = SUMIF(B2:B4, "<30", C2:C4)

c. 計算商品總銷售額：F4 = SUMPRODUCT(B2:B4, C2:C4)

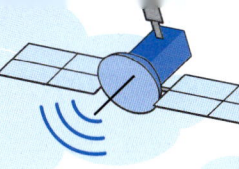

第6章 Excel資料的計算與分析

4. 常用的**統計**函數的說明與範例：

函數名稱	用途
AVERAGE(X, Y)	計算X、Y的平均值
COUNT(範圍A)	計算範圍A中含有數值資料的儲存格個數
COUNTA(範圍A)	計算範圍A中「非空白」的儲存格個數
COUNTIF(範圍A, 條件式)	計算範圍A中，符合條件式的儲存格個數
MAX(X, Y)	找出X、Y的最大值
MIN(X, Y)	找出X、Y的最小值
RANK(X, 範圍A, Y)註 RANK.EQ(X, 範圍A, Y)	傳回X在範圍A中的大小順序 （Y省略或0，代表遞減；Y為其他數值，代表遞增）

> 儲存格中，只輸入「空格」，也會計算

例：

	A	B	C	D	E	F	G	H
1	座號	姓名	國文	英文	數學	總分	平均	名次
2	1	陳文新	88	98	68	254	84.67 (a)	1 (b)
3	2	顏明倫	78	54	84	216	72	2
4	3	李慧玲	52	缺考	90	142	71	3
5	應考人數		3 (c)	3	3			
6	實際到考人數		3	2 (d)	3			
7	不及格人數		1 (e)	1	0			
8	最高分		88 (f)	98	90			
9	最低分		52 (g)	54	68			

a. 計算第1位同學平均：G2 = AVERAGE(C2:E2)

b. 計算第1位同學名次：H2 = RANK(F2, $F$2:$F$4)

c. 計算國文科應考人數：C5 = COUNTA(C2:C4)

d. 計算英文科實際到考人數：D6 = COUNT(D2:D4)

e. 計算國文科不及格人數：C7 = COUNTIF(C2:C4, "<60")

f. 找出國文科最高分：C8 = MAX(C2:C4)

g. 找出國文科最低分：C9 = MIN(C2:C4)

統測這樣考

(D)40. 在圖（五）試算表中之儲存格E5輸入 =SUMIF(B2:D4,C3)，此儲存格E5的計算結果為何？
(A)21　(B)12
(C)10　(D)8。　　[114商管]

	A	B	C	D	E
1	0	0	2	1	
2	0	0	2	1	
3	0	0	2	1	
4	2	2	2	0	
5	2	2	2	0	

圖（五）

註：RANK為Excel 2007（含）以前版本所提供的函數，與之後版本可相容。但Excel 2010（含）以後版本已改以RANK.EQ函數取代RANK函數。

B6-5

統測這樣考 (A)20. 若在Microsoft Excel的A1儲存格中輸入= AND(6 < 7, NOT(FALSE))，則A1儲存格呈現的結果為下列何者？
(A)TRUE　(B)FALSE　(C)TRUE, FALSE　(D)FALSE,TRUE。

5. 常用的**查閱與參照**函數的說明與範例：　　　　　　　　　　　　　　　　　[108商管]

函數名稱	用途
HLOOKUP(X, 範圍A, Y, Z) （水平）	在範圍A最上列中，尋找與X相同的值，並將該值同一欄第Y列的值傳回（省略Z或為1，代表找最相近的值）
VLOOKUP(X, 範圍A, Y, Z) （垂直）	在範圍A最左欄中，尋找與X相同的值，並將該值同一列第Y欄的值傳回（省略Z或為1，代表找最相近的值）

（但不能超過）

例

	A	B	C	D	E	F	G
1	產品	北區銷量	中區銷量	南區銷量			產品C
2	A	62	56	83		北區銷量	69 ⓐ
3	B	55	79	67		中區銷量	80
4	C	69	80	64		南區銷量	64
5	D	73	63	78			
6	E	80	85	68			中區銷量
7	F	54	52	87		產品A	56 ⓑ
8						產品B	79
9						產品C	80

　　a. 找出產品C在北區的銷量：G2 = HLOOKUP(F2, $A$1:$D$7, 4, 0)

　　b. 找出產品A、B、C在中區的銷量：G7 = VLOOKUP(A2, $A$1:$D$7, 3, 0)

6. 常用的**邏輯**函數的說明與範例：

函數名稱	用途
NOT(條件式)	條件成立，傳回FALSE；條件不成立，傳回TRUE
AND(條件式1, …, 條件式n)	所有條件成立，傳回TRUE；任一條件不成立，傳回FALSE
OR(條件式1, …, 條件式n)	任一條件成立，傳回TRUE；所有條件不成立，傳回FALSE
IF(條件式, n, m)	判斷條件式是否成立，成立傳回n，不成立傳回m

例　NOT(1 < 0) = TRUE

　　AND(1 + 1 = 2, 1 > 3, 2 < 8) = FALSE

　　OR(1 + 1 = 2, 1 > 3, 2 < 8) = TRUE

　　假設A1輸入成績50，在B1輸入 = IF(A1 >= 60, "及格", "不及格")，結果為不及格

統測這樣考

(C)23. 使用電子試算表軟體（Excel），C1儲存格內之數值為40，D2儲存格內之公式為= IF(MOD(C1, 2) = 0, IF(MOD(C1, 3) = 0, 10, 100), 1000)，D2的運算結果為何？　(A)0　(B)10　(C)100　(D)1000。　[109商管]

7. 常用的**文字**函數的說明與範例：

函數名稱	用途
LEN(X)	計算X的字元個數
MID(X, n, m)	從X字串中，第n個位置起擷取m個字元
LEFT(X, n)	從X字串中，取出由左數來第1~n個字元
RIGHT(X, n)	從X字串中，取出由右數來第1~n個字元
FIND(X, Y, n)	在Y字串中，找尋X字元在第幾個位置，n為尋找的起始位置
REPLACE(X, n, m, Y)	從X字串中，第n個位置起開始取代m個字元，Y為用來取代的新字串

例 LEN("數位科技應用") = 6

MID("數位科技應用", 3, 2) = 科技

LEFT("數位科技應用", 3) = 數位科

RIGHT("數位科技應用", 2) = 應用

假設A1輸入 "數位科技應用"，在B1輸入 = FIND("應", A1, 1)，結果為5

假設A1輸入 "ABCDABCD"：
- 在B1輸入 = FIND("C", A1, 1)，結果為3
- 在C1輸入 = FIND("C", A1, 4)，結果為7

假設A1輸入 "A123456789"：
- 在B1輸入 = REPLACE("A1", 3, 6, " XXXX ")，結果為A1 XXXX
- 在C1輸入 = REPLACE(A1, 3, 6, " XXXX ")，結果為A1 XXXX 89

8. 常用的**日期及時間**函數的說明與範例：

函數名稱	用途
TODAY( )	傳回目前電腦系統的日期
NOW( )	顯示目前的日期與時間
YEAR(X)	取出X日期的年份
MONTH(X)	取出X日期的月份
DAY(X)	取出X日期的日期
DATEDIF(X, Y, n)	計算X、Y日期之差，n須設定傳回值為年（Y）、月（M）或日（D）

例 假設目前電腦系統的日期及時間為2027/06/11 13:48：
- TODAY() = 2027/06/11
- NOW() = 2027/06/11 13:48

假設A1輸入的日期為2027/06/11：
- YEAR(A1) = 2027
- MONTH(A1) = 6
- DAY(A1) = 11
- DATEDIF("2027/4/27","2027/4/30", "D") = 3

數位科技應用 滿分總複習

有「背」無患

- Excel中也有提供財務的函數類別，可讓使用者快速地計算出金額。常用的財務函數說明與範例如下所示：

函數名稱	用途
PMT(利率, 期數, 貸款總金額, 期末淨值, 期初或期末付款)	可計算本息償還金額
FV(利率, 期數, 每期存款金額, 年金現淨值, 期初或期末給付)	計算零存整付的本利和

例

	A	B	C	D
1	房貸貸款試算服務			
2	貸款金額	年利率	期數（年）	每期付款
3	1,000,000	3%	20	-$5,546 (a)

	A	B	C	D
1	儲蓄存款			
2	年利率	期數（年）	月繳金額	總金額
3	6%	1	1000	$12,336
4	6%	2	1000	$25,432
5	6%	3	1000	$39,336 (b)

a. 計算年利率3%、貸款20年期、貸款金額1,000,000之每月應繳的貸款金額：
   D3 = PMT(B3/12, C3*12, A3)

b. 計算年利率6%、每月存款金額1,000，一年的複利累計存款金額：
   D3 = FV(A3/12, B3*12, -C3)

- 選擇性貼上：複製儲存格後，在**常用**標籤，按**貼上**鈕下方的倒三角形，選**選擇性貼上**，可選擇要複製的內容（如儲存格的值、公式或格式），或將複製的結果轉置（如：將直排的資料轉成橫排）。

	A	B
1	姓名	胡淑敏
2	國文	88
3	英文	98
4	數學	68

轉置 →

	A	B	C	D
1	姓名	國文	英文	數學
2	胡淑敏	88	98	68

統測這樣考

(D)42. 在Excel中，A1儲存格資料為 "A123456789"，若在A2儲存格將中間6碼做資料隱蔽成為 "A1 XXXXXX 89"，則A2儲存格可使用下列何項來完成？
(A)= A1 & " XXXXXX " & "89"
(B)= REPLACE("A1" ,3,6, " XXXXXX")
(C)= LEFT(A1,2) + " XXXXXX " + RIGHT(A1,2)
(D)= MID(A1,1,2)& " XXXXXX " & MID(A1,9,2)。
[111商管]

第6章 Excel資料的計算與分析

得分區塊練

(B)1. 在Microsoft Excel試算表軟體中，下列有關函數功能的敘述，何者正確？
(A)ADD函數主要用來計算總和
(B)AVERAGE函數主要用來計算平均值
(C)COUNT函數主要用來計算欄位數目
(D)RANGE函數主要用來計算排名。

1. Excel無ADD與RANGE函數；
SUM：計算總和；
COUNT：計算含有數值資料的儲存格個數；
RANK：計算排名。

(A)2. 在下方的Excel表格中，若儲存格C1中存放公式「= AVERAGE(A1:B2)」，則儲存格C1的公式計算值為何？ (A)30 (B)35 (C)70 (D)120。

	A	B	C
1	10	20	
2	30	60	

(C)3. 在Microsoft Excel工作表中，若儲存格A1, A2, A3, A4的數值資料分別為-2, 3, -4, 5，則在儲存格A5中輸入何者之運算結果不是2？
(A)= $A$4 - $A$2
(B)= COUNT(A2:A3)
(C)= MIN(A1:A4)
(D)= SUM(A1:A4)。

3. MIN：找出指定儲存格資料中的最小值，執行MIN(A1:A4)會得到-4。

(D)4. 在Microsoft Excel的工作表中，儲存格A1到A5的值分別為5、3、2、4、1，則在儲存格B1輸入下列何種內容所得到的數值最小？
(A)= AVERAGE(A1:A5)
(B)= COUNT(A1:A5)
(C)= IF(A1 < 4, A3, A2)
(D)= RANK(A4, A1:A5)。

(C)5. 在Excel中，專門用來計算「總和」的函數是：
(A)$TOTAL( ) (B)ALL( ) (C)SUM( ) (D)COUNT( )。

(C)6. 在Excel中，儲存格A1到C4所輸入的數值如下圖所示，當儲存格A5所輸入的公式為「= AVERAGE(A1:A4) + MIN(B1:B4) + SUM(C1:C4)」時，則顯示在儲存格A5的數值為何？ (A)30.5 (B)122 (C)173.5 (D)717255。

	A	B	C
1	33	33	33
2	23	23	23
3	45	45	45
4	21	21	21
5			

(A)7. 要使用Excel所提供的內建函數，應按下列哪一個按鈕？
(A)𝑓x (B)📝 (C)▦ (D)☰。

B6-9

6-2 資料的整理與分析

一、資料排序 [104] [110]

1. 排序：將資料依遞增或遞減的順序排序

    a. **單欄位排序**：選取任一儲存格，按從最小到最大排序鈕 [A↓] 或從最大到最小排序鈕 [Z↓]，可依該儲存格所在的欄位為基準進行排序。

    b. **多欄位排序**：在**資料**標籤，按**排序**，可設定欄位的排序順序（遞增或遞減），最多可設定64個欄位排序條件。

2. Excel預設是以**數值大小**、**中文筆劃的多寡**、**英文字母的順序**來排序資料。若要用其他排序規則（如依自訂清單所自訂的順序），可在**排序**交談窗，按**順序**下拉式方塊來設定。

統測這樣考

(D)42. 使用電子試算表軟體（Excel），A1、A2、B1、B2儲存格內存放之數值分別為40、60、80、10，若我們先將欄A的數值由大到小排序，再將欄B的數值由小到大排序，則排序後儲存格B2的值為何？
(A)10 (B)40 (C)60 (D)80。 [110商管]

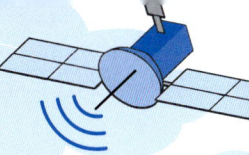

二、資料驗證、篩選、小計與剖析 102 105 107

1. **資料驗證**：在**資料**標籤，按**資料驗證**，可設定儲存格能輸入的資料類型或範圍，以避免輸入不合理的資料，如：設定只能輸入0～100的數值。

   將儲存格內容來源設定為**清單**，可利用下拉式選單來輸入資料。

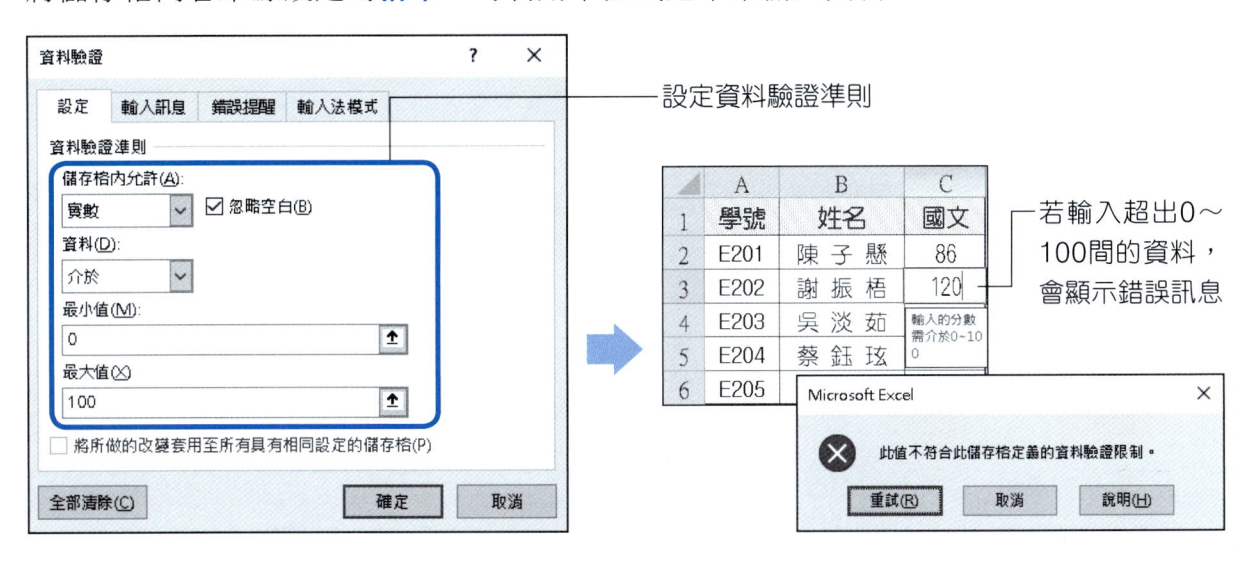

2. 資料篩選：顯示符合特定條件的資料

   a. **自動篩選**：在**資料**標籤，按**篩選**，欄位名稱的右方會出現**自動篩選**鈕，按此鈕可設定篩選準則。再按一次篩選鈕，可取消自動篩選功能。

   → 篩選後，列號會自動呈現**藍色**，且自動篩選鈕會變成圖示。

   b. **進階篩選**：在**資料**標籤，按**進階**，可依自行設定的準則來篩選資料。以篩選多個條件為例，自動篩選只能選出**同時符合**每個條件的資料，而**進階篩選**可選出符合**任一條件**的資料。

B6-11

數位科技應用 滿分總複習

統測這樣考

(D)39. 在Microsoft Excel中，當我們要使用資料小計時，必須先將要分組的欄位進行下列何種處理？
(A)存檔　(B)搜尋　(C)加總　(D)排序。　　[107商管]

3. **資料小計**：在**資料**標籤，按**小計**，可將相同的資料分組進行各種運算（如加總、平均值）。**經過排序後的資料，才能使用小計功能。**

項目	說明
取代目前小計	預設勾選，僅保留最後一次小計的結果；若要將每次小計的結果保留下來，必須取消勾選
每組資料分頁	勾選後，Excel會自動在每組資料的下方插入分頁線，使各組資料可分頁列印
摘要置於小計資料下方	預設勾選，表示要將小計列置於分組資料的下方，將總計列置於所有資料的最下方；取消勾選則是置於上方及最上方

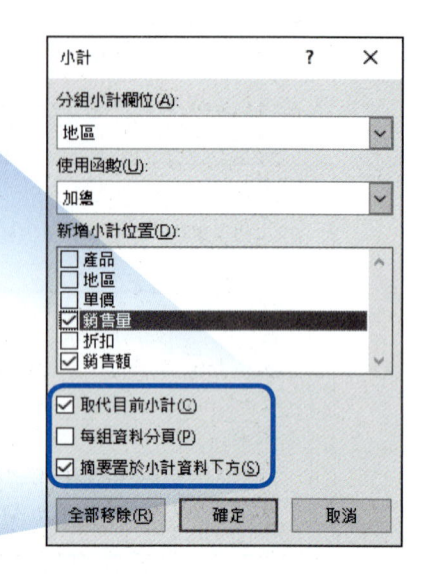

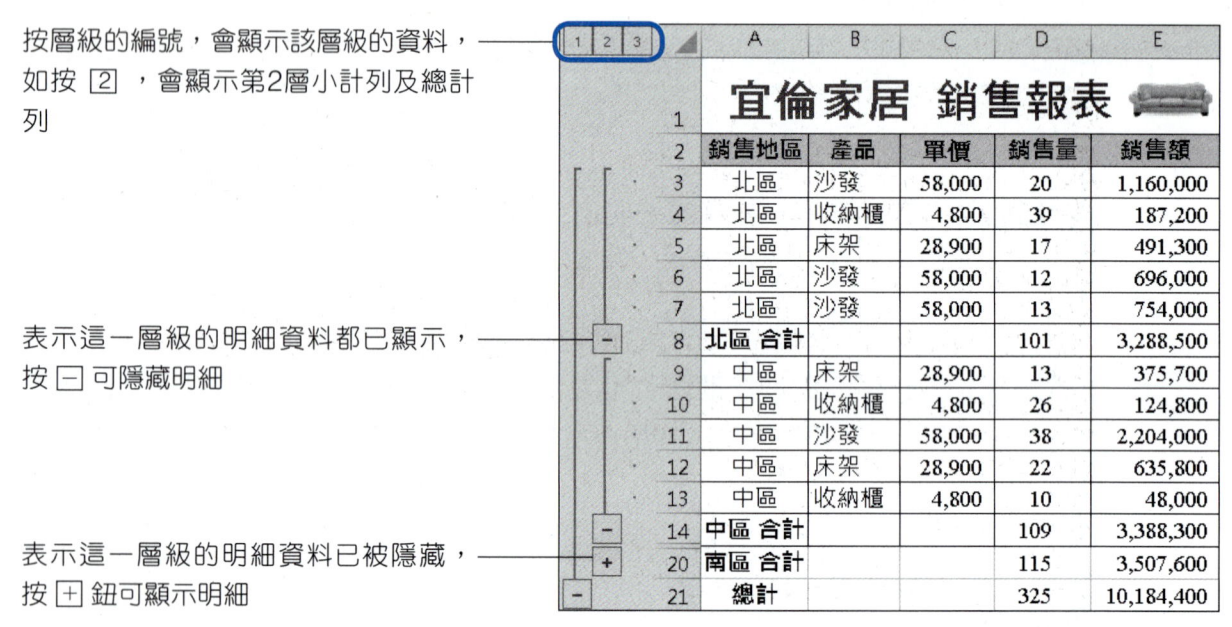

- 按層級的編號，會顯示該層級的資料，如按 ②，會顯示第2層小計列及總計列
- 表示這一層級的明細資料都已顯示，按 ─ 可隱藏明細
- 表示這一層級的明細資料已被隱藏，按 ＋ 鈕可顯示明細

4. **剖析功能**：在**資料**的**資料工具**區，按**資料剖析**，可將存放於單一儲存格中的資料，分欄存放至多個儲存格中。如下所示：

出生年/月/日
2022/12/31

以 "/" 區分欄位 ➡

出生年	月	日
2022	12	31

統測這樣考

(A)1. 在Microsoft Excel裡，下列何者最適合用來將單欄中的資料，利用分隔符號或固定寬度，切割至多個欄位中？
(A)資料剖析　　　(B)自動篩選
(C)資料驗證　　　(D)取消群組。　　[105商管]

得分區塊練

(A)1. 在Excel中，按什麼鈕，可以將資料遞增排序？
(A)⬆️ (B)⬇️ (C)🔽 (D)%。

(D)2. 在一份含有全班段考成績的工作表中，如果只需顯示排名前三名的同學成績資料，可以利用下列哪一個功能來達成？
(A)圖表 (B)排序 (C)驗證 (D)篩選。

三、樞紐分析　102

1. **樞紐分析**功能：可快速從多筆大量資料中，彙整及統計出關鍵的資訊。在**插入**的**表格**區，按**樞紐分析表**，再依照建立樞紐分析表交談窗的提示操作，即可建立樞紐分析表。

   📌統測這樣考

   (B)1. 下列何種Excel功能，最適合快速合併與比較大量資料、靈活調整欄列分析項目與資料摘要方式、方便查看來源資料的不同彙總結果、與建立不同分析角度的報表與圖表？
   (A)合併彙算　(B)樞紐分析
   (C)資料剖析　(D)資料驗證。　　　[102商管]

   摘要方式預設為「加總」，按右鍵可選計數（項目個數）、平均等摘要方式

   欄標籤

	A	B	C	D	E
3	加總 - 獎金	欄標籤			
4	列標籤	研發一課	研發二課	研發三課	總計
5	助理工程師	1834		5706	7540
6	研發工程師	2041	12863	2035	16939
7	研發副理	7305	4760	1876	13941
8	研發經理	10693	8650	3160	22503
9	副工程師		6084	1767	7851
10	資深工程師	7200			7200
11	總計	29073	32357	14544	75974

   列標籤 ─┘　　　值 ─┘　　　樞紐分析表格

   拖曳欄位來設定

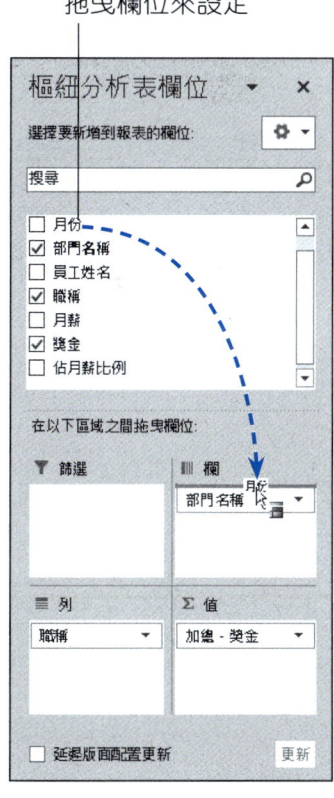

   a. 更新樞紐分析表：樞紐分析表的來源資料若有變更，必須在**樞紐分析表工具樞紐分析表分析**標籤，按**重新整理**，樞紐分析表的內容才會跟著更新。

   b. 當樞紐分析統計表製作完成後，在**樞紐分析表工具樞紐分析表分析**的工具區，按**樞紐分析圖**，可將分析結果轉成以統計圖呈現。

四、巨集的應用

1. **巨集**（Macro）是指可將幾個連續的操作過程記錄下來，並簡化成一個單一指令，只要執行此巨集指令，就可完成一連串動作。

2. **錄製巨集**：在**檢視**標籤，按**巨集**鈕下方的倒三角形，選**錄製巨集**，即跳出錄製巨集交談窗供使用者進行設定。

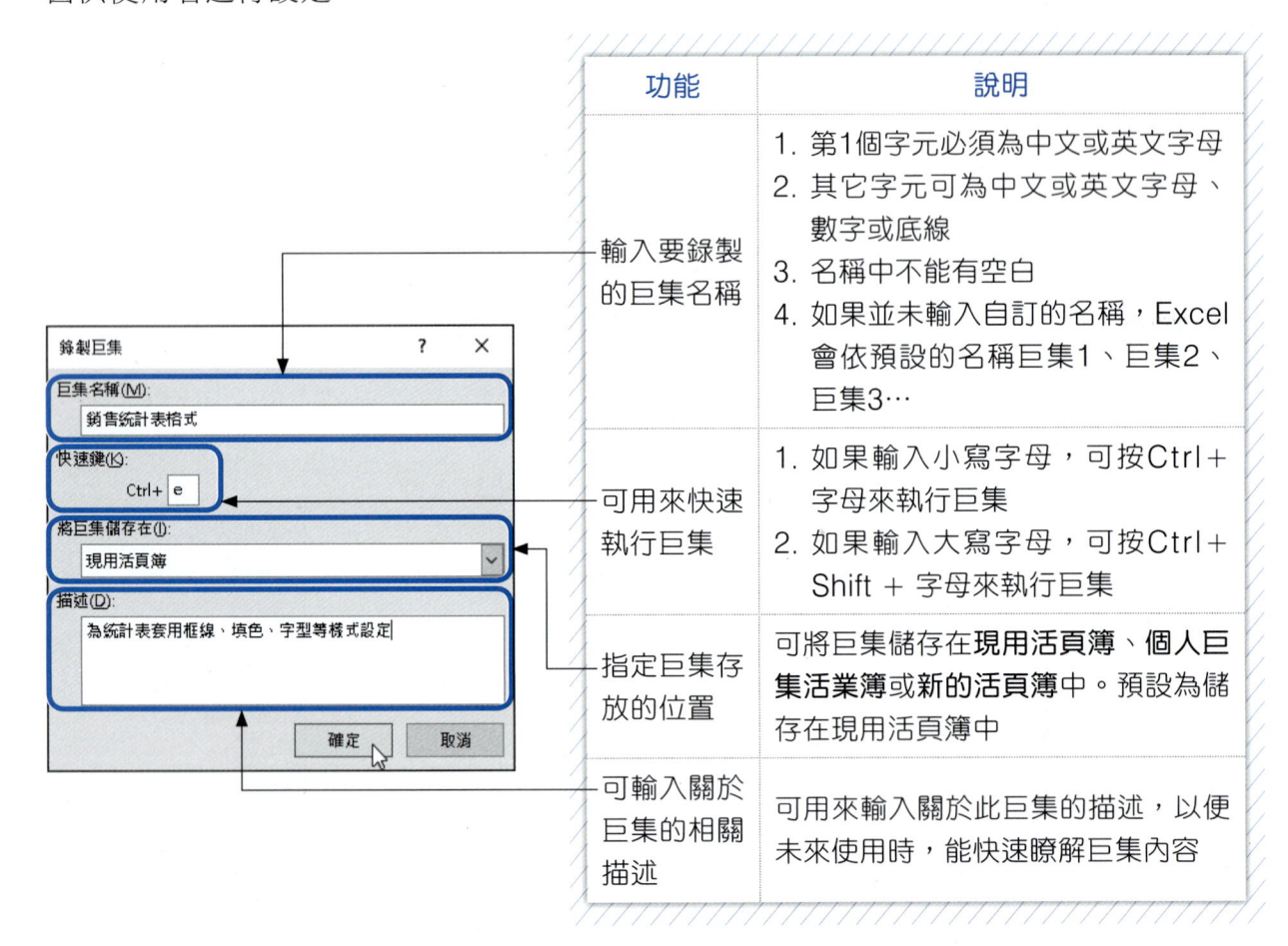

功能	說明
輸入要錄製的巨集名稱	1. 第1個字元必須為中文或英文字母 2. 其它字元可為中文或英文字母、數字或底線 3. 名稱中不能有空白 4. 如果並未輸入自訂的名稱，Excel會依預設的名稱巨集1、巨集2、巨集3…
可用來快速執行巨集	1. 如果輸入小寫字母，可按Ctrl＋字母來執行巨集 2. 如果輸入大寫字母，可按Ctrl＋Shift＋字母來執行巨集
指定巨集存放的位置	可將巨集儲存在**現用活頁簿**、**個人巨集活業簿**或**新的活頁簿**中。預設為儲存在現用活頁簿中
可輸入關於巨集的相關描述	可用來輸入關於此巨集的描述，以便未來使用時，能快速瞭解巨集內容

3. 用Excel所錄製的巨集，Excel會以Visual Basic程式語言編寫成一個程式。若使用者會Visual Basic程式語言，就可自行做進階的編修。

4. 巨集的執行有以下3種方式：
   a. **透過巨集交談窗執行**：透過**巨集**交談窗，選擇欲執行的巨集名稱，按**執行**鈕。
   b. **按功能區的自訂按鈕來執行**：使用者將錄製好的巨集指定在**功能區**上，並透過按功能區的自訂的工具鈕來執行巨集。
   c. **透過工作表或圖表上的物件來執行**：使用者可在工作表或圖表上佈置物件，將巨集指定到這些物件上。

五、工作表保護

1. 保護活頁簿：按『檔案/另存新檔』，按工具，選一般選項，可設定密碼來保護活頁簿。
   a. **保護密碼**：輸入密碼才能**開啟**活頁簿。
   b. **防寫密碼**：輸入密碼才能編修活頁簿，否則只能**唯讀**。

2. 保護工作表：在**校閱**標籤，按**保護工作表**，可設定密碼，來限制使用者對工作表的操作權限（如：只能設定儲存格格式、插入欄等）。

3. 允許編輯範圍：在**校閱**標籤，按**允許編輯範圍**，可在已保護的工作表中，開放部分儲存格讓使用者編修。

得分區塊練

(B)1. 下列有關Excel的敘述，何者正確？
   (A)在建立樞紐分析表時，預設是以求「平均值」來統計資料
   (B)利用樞紐分析功能可快速從多筆大量資料中彙整及統計出關鍵資訊
   (C)欲建立樞紐分析表，必須先建立樞紐分析圖
   (D)使用自動篩選功能時，若列號以藍字呈現，表示目前顯示的資料是依照由大到小排列。

(C)2. 如果希望被保護的Excel工作表，能夠開放部分儲存格供使用者編輯，必須透過下列哪一個交談窗來進行設定？
   (A)保護工作表　　　　　　　　(B)另存新檔
   (C)允許使用者編輯範圍　　　　(D)小計。

(A)3. 如果要設定Excel檔案只能瀏覽，不能編輯，應如何操作？
   (A)設定防寫密碼
   (B)將檔案另存新檔
   (C)為儲存格設定資料驗證條件
   (D)設定活頁簿保護密碼。

6-3 統計圖表的製作

統測這樣考

(C)1. 下列何種Excel統計圖表，資料數值從中心點擴散，距離中心點越遠代表數值越高，最適合顯示某學生不同學科成績的相對表現？
(A)折線圖　(B)區域圖
(C)雷達圖　(D)散佈圖。[102商管]

一、圖表的建立　102　111

1. Excel常見圖表類型：

圖表類型	功能	圖表類型	功能
直條圖	比較資料	橫條圖	比較資料
折線圖	顯示數值走勢	XY散布圖	比較兩類數值資料
圓形圖	顯示資料佔比	股票圖	分析股票走勢
環圈圖	顯示資料佔比	雷達圖	顯示特定主題的評比結果，距離中心點越遠代表數值越高
區域圖	用來顯示不同類別資料在不同時間區間的變動程度		

2. 建立圖表：選取資料範圍後，在**插入**的**圖表**區按工具鈕，即可建立圖表。

3. 選取資料範圍，按**F11**鍵，即可快速建立該範圍資料的直條圖。

　　◉五秒自測　在Excel中若要建立圖表，應如何操作？選取資料範圍，按F11鍵。

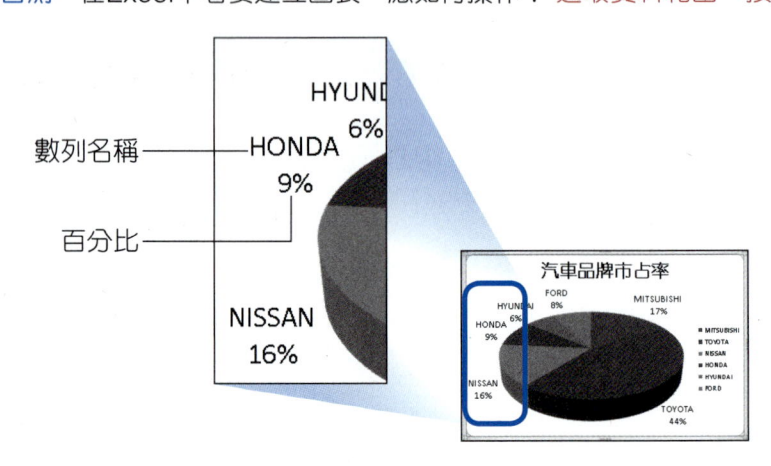

數列名稱 ── HONDA 9%
百分比

HYUND 6%
NISSAN 16%

汽車品牌市占率
FORD 8%　MITSUBISHI 17%
HYUNDAI 6%
HONDA 9%
NISSAN 16%
TOYOTA 44%

有背無患

走勢圖：可在儲存格中建立簡單的圖表（如折線圖、直條圖等），以快速掌握數個儲存格中數據的變化，如業績的成長、價格的漲跌、人數的變化等。

	A	B	C	D	E	F
1	營業總額表					
2	季	2022年	2023年	2024年	2025年	走勢圖
3	第1季	18,471	22,553	20,679	26,655	
4	第2季	21,633	18,504	24,556	19,450	
5	第3季	23,640	19,914	20,780	27,681	
6	第4季	20,660	20,233	18,540	21,735	

二、圖表的編修

1. 圖表外觀設定：雙按圖表，可設定圖表的字型、文字大小、背景框線與網底…等。

2. 圖表內容設定：在**圖表工具圖表設計**標籤，可更改圖表的資料來源及圖表位置，還可設定是否顯示圖表標題、圖例或資料標籤（如數列名稱、百分比）。

3. 圖例設定：選取圖例，可任意移動位置；按Delete鍵，可刪除圖例。

4. 座標軸設定：在座標軸按右鍵，按『座標軸格式』，可設定座標軸刻度的最大值、最小值、刻度間距…等資料。

5. 圖表角度變換：在立體圖表上按右鍵，按『立體旋轉』，可調整圖表的仰角（透視圖）、旋轉角度（X軸、Y軸旋轉）等。

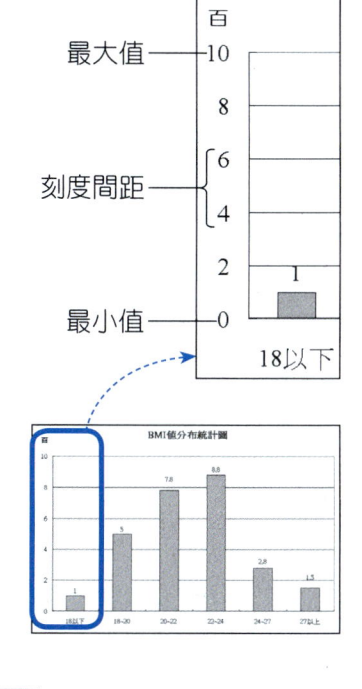

6. 變更圖表類型：在**圖表工具圖表設計**標籤，按**變更圖表類型**可變更圖表類型。另外，還可選**組合圖**，僅變更任一數列之圖表類型，使一個圖表中同時有不同的圖表類型（如直條圖、折線圖）。

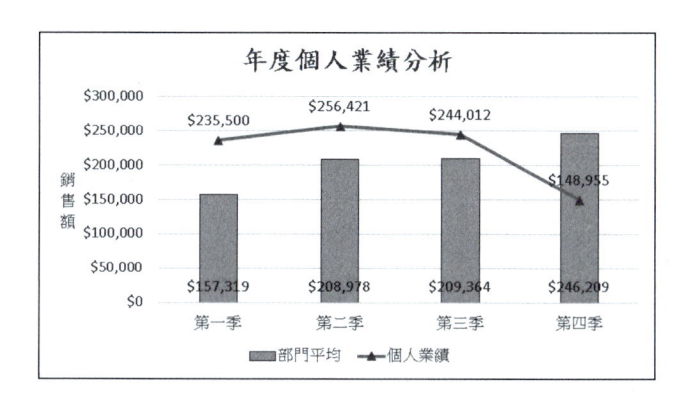

得分區塊練

(A)1. 在Excel中，哪一種類型的圖表，較適合用來表示資料佔比？
(A)圓形圖 (B)折線圖 (C)雷達圖 (D)XY散布圖。

(C)2. 在Excel中，若要快速建立某一資料範圍的直條圖，可以按什麼鍵？
(A)Ctrl + A (B)Esc (C)F11 (D)Ctrl + Alt + Delete。

(B)3. 在Excel中，如果要改變圖表的刻度間距，應該設定下列何者的格式？
(A)資料來源 (B)座標軸 (C)資料標籤 (D)圖表類型。

數位科技應用 滿分總複習

滿分晉級

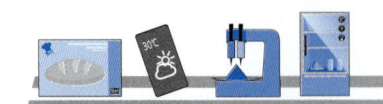

★新課綱命題趨勢★
情境素養題

1. 柏翰描述的情況會顯示「#DIV/0!」；
   郁雯描述的情況會顯示「#N/A」；
   家宸描述的情況會顯示「#VALUE!」。

▲閱讀下文，回答第1至2題：

體育小老師利用Excel製作一張體能測量成績單，成績單中包含同學的座號、姓名、各項體能成績，並統計總分、平均分數、最高分與最低分等。在成績單編輯過程中，小老師發現成績單出現「#REF!」錯誤訊息，使得成績單製作遇到困難。

(C)1. 體育小老師在編輯成績單時，所遇到的「#REF!」錯誤訊息，有4位貼心的同學提出可能發生的問題，請問哪一位同學的敘述是正確的？
(A)柏翰：計算各科平均分數時，老師將除數輸入為0
(B)郁雯：老師使用VLOOKUP參照函數時，引數中含有無效的值
(C)佳琪：公式中所參照的儲存格位址被老師刪除
(D)家宸：在成績單計算總分的公式中，所參照的儲存格含有文字資料。　　　　　[6-1]

(D)2. 體育小老師使用許多函數來幫助他完成體能測量成績單的計算，請問他在使用下列函數時，哪一個函數的用法有誤？
(A)使用MAX找出跳遠項目最高分
(B)使用MIN找出伏地挺身最低分
(C)使用AVERAGE找出800公尺跑步平均分鐘數
(D)使用ROUND找出班上體能最好的同學。　　　　　[6-1]

2. ROUND( )是用來將數值四捨五入取到某一位數。

(B)3. NBA球迷阿建受到「史蒂芬・柯瑞」影響，自行用Excel記錄球員史蒂芬・柯瑞的本年度各場賽事成績，如果他要找出史蒂芬・柯瑞單場得分最高的記錄，可使用哪一個Excel函數？
(A)MIN　(B)MAX　(C)VLOOKUP　(D)ROUND。　　　　　[6-1]

(D)4. 婷婷是捐血站的小護士，她利用Excel記錄捐血者的個人資料、血型及捐血量，如果她想要在Excel表中，統計出今日O型捐血者的捐血量，可以使用Excel的哪一項功能？　(A)工作表保護　(B)排序　(C)絕對參照　(D)小計。　　　　　[6-2]

(D)5. 如果張老師要從班級成績Excel表中，找出「國文」、「英文」或「數學」任一科不及格的學生，請問他應使用下列哪一項功能？
(A)自動篩選　(B)資料小計　(C)資料驗證　(D)進階篩選。　　　　　[6-2]

(A)6. 方老師將全班的成績輸入到工作表中，如果她想將成績依照總分由高至低排列，應該使用Excel中的哪一項功能？
(A)排序　(B)工作表的版面設定　(C)篩選　(D)圖表精靈。　　　　　[6-2]

第6章 Excel資料的計算與分析

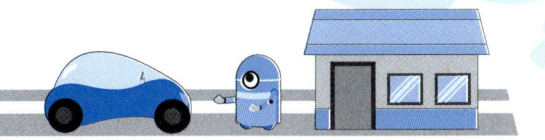

精選試題

6-1

1. ROUND(AVERAGE(C1:C3), -1) = ROUND(11, -1) = 10。

(C)1. 在Excel中輸入如下表的資料後，下列敘述何者錯誤？
(A)SUM(B1:B3)的結果為13
(B)MAX(B1:D3)的結果為60
(C)ROUND(AVERAGE(C1:C3), -1)的結果為11
(D)VLOOKUP("香蕉", A1:D3, 3)的結果為8。

	A	B	C	D
1	水梨	4	15	60
2	香蕉	5	8	40
3	蘋果	4	10	40

(C)2. 在下方的Excel表格中，若儲存格A4中存放公式「= SUM(A1, A3)」，我們將此儲存格複製後貼到儲存格B4，則儲存格B4的公式計算值為何？
(A)140　(B)180　(C)210　(D)300。

	A	B
1	20	30
2	40	90
3	120	180
4		

(B)3. 在Microsoft Excel中，若A1、B1和C1儲存格內的資料分別為2、3和4，此時在D1儲存格輸入公式：= COUNT(A1:C1)，則下列何者是D1儲存格內所顯示的數值？
(A)2　(B)3　(C)4　(D)9。

(C)4. 下方的Excel表格中，C1 = AVERAGE(A1:A3)，C2 = SUM(A1:C1)，則C2 =
(A)450　(B)500　(C)600　(D)1000。

	A	B	C
1	100	300	
2	200	2	
3	300	0.5	
4			

(A)5. 在Microsoft Excel中，若要將公式 "= A1 + A2" 中的儲存格位址改成絕對參照，則該如何表示？
(A)= $A$1 + $A$2　(B)= #A1 + #A2　(C)= @A@1 + @A@2　(D)= ^A1 + ^A2。

(B)6. 假設在Excel試算表中，儲存格A1、A2、A3、A4已存有四筆相異數值資料。下列何者其運算結果與「= AVERAGE (A1:A4)」相同？
(A)= MAX (A1:A4)　　　　　　(B)= SUM (A1:A4) / 4
(C)= A1+A2+A3+A4　　　　　　(D)= MIN (A1:A4)。

B6-19

(C)7. 在Microsoft Excel中，儲存格A2、B2、A3、B3 內容分別為2、3、4、5，儲存格B8內容為「= A$2 + B2 * 2」，將儲存格B8內的公式複製到儲存格B9，則儲存格B9公式計算值為何？ (A)8 (B)10 (C)12 (D)14。

(D)8. 在Microsoft Excel中，儲存格A1到A5的值分別為3、2、4、5、1，在儲存格B1中輸入公式「= RANK(A2, A1:A5)」，則該公式計算值為何？
(A)1 (B)2 (C)3 (D)4。

(A)9. 在某Microsoft Excel工作表中，儲存格A1、A2、A3分別存有數值資料10、20、30，請問儲存格A4中鍵入下面哪一項內容，會讓儲存格A4顯示出20這個數值？
(A)= AVERAGE(A1:A3)
(B)= MAX(A1:A3)
(C)= MIN(A1:A3)
(D)= SUM(A1:A3)。

10. SUM( )：計算總和；
AVERAGE( )：計算平均；
COUNT( )：計算存有數值資料的儲存格數目；
MAX( )：找出最大值。

(C)10. 在Microsoft Excel中，假設A1、A2、A3、A4、A5都存有數值資料，下列有關Excel函數的敘述何者正確？
(A)計算式SUM(A1:A3)的結果等於(A1 + A2 + A3) / 3
(B)計算式AVERAGE(A1:A4)的結果等於A1 + A2 + A3 + A4
(C)計算式COUNT(A2:A5)的結果等於4
(D)計算式MAX(A1:A3)的結果等於A1 * A2 * A3。

(D)11. 若在Excel工作表內的儲存格B1中存有公式"=A1 - A100"，下面哪一項表示將該公式改為對儲存格A100建立一個絕對列參照？
(A)= A1 - A'100 (B)= A1 - A"100 (C)= A1 - A!100 (D)= A1 - A$100。

(B)12. 於Excel試算表中，在儲存格A1、A2、B1、B2若分別輸入數字1、4、4、3，如下表，則下列哪一個公式所計算出的結果將會與其他三者不同？
(A)= SUM(A1, B2)　　　　　(B)= AVERAGE(A1:B2)
(C)= MAX(A2, B1)　　　　　(D)= COUNT(A1:B2)。

	A	B
1	1	4
2	4	3

13. 插入註解的儲存格，其右上角會出現紅色三角形；
按Delete鍵，只會刪除儲存格內的資料，不包含格式設定；
COUNTA( )函數是用來計算「非空白」的儲存格個數。

(C)13. 下列有關Excel的敘述，何者正確？
(A)儲存格的右上角出現紅色三角形，表示儲存格中輸入的公式有誤
(B)利用按Delete鍵，刪除儲存格內的資料時，會一併將儲存格的格式還原成預設狀態
(C)儲存格若顯示 "#NAME?" 訊息，表示儲存格中輸入錯誤的函數名稱
(D)COUNTA( )函數可用來計算含有數值資料的儲存格個數。

(C)14. 在Excel中，儲存格A1～B3內容如下圖所示，儲存格C1內容為「=IF(A1>A2,$A1 - A$2,A$2 - $A1)」，將儲存格C1內的公式複製到儲存格D2，則儲存格D2公式計算值為何？ (A)-1 (B)5 (C)6 (D)8。

	A	B
1	5	3
2	10	4
3	15	3

14. 儲存格C1相對於儲存格D2為右移1欄、下移1列，因此公式中相對參照的部分為欄名 + 1、列號 + 1，絕對參照的部分則不改變。
儲存格D2顯示的值為
= IF(B2 > B3, $A2 - B$2, B$2 - $A2)
= IF(4 > 3, 6, -6)
= 6。

15. SUMIF( )：將指定範圍內符合條件式的資料進行加總。因儲存格A1～A5中，只有儲存格A1與A2的值小於30，故加總此二儲存格的值，即30（＝10＋20）。

(C)15. 若儲存格A1、A2、A3、A4、A5的值分別為10、20、30、40、50，則公式「＝SUMIF(A1:A5, "<30")」的運算結果為何？
(A)2　(B)3　(C)30　(D)60。

(C)16. 在下方的Excel表格中，若在儲存格D1輸入公式「＝VLOOKUP(3.8, A1:C3, 3)」，則儲存格D1顯示的運算結果為何？　(A)A　(B)100　(C)200　(D)300。

	A	B	C
1	1	A	100
2	3	B	200
3	5	C	300

16. VLOOKUP(3.8, A1:C3, 3)表示要在儲存格A1～C3範圍的最左欄，找到與數值3.8最相近、且不能超過的數值，即儲存格A2，並傳回與儲存格A2同列的第3欄儲存格之值（即儲存格C2的值）。

(B)17. 在Excel中，以何種參照位址製作的公式被複製到其他儲存格時，位址不會隨著改變？
(A)相對參照　　　　　　　　　　(B)絕對參照
(C)相對參照與絕對參照　　　　　(D)位址一定會隨著儲存格而改變。

(D)18. AVERAGE、COUNT、MIN和SUM都是Microsoft Excel試算表軟體常用的函數，如果以12、34和56等三個數值作為上述四個函數的參數，計算的結果下列何者正確？
(A)AVERAGE(12, 34, 56) > SUM(12, 34, 56)
(B)COUNT(12, 34, 56) > MIN(12, 34, 56)
(C)MIN(12, 34, 56) > AVERAGE(12, 34, 56)
(D)SUM(12, 34, 56) > COUNT(12, 34, 56)。

18. AVERAGE(12, 34, 56) = 34；
COUNT(12, 34, 56) = 3；
MIN(12, 34, 56) = 12；
SUM(12, 34, 56) = 102。

(A)19. 表（一）的Microsoft Excel表格中，若儲存格C1中存放公式「＝MAX(B1, A1:A2)」，則儲存格C1的公式計算值為何？　(A)30　(B)40　(C)60　(D)100。

表（一）

	A	B	C
1	10	20	
2	30	40	

(C)20. 在Microsoft Excel工作表中，若A1, A2, A3儲存格的值分別為30, 50, 40，則下列敘述何者正確？
20. SUM(A1:A3) = 120；SUM(A1, A3) = 70；MAX(A1, A3) = 40。
(A)若A4儲存格的公式為＝SUM(A1:A3)，則A4儲存格將顯示70
(B)若A4儲存格的公式為＝SUM(A1, A3)，則A4儲存格將顯示120
(C)若A4儲存格的公式為＝COUNT(A1:A3)，則A4儲存格將顯示3
(D)若A4儲存格的公式為＝MAX(A1, A3)，則A4儲存格將顯示50。

(D)21. 表（二）的Excel表格中，在儲存格C1中鍵入下列哪一項內容，會讓儲存格C1顯示出60這個數值？
(A)＝SUM(A1:B2)　　　　　　　(B)＝AVERAGE(A1:B2)
(C)＝AVERAGE(A1, B2)　　　　　(D)＝SUM(A2, B1:B2)。

表（二）

	A	B	C
1	40	10	
2	30	20	

21. SUM(A1:B2) = 100；
AVERAGE(A1:B2) = 25；
AVERAGE(A1, B2) = 30。

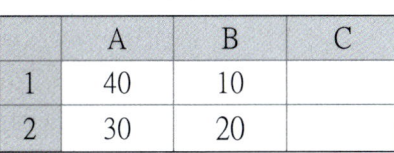

6-2

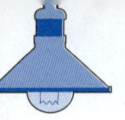

(B)22. 如果希望使用者在Excel工作表中只能輸入特定的幾種資料，我們可以利用下列哪一種功能來製作下拉式清單，限制使用者只能藉由選按的方式來輸入資料？
(A)排序　(B)驗證　(C)篩選　(D)列印。

(B)23. 在Excel的另存新檔交談窗中，按「工具」鈕選下列哪一個選項，可將活頁簿設定為唯讀，讓知道密碼的人才可以修改內容？
(A)內容　(B)一般選項　(C)壓縮圖片　(D)Web選項。

(C)24. 班長負責整理全班同學的學籍基本資料，如果他希望「血型」欄位中只能填入 "A"、"B"、"O"、"AB" 等四種血型，可使用Excel的哪一項功能？
(A)小計　(B)資料剖析　(C)驗證　(D)樞紐分析表。

(D)25. Excel的哪一項功能，可以快速從多筆大量資料中，彙整及統計出關鍵的資訊，並製作成表格或圖表？
(A)驗證　(B)篩選　(C)排序　(D)樞紐分析。

(B)26. 小碩在Excel中，檢視某一工作表時，發現該工作表中的部分列號呈現藍色，且有幾列內容被隱藏無法檢視。他試著在儲存格A10中輸入數字，Excel出現警告訊息提醒他輸入的數字範圍有誤。請根據上述情境，判斷該工作表中有下列哪些設定？
(A)隱藏列、自動篩選　　　　　　(B)資料驗證、自動篩選
(C)隱藏列、保護工作表　　　　　(D)進階篩選、樞紐分析。

(C)27. 明婷透過Excel製作研發部門的獎金統計表（如下圖），請依據下圖判斷下列敘述何者有誤？
(A)使用樞紐分析表功能製作而成
(B)按「列標籤」右邊的 ▼ 鈕，可篩選資料
(C)由此表可得知，研發一課發放獎金總金額為60,923元
(D)由此表可得知，研發二課助理工程師沒人領到獎金。

27.從A3儲存格可看出，此樞紐分析表是以「加總」的方式統計，所以總計60,923代表整個研發部門發放獎金總金額。

	A	B	C	D	E	F
3	加總 - 獎金	欄標籤 ▼				
4	列標籤 ▼	助理工程師	研發工程師	研發副理	研發經理	總計
5	研發一課	1,834	2,041	7,305	10,693	21,873
6	研發二課		12,863	4,760	8,650	26,273
7	研發三課	5,706	2,035	1,876	3,160	12,777
8	總計	7,540	16,939	13,941	22,503	60,923

6-3

(A)28. 使用Excel的哪一項功能，可將直條圖變更為折線圖？
(A)變更圖表類型　(B)選取來源　(C)移動圖表　(D)立體旋轉。

(C)29. 在製作Excel圖表時，可在圖表建立後，按圖表工具圖表設計標籤中的哪一個按鈕，來輸入X軸的標題？
(A)圖表標題　(B)資料標籤　(C)座標軸標題　(D)立體旋轉。

第6章 Excel資料的計算與分析

統測試題

1. = COUNTIF(A1:A5, "> -5")結果為4；
   = IF(A2 > A3, A1, A4)結果為5；
   = RANK(A2, $A$1:$A$5)結果為4；
   = ROUND(SUM(A1:A5) / 2, 0)結果為4。

(B)1. 在Excel中，儲存格A1、A2、A3、A4、A5內的存放數值分別為-5、-3、2、5、8，則下列函數運算結果，何者的數值最大？
   (A)= COUNTIF(A1:A5, "> -5")
   (B)= IF(A2 > A3, A1, A4)
   (C)= RANK(A2, $A$1:$A$5)
   (D)= ROUND(SUM(A1:A5) / 2, 0)。 [102商管群]

2. 樞紐分析功能可快速從多筆大量資料中，彙整及統計出關鍵的資訊。

(B)2. 下列何種Excel功能，最適合快速合併與比較大量資料、靈活調整欄列分析項目與資料摘要方式、方便查看來源資料的不同彙總結果、與建立不同分析角度的報表與圖表？ (A)合併彙算 (B)樞紐分析 (C)資料剖析 (D)資料驗證。 [102商管群]

(C)3. 下列有關Excel資料小計功能的敘述，何者不正確？
   (A)分組小計前必須先排序才能得到正確的結果
   (B)小計對話方塊的「新增小計位置」，可以設定要進行小計的欄位
   (C)在小計對話方塊中勾選「取代目前小計」，可以建立巢狀層級小計
   (D)執行小計功能後，可以自動建立大綱結構便利逐層檢視資料。 [102商管群]

3. 「取代目前小計」功能會將原先的小計資料取代。

(C)4. 下列何種Excel統計圖表，資料數值從中心點擴散，距離中心點越遠代表數值越高，最適合顯示某學生不同學科成績的相對表現？ (A)折線圖 (B)區域圖 (C)雷達圖 (D)散佈圖。 [102商管群]

4. 雷達圖的資料數值會從中心點擴散，距離中心點越遠代表數值越高。

(C)5. 在Microsoft Excel中，給如圖（一）所示之儲存格內容，若在儲存格E1輸入的公式為「= COUNTIF(A1:D2, "< 0")」，則該公式的計算值為多少？
   (A)-11 (B)-2 (C)4 (D)9。 [103商管群]

	A	B	C	D	E
1	4	-3	2	1	
2	-1	2	-3	-4	

圖（一）

(D)6. 在Microsoft Excel中，給如圖（二）所示之儲存格內容，若在儲存格C1輸入公式「= $A1 + A$2 * $B$2」，此時儲存格C1公式的計算值為9；接著，先選定儲存格C1進行「複製」動作，再選定儲存格D2進行「貼上」動作後，請問儲存格D2公式的計算值為何？ (A)2 (B)9 (C)11 (D)18。 [103商管群]

	A	B	C	D	E	F
1	1	3	9			
2	2	4				

圖（二）

(B)7. 在Microsoft Excel表格中，A1儲存格內的數值為25，B2儲存格內的公式為「= IF(MOD(A1, 3) = 1, 10, 20)」，B2的運算結果為何？
   (A)1 (B)10 (C)20 (D)30。 [104商管群]

B6-23

(A)8. 在表（一）的Microsoft Excel表格中，如果儲存格C1中存放公式
「＝MIN(SUM(A1:A2), AVERAGE(A2:B2))」，則儲存格C1的公式計算值為何？
(A)30　(B)45　(C)51　(D)75。 [104商管群]

表（一）

	A	B	C
1	12	30	
2	18	72	

(A)9. 在表（二）的Microsoft Excel表格中，我們在選取A1:B4後，將排序條件設定如下：首要的排序方式為「依照欄B的值由最小到最大排序」，次要的排序方式設為「依照欄A的值由最大到最小排序」，則在排序後的結果中，下列敘述何者正確？
(A)A1的值為60　(B)A2的值為30　(C)A3的值為5　(D)B3的值為30。 [104商管群]

表（二）

	A	B
1	30	20
2	60	10
3	40	20
4	5	30

10. INT(X)：取小於等於X的最大整數，
ROUND(X, n)：將X四捨五入至小數n位。
INT(ROUND(16.59, -1) + ROUND(5.26, 1)
+ ROUND(-27.63, -1))
＝INT(20 + 5.3 + (-30))＝INT(-4.7)＝-5。

(C)10. 在Microsoft Excel中，下列公式之結果為何？
＝INT(ROUND(16.59, -1) + ROUND(5.26, 1) + ROUND(-27.63, -1))
(A)-7　(B)-6　(C)-5　(D)-4。 [105商管群]

(C)11. 在下表的Microsoft Excel工作表中，若清除儲存格A4的內容並輸入公式「＝$A1 + A$2 - $A$3」，繼而複製儲存格A4，將公式貼到儲存格B4，則儲存格B4的公式計算值為何？　(A)-10　(B)20　(C)30　(D)60。 [105商管群]

11. 儲存格A4相對於儲存格B4為右移1欄，因此公式中相對參照的部分為欄名＋1，絕對參照的部分則不改變。
儲存格B2顯示的值為
＝$A1 + B$2 - $A$3
＝20 + 70 - 60
＝30。

	A	B
1	20	50
2	30	70
3	60	100
4		

(A)12. 在Microsoft Excel裡，下列何者最適合用來將單欄中的資料，利用分隔符號或固定寬度，切割至多個欄位中？
(A)資料剖析　(B)自動篩選　(C)資料驗證　(D)取消群組。 [105商管群]

(C)13. 在Microsoft Excel試算表中的A1、B1、A2和B2四個儲存格中，分別輸入5、4、3、2的數值，然後在C1儲存格中輸入「＝$A$1 * B1」的公式，再將C1的內容複製並且貼上到C1:D2範圍的儲存格中，那麼D2儲存格呈現的值為何？
(A)12　(B)20　(C)50　(D)100。 [106商管群]

13. $絕對參照位址：複製公式時不會因儲存格位址的改變而改變公式內容。

	A	B	C	D
1	5	4	＝$A$1 * B1	＝$A$1 * C1
2	3	2	＝$A$1 * B2	＝$A$1 * C2

第 6 章　Excel資料的計算與分析

14. = 5 - 7 * 3 = 5 - 21 = -16；= 4 ^ 3 <= 12 → 64 <= 12 → FALSE；
　　&表示字串連接，= 123 & 456 = 123456。

(B)14. 在Microsoft Excel中，下列哪一項正確？
　　(A)公式「= 5 - 7 * 3」的結果為-6
　　(B)公式「= 5 * 3 < -10」的結果為FALSE
　　(C)公式「= 4 ^ 3 <= 12」的結果為TRUE
　　(D)公式「= 123 & 456」的結果為579。

15. B4:C5表示B4、C4、B5、C5（共4個），
　　D2表示D2（共1個），
　　E1:E3表示E1、E2、E3（共3個），
　　所以4 + 1 + 3 = 8。　　　　　　　　　　[106商管群]

(D)15. 使用Microsoft Excel時，在A1儲存格內輸入公式「= SUM(B4:C5, D2, E1:E3)」，請問A1共加總幾個儲存格的資料值？
　　(A)5　(B)6　(C)7　(D)8。　　　　　　　　　　[106商管群]

(A)16. 在Microsoft Excel中，A3儲存格為「電子」、A4儲存格為「試算表」、A5儲存格為「軟體」，要使A1儲存格顯示「電子試算表軟體」，則A1儲存格的輸入公式必須為下列何項？
　　(A)= A3 & A4 & A5
　　(B)= A3:A4:A5
　　(C)= A3 + A4 + A5
　　(D)= A3 # A4 # A5。

17. = IF(50 > 80, A1 / 2, IF(A1 / 2 > 30, A1 * 2, A1 / 2))
　　= IF(false, A1 / 2, IF(A1 / 2 > 30, A1 * 2, A1 / 2))
　　= IF(25 > 30, A1 * 2, A1 / 2)
　　= IF(false, A1 * 2, A1 / 2)
　　= 25。　　　　　　　　　　　　　　　　　　[107商管群]

(A)17. 在Microsoft Excel中，A1儲存格的數值為50，若在A2儲存格中輸入公式「= IF(A1 > 80, A1 / 2, IF(A1 / 2 > 30, A1 * 2, A1 / 2))」，則下列何者為A2儲存格呈現的結果？　(A)25　(B)50　(C)80　(D)100。　　　　[107商管群]

(C)18. 在Microsoft Excel中，儲存格A1、A2、A3、A4、A5中的數值分別為5、6、7、8、9，若在A6儲存格中輸入公式「= SUM(A$2:A$4, MAX($A$1:$A$5))」，則下列何者為A6儲存格呈現的結果？
　　(A)23　(B)28　(C)30　(D)#VALUE!。

18. = SUM(A$2:A$4, MAX($A$1:$A$5))
　　= SUM(A$2:A$4, 9)
　　= SUM(6, 7, 8, 9) = 30。　　　　　　　　　[107商管群]

(D)19. 在Microsoft Excel中，當我們要使用資料小計時，必須先將要分組的欄位進行下列何種處理？　(A)存檔　(B)搜尋　(C)加總　(D)排序。　　　　[107商管群]

(A)20. 若在Microsoft Excel的A1儲存格中輸入= AND(6 < 7, NOT(FALSE))，則A1儲存格呈現的結果為下列何者？
　　(A)TRUE　(B)FALSE　(C)TRUE, FALSE　(D)FALSE,TRUE。　　[108商管群]

(A)21. Microsoft Excel中，在E2儲存格輸入= B2 + C2 & "元"，而B2及C2儲存格的內容分別為20及30，則E2儲存格顯示為何？
　　(A)50元　(B)2030元　(C)#REF!　(D)#VALUE!。　　　　[108商管群]

(B)22. 若要在"活頁簿1"中的A1儲存格設定參照"活頁簿3工作表3"中的B3儲存格，則下列何者為A1儲存格內的正確格式？
　　(A)= 活頁簿3.xlsx@工作表3&B3
　　(B)= [活頁簿3.xlsx]工作表3!B3
　　(C)= (活頁簿3.xlsx)工作表3#B3
　　(D)= {活頁簿3.xlsx}工作表3@B3。

22. 表示方式：
　　[活頁簿名稱]工作表名稱!儲存格參照位址。
　　　　　　　　　　　　　　　　　　　　　　[108商管群]

(C)23. 使用電子試算表軟體（Excel），C1儲存格內之數值為40，D2儲存格內之公式為= IF(MOD(C1, 2) = 0, IF(MOD(C1, 3) = 0, 10, 100), 1000)，D2的運算結果為何？
　　(A)0　(B)10　(C)100　(D)1000。　　　　　　　　　　[109商管群]

23. = IF(MOD(C1, 2) = 0, IF(MOD(C1, 3) = 0, 10, 100), 1000)
　　= IF(TRUE, IF(FALSE, 10, 100), 1000)
　　= IF(TRUE, 100, 1000)
　　= 100。

B6-25

24. = MAX(COUNTIF(B1:B5, "> -2"), COUNTIF(B1:B5, "< 0")) = MAX(3, 2) = 3；
　　= IF(B2 > B3, ABS(B1), ABS(B4)) = IF(FALSE, 4, 3) = 3；
　　= ROUND(AVERAGE(B1:B5), 0) = ROUND(1, 0) = 1；
　　= VLOOKUP(B4, B1:B5, 1) = VLOOKUP(B4, B1:B5, 1) = 3；故(C)與其他不同。

(C)24. 使用電子試算表軟體（Excel），儲存格B1、B2、B3、B4、B5內的存放數值分別為-4、-2、0、3、8，下列哪一個選項的運算結果與其他選項不同？
(A)= MAX(COUNTIF(B1:B5, "> -2"), COUNTIF(B1:B5, "< 0"))
(B)= IF(B2 > B3, ABS(B1), ABS(B4))
(C)= ROUND(AVERAGE(B1:B5), 0)
(D)= VLOOKUP(B4, B1:B5, 1)。　　　　　　　　　　　　　　　　[109商管群]

25. 儲存格A3的公式「= $A1 + A$2」複製到儲存格A3後，公式為「= $A1 + B$2」，計算值為 = 20 + 70 = 90。

(B)25. 使用電子試算表軟體（Excel），A1儲存格內之數值為20，A2儲存格內之數值為30，B1儲存格內之數值為50，B2儲存格內之數值為70，若儲存格A3中存放公式「= $A1 + A$2」，我們將此儲存格複製後貼到儲存格B3，則儲存格B3的公式計算值為何？　(A)50　(B)90　(C)100　(D)120。　　　　　　　　　　[109商管群]

(C)26. 使用電子試算表軟體（Excel），儲存格A1、A2、B1、B2內的存放字串值分別為"Hello"、"OK"、"Fine"、"Best"，若在儲存格A3鍵入一個公式「=$A$1 & A2」，然後將此儲存格複製後貼到儲存格B3，下列何者是儲存格B3的公式計算結果？
(A)"FineBest"　(B)"FineOK"　(C)"HelloBest"　(D)"HelloFine"。　　[110商管群]

(D)27. 使用電子試算表軟體（Excel），A1、A2、B1、B2儲存格內存放之數值分別為40、60、80、10，若我們先將欄A的數值由大到小排序，再將欄B的數值由小到大排序，則排序後儲存格B2的值為何？　(A)10　(B)40　(C)60　(D)80。　　[110商管群]

(C)28. 小華使用PowerPoint製作一份110年度公司營收業績簡報，若簡報中需呈現該年度各季營收百分比的圖表，則最適合使用下列何項圖表來完成？
(A) 雷達圖
(B) 直條圖
(C) 圓形圖
(D) XY 散佈圖。

28. 圓形圖：適合用來顯示資料占比。
注意！無論是在PowerPoint、Word插入圖表，都會開啟Excel進行圖表數據的整理，故將此相關概念統整於本章說明。　　　　　　　　　　　　　　　　[111商管群]

(D)29. 在Excel中，A1儲存格資料為 "A123456789"，若在A2儲存格將中間6碼做資料隱蔽成為 "A1 XXXXXX 89"，則A2儲存格可使用下列何項來完成？
(A)= A1 & " XXXXXX " & "89"
(B)= REPLACE("A1" ,3,6, " XXXXXX")
(C)= LEFT(A1,2) + " XXXXXX " + RIGHT(A1,2)
(D)= MID(A1,1,2)& " XXXXXX " & MID(A1,9,2)。　　　　　　　　[111商管群]

(B)30. 在Excel試算表中，儲存格內容如圖（三）所示，若B2儲存格公式「= B$1*A2」，再複製B2儲存格的公式，並貼到B2：F6範圍的儲存格中，則下列何者為D2儲存格呈現的結果？　(A)3　(B)6　(C)9　(D)12。　　　　　　　　　　　　[111商管群]

29. MID(X, n, m)表示從X字串中，第n個位置起擷取m個字元；
& 表示字串連接；
假設A1儲存格為 "A123456789"，
MID(A1, 1, 2) = A1、
MID(A1, 9, 2) = 89，
故MID(A1, 1, 2) & " XXXXXX " & MID(A1, 9, 2) = A1 XXXXXX 89。

	A	B	C	D	E	F	G
1		1	2	3	4	5	
2	1	1					
3	2						
4	3						
5	4						
6	5						
7							

圖（三）

30. B2儲存格公式「= B$1 * A2」，D2儲存格相對於B2為右移2欄，因此相對參照的部分欄名 + 2，絕對參照不變，故D2儲存格公式 = D$1 * C2。C2儲存格相對於B2為右移1欄，因此相對參照的部分欄名 + 1，絕對參照不變，故C2儲存格公式 = C$1 * B2 = 2 * 1 = 2，D2儲存格公式 = D$1 * C2 = 3 * 2 = 6。

第6章 Excel資料的計算與分析

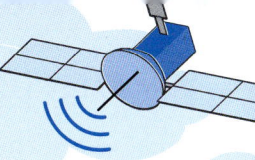

31.「$A1」只有欄採絕對參照。

(A)31. 在MS Excel試算表中，關於儲存格參照的敘述，下列何者錯誤？
(A)「$A1」只有欄採相對參照　　(B)「A$1」只有列採絕對參照
(C)「A1」是相對參照　　(D)「$A$1」是絕對參照。 [111工管類]

(D)32. 在電子試算表Excel中，A2、B1、B2、B3及C2儲存格的內存值如圖（四）所示，下列敘述何者錯誤？
(A)A5儲存格輸入= SUM(B1:B3, A2:C2)後出現的值為5
(B)B5儲存格輸入= A2 & B2後出現的值為0.20.5
(C)將B2儲存格格式設為百分比類別，則該儲存格顯示為50%
(D)C5儲存格輸入= MAX(B1:B3, A2:C2)後出現的值為50。

32. &為字串連接，所以B5儲存格輸入
= A2 & B2 = 0.2 & 0.5 = 0.20.5；
MAX函數為找出範圍內的最大值，C5儲存格輸入
= MAX(B1:B3, A2:C2) = 2。 [112商管群]

	A	B	C
1		1	
2	0.2	0.5	0.8
3		2	
4			

圖（四）

33. VLOOKUP(3, $A$2:$D$5, 4)，說明如下：
 • 3代表要尋找的值
 • $A$2:$D$5代表尋找的範圍
 • 4代表找到與3相符的儲存格後，傳回該列中第4欄的值，即為細胞培養。

(C)33. 在電子試算表Excel中，如圖（五），B7儲存格內容為= VLOOKUP(3, $A$2:$D$5, 4)，則其運算後B7儲存格值為何？
(A)臺灣
(B)德國
(C)細胞培養
(D)雞胚胎蛋。 [112商管群]

	A	B	C	D
1	號碼	流感疫苗廠商／名稱	產地	培養方式
2	1	賽諾菲／巴斯德	法國	雞胚胎蛋
3	2	國光／安定伏	臺灣	雞胚胎蛋
4	3	東洋／輔流威適	德國	細胞培養
5	4	葛蘭素／伏適流	德國	雞胚胎蛋
6				

圖（五）

▲閱讀下文，回答第34題

快樂國小3年1班導師針對全班20位學生的考試結果處理程序如下：
①利用Excel試算表將個別學生二科以上（含二科）不及格者顯示V，以便後續加強輔導
②導師利用Word合併列印功能，製作信件給須加強輔導同學的家長

(A)34. 在Excel試算表如圖（六）所示，若二科以上（含二科）不及格，在E2儲存格中設計公式顯示V，其他狀況則不須顯示任何符號，再將該公式複製並貼到E2:E21範圍的儲存格中，使得這些儲存格有二科以上（含二科）不及格者顯示V，則下列何者為E2儲存格的公式？
(A)= IF(COUNTIF(B2:D2, "< 60") >= 2, "V", "")
(B)= IF(COUNTIF(B2:D2, "< 60") >= 2, "", "V")
(C)= IF(OR(B2 < 60, C2 < 60, D2 < 60), "V", "")
(D)= IF(NOT(AND(B2 >= 60, C2 >= 60, D2 >= 60)), "", "V")。 [112商管群]

	A	B	C	D	E
1	學號	國語	數學	英語	加強輔導
2	1	55	50	40	V
3	2	90	95	95	
4	3	70	65	50	
5	4	100	100	100	
6	5	95	95	100	
16		⋮			
17		⋮			
20	19	50	45	70	V
21	20	30	55	45	V
22					

圖（六）

B6-27

▲ 閱讀下文，回答第35-36題

好康多賣場用試算表建立會員資料，欄位有身分證字號、姓名及地址，如圖（七）虛擬資料。

	A	B	C	D
1	身分證字號	姓名	地址	
2	A223456781	王曉潔	臺北市中山區明水路661號	
3	E123456783	林南生	高雄市鳳山區經武路30號	

圖（七）

35. 使用IF()函數來判斷會員的性別、使用MID()函數來取身分證字號第2碼。

(B)35. 好康多賣場將在5月針對女性會員推出「媽咪購物節」的行銷活動，該賣場想從上萬筆會員名單中的身分證字號第2碼（1代表男性、2代表女性）來判斷會員的性別，方便能寄送行銷資訊給女性會員，則可使用下列哪些函數的組合來篩選出女性會員？
(A)COUNDIF()、MOD()　　　　(B)IF()、MID()
(C)INT()、LEN()　　　　　　　(D)LEFT()、ROUND()。　　　　[113商管群]

(C)36. 在寄送行銷資料的紙本封面上將出現身分證字號、姓名及地址，為保護個人資料，身分證字號第5-10碼將被隱藏，如A223******。下列何者能完成此需求？
(A)= LEFT(A2,4) + "******"
(B)= LEFT(A2,4) @ '******'
(C)= LEFT(A2,4) & "******"
(D)= LEFT(A2,4) % '******'。　　　　　　　　　　　　　　　[113商管群]

36. 當A2為 "A223456781"，LEFT(A2, 4) = A223；
　　&為字串連接；
　　故LEFT(A2, 4) & "******"，結果為A223******。

(D)37. 某公司某部門員工的年終獎金 = 底薪 * 2。在試算表中，儲存格內容如圖（八）所示，若E4儲存格公式「= D4 * C1」，再複製E4儲存格，並貼到E5:E8範圍的儲存格中，則下列何者為E6儲存格呈現的結果？
(A)0　(B)64,000　(C)#REF!　(D)#VALUE!　　　　　　　　　[113商管群]

	A	B	C	D	E
1		可領年終獎金月數	2		
2					
3	員工編號	戶籍地	年資	底薪	年終獎金
4	A1	新北市	2	30,000	
5	A2	台北市	3	31,000	
6	A3	台中市	5	32,000	
7	A4	臺中市	8	40,000	
8	A5	台中市	6	35,000	

圖（八）

(D)38. 在圖（九）試算表中之儲存格E5輸入=SUMIF(B2:D4,C3)，此儲存格E5的計算結果為何？　(A)21　(B)12　(C)10　(D)8。　　　　　　　　　　　[114商管群]

38. 儲存格E5輸入
= SUMIF(B2:D4, C3)
= 8，表示將儲存格範圍B2:D4中與儲存格C3一樣為2的值加總，
故B4 + C2 + C3 + C4
= 2 + 2 + 2 + 2 = 8。

	A	B	C	D	E
1	0	0	2	1	
2	0	0	2	1	
3	0	0	2	1	
4	2	2	2	0	
5	2	2	2	0	

圖（九）

40.
- $B$3:$B$7：正確用法，絕對參照位址，複製公式不會改變範圍。
- $B3:$B7：會出現錯誤，列號會跟著複製公式而變動。
- B$3:B$7：在複製公式時，列號固定即不會跟著複製公式而變動，符合公式需求。
- B3:B7：會出現錯誤，列號會跟著複製公式而變動。

▲閱讀下文，回答第39-40題

吳先生大學畢業後在海大王連鎖海鮮專賣店擔任業務助理，利用試算表軟體統計各分店的銷售業績，如圖（十）所示，C欄要放置各分店的銷售排名，首先在儲存格C3輸入公式 =＿甲＿(B3,＿乙＿,0)。

	A	B	C
1	海大王連鎖海鮮專賣店銷售報表		
2	分店別	銷售金額(萬元)	銷售排名
3	台北分店	100	
4	台中分店	123	
5	台南分店	230	
6	高雄分店	115	
7	屏東分店	134	

圖（十）

(A)39. 儲存格C3的公式中，「甲」可使用下列哪一個函數？
(A)RANK.EQ (B)ORDER (C)RAND (D)MAX。　　　　　　[114商管群]

(B)40. 完成儲存格C3的函數設定後，接著將儲存格C3複製到C4:C7來完成銷售排名；儲存格的範圍設定有①至④四種方式，下列哪一個選項的範圍設定方式均符合公式中「乙」的需求？
①$B$3:$B$7　　②$B3:$B7　　③B$3:B$7　　④B3:B7
(A)①、② (B)①、③ (C)②、③ (D)②、④。　　　　　　[114商管群]

(C)41. 圖（十一）所示之Microsoft Excel工作表為某班級測驗成績列表，其中平均成績欄位為學生的國文、數學、英文三科成績使用函數自動計算得到。為得到正確的計算結果，儲存格E2應使用下列何者公式？
(A)=AVERAGE(B2,D2)　　　　　　(B)=AVERAGE(B2-D2)
(C)=AVERAGE(B2:D2)　　　　　　(D)=AVERAGE(B2~D2)。　　[114工管類]

41.(B2:D2)代表從B2到D2連續儲存格範圍。

	A	B	C	D	E
1	學生	國文	數學	英文	平均成績
2	K001	88	82	82	84
3	K002	85	87	77	83
4	K003	70	80	90	80

圖（十一）

NOTE

統測考試範圍

單元 4

雲端應用

學習重點

網路問卷與雲端儲存入題機率高，務必熟記觀念及應用！

章名	常考重點	
第7章 網路帳號與雲端應用	• 雲端儲存 • 雲端共用行事曆 • 網路問卷	★★★☆☆
第8章 雲端影音資源與行動裝置App之應用	• YouTube的基本介紹 • 行動裝置App之應用	★★☆☆☆

統測命題分析

最新統測趨勢分析（111～114年）

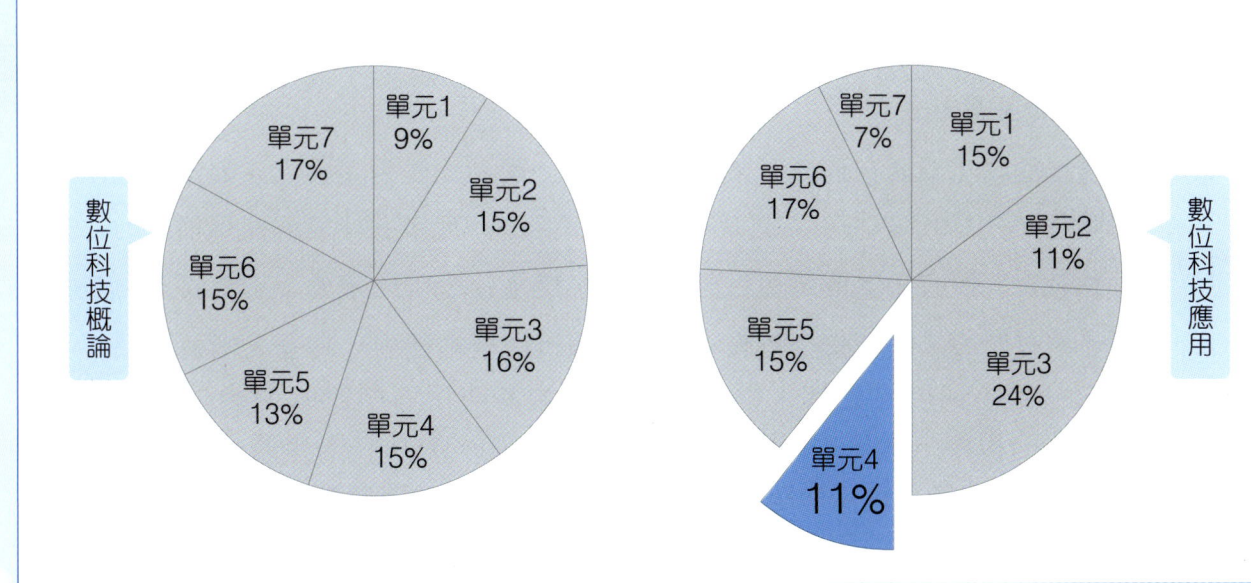

數位科技概論

- 單元1 9%
- 單元2 15%
- 單元3 16%
- 單元4 15%
- 單元5 13%
- 單元6 15%
- 單元7 17%

數位科技應用

- 單元1 15%
- 單元2 11%
- 單元3 24%
- 單元4 11%
- 單元5 15%
- 單元6 17%
- 單元7 7%

第 7 章 網路帳號與雲端應用

統測這樣考

(B)16. 下列何者是資訊系統帳號密碼設定與使用的良好做法？
(A)密碼可依鍵盤排列順序來設定，既具備高複雜度又方便記憶
(B)密碼盡量包含英文大小寫與數字的組合，且個人不同帳號的密碼避免重複
(C)增強密碼的長度與複雜度之後，把密碼寫在紙上並壓在鍵盤底下可避免忘記
(D)密碼中可包含個人的資訊，例如電話號碼，這樣易形成與別人密碼不同的效果。　　　　　[113工管]

7-1 網路帳號

一、認識網路帳號

1. **網路帳號**代表**使用者在網站上的身分**。

2. 許多網站常會規定使用者以**電子郵件地址**、**手機號碼**、**身分證統一編號**等做為使用者的**網路帳號**，並設定一組**密碼**以確保這個帳號的安全性。

3. 網路帳號的密碼設定原則：

   a. 提高密碼組成的複雜度：建議**最短8字元**、混合中英文字母、數字及特殊符號。

   b. 避免使用「**個資**」作為密碼：應避免使用生日、紀念日、手機號碼等個資作為密碼。

   c. 不應使用**懶人密碼**：應避免過於簡單、易被猜測到的字詞組合作為密碼。

   d. 不同帳號應使用不同密碼：使用者有多個網路帳號時，應使用不同密碼，避免當有一組密碼被破解後，使其他帳號也被入侵。

二、雙步驟驗證機制

1. **雙步驟驗證**（**2SV**, Two-Step Verification）：又稱兩步驟驗證，是一種使用者在登入時，除了需輸入帳號、密碼之外，還須通過另一道身分驗證才能登入帳號的登入驗證機制。

2. 常見的雙步驟驗證方式：

   a. 網站透過簡訊（或語音通話）傳遞驗證碼給使用者，使用者輸入該驗證碼後才能登入網站。

   b. 在行動裝置上接收網站傳送的「身分認證」提示，按確認鈕後，才能登入網站。

   c. 使用者須先購買「**硬體安全金鑰**」，將金鑰新增至帳號中，在登入帳號時須將「硬體安全金鑰」與裝置連接，網站驗證該金鑰為使用者所設的金鑰後，才能完成登入網站的程序。常見的硬體安全金鑰有Google Titan安全金鑰、Yubico推出的YubiKey等，這類金鑰可透過USB、藍牙、NFC等方式與裝備連接。

第 **7** 章　網路帳號與雲端應用

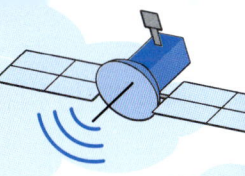

三、設定帳號備援資訊與隱私權

1. **設定帳號備援資訊**：當使用者的帳號密碼被陌生裝置登入時，網站會發送訊息至使用者的手機或另一組電子信箱，確認是否為本人登入。

2. **設定隱私權**：網站常會蒐集使用者的個人資料、網路活動記錄、定位資訊等資料，以提供使用者更優質與個人化的服務。使用者應詳閱網站的**隱私權政策**以保障自身權益。

3. **登入裝置的管理**：可透過查看目前或曾經登入自己帳號的所有裝置來確認是否有可疑人士登入過你的帳戶。若發現目前有不明裝置登入並正在使用你的帳戶，可將該裝置強制登出。

4. 許多雲端服務供應商提供以下帳號資料的管理功能：

   a. 匯出帳號資料：使用者可匯出帳號中的郵件、照片、檔案、日曆等資料，做為備份或其他用途。

   b. 刪除帳號：若不想繼續使用帳號，可利用此功能將帳號內所有資料刪除。

統測這樣考

(D)17. 小張某天收到交友網站所傳來的簡訊，簡訊中有一來路不明的網站連結，該網站要求提供姓名、電話、身分證字號及信用卡卡號等個人的機敏資料，基於保護個人資料的原則，下列何者是小張在提供這些個人資料前應該採行的因應作為？
(A)配合提供以加快入會流程
(B)借用他人個人資料完成入會流程
(C)嘗試入侵該網站取得他人個人資料
(D)確認該網站的隱私政策與個人資料保護方式後再行決定。　　[113工管]

7-2　雲端儲存

1. **雲端儲存**是透過應用程式將檔案資料存放到雲端的一種資料儲存方式。

2. 常見的雲端儲存應用程式：

雲端儲存應用程式	服務供應商	支援系統	免費空間
Google雲端硬碟	Google	Windows、macOS、Linux、iOS、Android	15GB
OneDrive	微軟	Windows、macOS、iOS、Android	5GB
iCloud	Apple	Windows、macOS、iOS	5GB
Dropbox	Dropbox	Windows、macOS、Linux、iOS、Android	2GB

統測這樣考

(D)43. 下列哪一項的主要服務不屬於雲端儲存服務？
(A)OneDrive　(B)Google雲端硬碟　(C)iCloud　(D)Azure。　　[112商管]
解：Azure雲端運算平台是提供給企業資訊開發團隊使用的雲端運算平台，可協助企業用於資料倉儲、巨量資料上的進階分析等應用。

B7-3

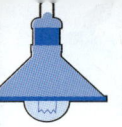

3. 雲端儲存常見的應用：
    a. **檔案的儲存與備份**：使用者可將智慧型手機、平板電腦、筆電等裝置中的檔案上傳至雲端硬碟作為資料備份之用，也方便隨時隨地存取、編修儲存在雲端的檔案。
    b. **線上檔案的共享**：可利用雲端硬碟提供的共享功能，將檔案設為共享並提供網址給他人，即可檢視、編輯或下載共享的檔案。
    c. **LINE訊息備份**：iOS裝置中的LINE訊息會備份至iCloud，Android裝置中的LINE訊息會備份至Google雲端。LINE訊息會自動備份，可設定每天、每3天、每週、每月等時間定期備份。
    d. **雲端相簿**：可將電腦或手機裡的照片／影音檔案備份到雲端（如Google相簿、iCloud相簿）的應用。

得分區塊練

(D)1. 下列何者不是網路帳號密碼的設定原則？
(A)密碼須混合大小寫英文字母、數字及特殊符號
(B)應避免使用個人資料
(C)不應使用懶人密碼
(D)不同帳號應使用同一組密碼，以避免忘記。

1. 使用者有多個網路帳號時，應使用不同密碼，避免當有一組密碼被破解後，使其他帳號也被入侵。

(D)2. 在使用「硬體安全金鑰」進行雙步驟驗證時，下列何者不是「硬體安全金鑰」與裝置連接的方式？ (A)USB (B)藍牙 (C)NFC (D)HDMI。

7-3 雲端辦公應用

1. 雲端辦公應用軟體：用來處理文件、設計簡報、製作報表等，提供「共用」功能可讓多人協同合作共編與共享檔案，達到資料整合與版本管理的效果。

2. 常見的雲端辦公應用軟體：

軟體系列	文書處理	簡報設計	試算表
Google	文件	簡報	試算表
Microsoft 365	Word	PowerPoint	Excel

→儲存至 Google雲端硬碟
→儲存至 OneDrive

3. **建立檔案（以Google為例）**：在Google首頁按**Google應用程式** ⋮⋮⋮ ，選擇**Google文件/簡報/試算表**，再按 ⊕ ，即可建立一個新檔案。

4. **儲存檔案**：在連線的狀態下，會自動儲存檔案至雲端硬碟。

5. **協作共編**：按**共用**鈕，可邀請多人共同編輯同一份檔案，設定方法如下。

   a. **一般存取權**：選擇**知道連結的任何人**，再按**複製連結**即可將網址分享給共編者。

   b. **具有存取權的使用者**：設定共編者的E-mail，將其設定為**編輯者**，即可傳送連結至共編者信箱。

6. **版本管理**：透過**版本記錄**可檢視該檔案的所有編輯時間、編輯者，以及各版本的資料內容。

7-4 雲端共用行事曆

1. **雲端行事曆**：用來記錄重要日程及待辦事項的雲端工具，可以與其他人**共享**，達到互相提醒及協調整合的效果。

2. 常見的雲端共用行事曆有：Google日曆、Outlook行事曆、iCloud行事曆、TimeTree等。

3. Google日曆中的活動、提醒、工作等說明與舉例：

Google日曆功能	說明
活動	在一段時間內要做的事情
提醒[註]	用來提醒使用者在什麼時間要做什麼事
工作	一項在將來某一個**特定時間點**要開始或完成的事情

提醒：要開始用功看書了！　　提醒：進入考前衝刺！　　工作：考前3天，須寫完模擬試卷（截止時間）

2週前　　　　1週前　　　　活動：6/20～6/21期末考

註：Google日曆已無「提醒」功能。

7-5 網路問卷 [111] [114]

1. **網路問卷**：用來製作問卷調查的應用程式。當受訪者透過網路填寫問卷後，程式即可將問卷調查的結果以**圖表形式**呈現，方便調查者分析使用。

2. 網路問卷的製作流程（以 **Google 表單**為例）：

   a. 建立表單 » b. 建立問卷題目 » c. 傳送問卷 » d. 檢視表單回覆結果

   a. **建立表單**：在 Google 雲端硬碟中按**新增**鈕，即可建立一份新的空白表單。使用者還可設計表單的外觀，或利用 Google 表單內建的主題來快速美化表單。

   b. **建立問卷題目**：可依照問卷設計的需求，建立不同的題目類型供受訪者填寫，並依據題目的重要性開啟**必填**功能，使受訪者須填寫該題目才可提交問卷。

題目類型	說明	範例
簡答	只能輸入一行文字	您的姓名 李國智
詳答[註]	能輸入多行文字	請輸入您的意見 用餐環境很好，服務生也很親切，但是菜餚的分量不足，男生吃不飽。
選擇題	多個選項只能選一個	您的性別 ○ 男 ○ 女
核取方塊	多個選項可選多個	喜歡的料理類型 ☑ 台菜 ☐ 廣東菜 ☑ 日式料理 ☐ 韓國料理
下拉式選單	單按後選一個答案	您的血型 選擇 ▼ A型 B型 O型 AB型

註：Google 表單已將「段落」更名為「詳答」。

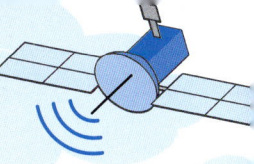

題目類型	說明	範例
線性刻度	在整數列中，訂定等間距的刻度（如最低1分、最高5分，共5個相隔1的選項），讓受訪者可在刻度選項中依據評分高低選一個答案，常應用於等級評比、滿意度調查	
單選方格	可設定多個子問題，並在區段內選一個答案	
核取方塊格	可設定多個子問題，並在區段內選多個答案	
日期	選擇日期	
時間	選擇時間	
檔案上傳	可讓受訪者上傳檔案（須登入Google帳號）	

→ **建立區段**：在設計題目時，將問題分別放在不同的區段，可設計出會依照受訪者的答案，來決定要前往哪一個區段回答後續問題的問卷。

統測這樣考 (B)41. 用Google表單製作問卷時，①至⑤的情境敘述，下列哪一個選項的組合完全正確？
① 人類血型可用 "選擇題" 提供點選
② 用一個 "下拉式選單" 可完成多種興趣的選擇
③ 個人姓名及電話可用 "線性刻度" 給予直接填寫
④ 提供5個開會時間可用 "核取方塊" 給予勾選有空時段
⑤ 可用 "簡答" 並搭配Shift + Enter組合鍵可進行多行輸入
(A)①、② (B)①、④ (C)③、④ (D)③、⑤。 [114商管]

c. **傳送問卷**：表單設計完成後，按傳送鈕可傳送表單連結給受訪者，以開啟此連結的方式來填寫問卷題目。

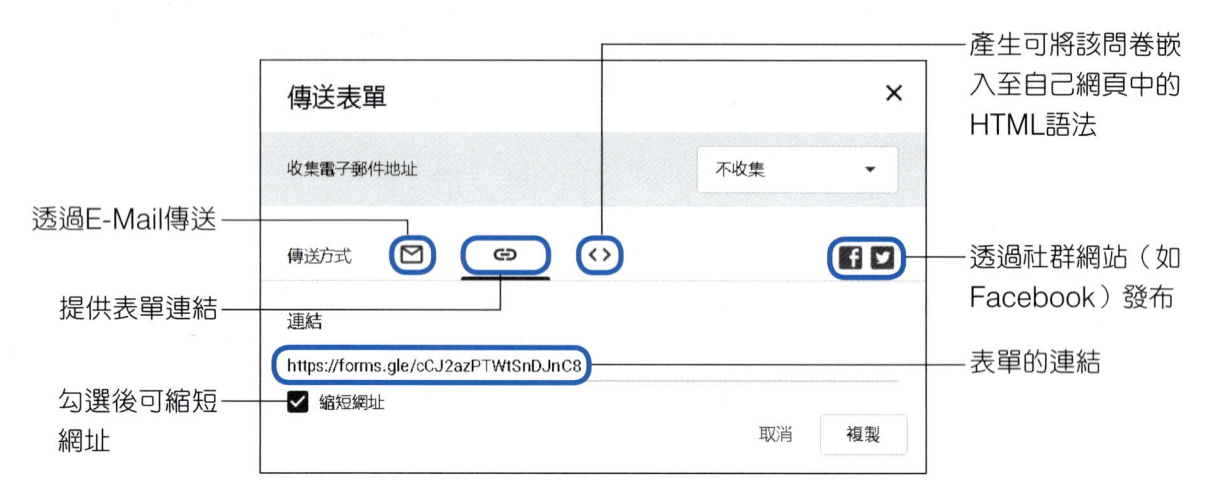

- 透過E-Mail傳送
- 提供表單連結
- 勾選後可縮短網址
- 產生可將該問卷嵌入至自己網頁中的HTML語法
- 透過社群網站（如Facebook）發布
- 表單的連結

d. **檢視表單回覆結果**：受訪者填寫完問卷後，填寫的結果即可傳送給表單擁有者。Google表單會自動將結果整理成圖表，以便問卷製作者可快速檢視回覆結果。也可將回覆的資料儲存在 **Google試算表** 中，將回覆的資料做進一步的分析統計。

3. **設計測驗卷**：可將表單設計成測驗卷並自動評分。利用Google表單的**測驗**選項可建立測驗卷，並設定讓作答者在寫完測驗卷後立即得知成績或手動批閱後再公布成績；還能設定作答者能否在作答完後，查看答錯的問題、正確答案及分數。

⚡統測這樣考

(D) 50. 有關Google表單的敘述，下列何者錯誤？
(A) Google表單除方便製作線上問卷也可以線上考試
(B) 當所有同學填寫表單後，小明可以用回覆鈕追蹤同學回覆的內容
(C) 小明將問卷設計完後，可以使用連結的方式傳給班上所有同學來填寫問卷
(D) 數學老師可用Google文件直接統計分析回覆資料，如：最受歡迎的飲料種類。

[111商管]

7-6 其他雲端應用

1. Google的其他雲端應用：

Google雲端應用	說明
Google繪圖	可線上繪製流程圖、配置圖等圖表
Google Jamboard（線上電子白板軟體）	可讓多人同步發揮想法，將想表達的文字、圖案記錄在電子白板上，並將眾人討論的成果儲存在雲端硬碟中（已終止服務）
Google Meet（視訊會議服務）	可讓多人進行視訊會議，透過連結分享或輸入會議代碼等方式加入會議室

第7章 網路帳號與雲端應用

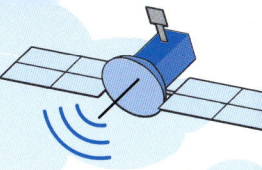

2. 微軟雲端應用：

   a. 雲端版Microsoft 365（包含Word、Excel、PowerPoint等工具）：可讓使用者在線上使用並將檔案儲存於OneDrive雲端空間中。

   b. Azure雲端運算平台：提供給企業資訊開發團隊使用的雲端運算平台，可協助企業用於資料倉儲、巨量資料上的進階分析等應用。

3. 其他公司的常見雲端應用：

雲端應用	說明
Cake Blockly for C語言	只要在畫面中拉曳Blockly積木式程式區塊，即會自動產生對應的C語言程式碼，適合初學者學習程式
WeViDeo（線上影音剪輯工具）	可裁剪、編輯影片內容及加上各種文字、動畫、濾鏡等視覺效果，還可為影片加入背景圖案、背景音樂、轉場特效等
FileCloudFun（離線下載工具）	使用者只要透過此工具設定要下載的檔案後，即可於雲端下載檔案，離線也不影響下載進度

得分區塊練

(C)1. 下列有關Google表單的敘述，何者有誤？
(A)可用來設計測驗卷並於作答者測驗完成後即可得知成績
(B)使用「核取方塊」題目類型，可設計多個選項可選多個的題目
(C)若要讓受訪者能輸入多行文字，應設定該題目為「簡答」題目類型
(D)題目中有要求受訪者上傳檔案，該名受訪者須先登入Google帳號才可傳送。

1. 「詳答」題目類型：可讓受訪者輸入多行文字。

(A)2. 下列何者是一款線上電子白板軟體，可讓多人同步發揮想法，將想表達的文字、圖案記錄在線上電子白板上，並將眾人討論的成果儲存在雲端硬碟中？
(A)Google Jamboard　　(B)FileCloudFun
(C)WeViDeo　　(D)Google繪圖。

2. FileCloudFun：離線下載工具；
WeViDeo：線上影音剪輯工具；
Google繪圖：線上繪圖工具。

數位科技應用 滿分總複習

滿分晉級

★新課綱命題趨勢★
情境素養題

▲閱讀下文，回答第1至2題：

身為學生會長的明倫想設計一份校慶園遊會的事前調查問卷，詢問全校各班同學攤位要販賣的商品為何。他利用Google表單設計一份問卷，問卷中設定有受訪者的姓名、性別、班級、想開設的攤位（如飲料攤、烤肉攤、遊樂攤等），以及擺攤的建議。

(D)1. 明倫設計的問卷中有2題題目分別為：
① 「想開設的攤位」題目可讓受訪者勾選多個選項。
② 「讓受訪者填寫意見」題目可讓受訪者撰寫多行文字。
請問他應該如何在Google表單中設定這2題的題目類型呢？
(A)選擇題、簡答　(B)選擇題、詳答　(C)核取方塊、簡答　(D)核取方塊、詳答。[7-4]

1. 「核取方塊」題目類型：多個選項可選多個；「詳答」題目類型：可輸入多行文字。

(A)2. 下列何者不是明倫在使用Google表單時，可傳送表單連結給受訪者的方式？
(A)寄掛號給受訪者
(B)透過社群網站發布給受訪者
(C)提供表單連結給受訪者
(D)透過E-mail傳送給受訪者。[7-4]

精選試題

7-1 (C)1. 下列何者不是常見的雙步驟認證？
(A)網站透過簡訊（或語音通話）傳遞驗證碼給使用者，使用者輸入該驗證碼後才能登入網站
(B)在行動裝置上接收網站傳送的「身分認證」提示，按確認鈕後，才能登入網站
(C)透過防毒軟體確認網站安全性
(D)使用硬體安全金鑰與裝置連接進行認證。

(B)2. 當使用者的帳號密碼被陌生裝置登入時，網站會透過發送訊息至使用者的手機或另一組電子信箱，以確認是否為本人登入。請問此項功能為何？
(A)雙步驟驗證　(B)帳號備援資訊　(C)設定隱私權　(D)匯出帳號資料。

(A)3. 下列何者可以用來代表使用者在網站上的身分？
(A)網路帳號　　　　　　　(B)個人頭貼
(C)網路暱稱　　　　　　　(D)出生年月日。

3. 網路帳號代表使用者在網站上的身分，常會以電子郵件地址、手機號碼、身分證統一編號等做為使用者的網路帳號，並設定密碼。

7-2 (B)4. 下列有關雲端儲存的敘述，何者錯誤？
(A)雲端相簿可將電腦或手機裡的照片備份到雲端
(B)使用iOS裝置，其LINE訊息會自動備份至Google雲端硬碟
(C)iCloud是Apple公司的雲端儲存空間
(D)雲端儲存是透過應用程式將檔案資料存放到雲端的一種資料儲存方式。

4. 使用iOS裝置，其LINE訊息會自動備份至iCloud。

7-4 (D)5. 下列有關Google日曆的敘述，何者錯誤？
(A)具備共享功能
(B)Google日曆的活動是指在一段時間內要做的事情
(C)Google日曆的提醒功能是提醒使用者在什麼時間要做什麼事
(D)Google日曆中的工作是指一項在過去某一個特定時間點已完成的事情。

5. Google日曆中的工作是指一項在將來某一個特定時間點要開始或完成的事情。

第7章 網路帳號與雲端應用

(D)6. 阿美要製作一份問卷，問卷中的題目類型有讓受訪者只能輸入一行文字的題目（如輸入姓名），也有讓受訪者在等間距的刻度選項中選一個答案的題目（如滿意程度），她最可能是使用Google表單中的哪2個題目類型？
(A)詳答、線性刻度　(B)詳答、核取方塊　(C)簡答、核取方塊　(D)簡答、線性刻度。

(D)7. 下列何者最不適合使用Google表單來製作？
(A)餐廳滿意度問卷　(B)隨堂測驗卷　(C)產品試用問卷　(D)產品行銷海報。

(B)8. 阿文想要與居家隔離的同事進行多人視訊會議，他可以使用下列哪一款雲端工具呢？
(A)Microsoft 365　(B)Google Meet　(C)WeViDeo　(D)FileCloudFun。

8. Microsoft 365：雲端版辦公室軟體；
 WeViDeo：線上影音剪輯工具；
 FileCloudFun：離線下載工具。

統測試題

▲閱讀下文，回答第1～2題：

數學老師要請全班50位同學，每一位同學都喝一杯手搖飲。老師請小明用Google表單設計一份問卷，讓全班同學能各自上網登記，小明再依據登記後的資料進行採購，數學老師並可做後續的統計分析。老師與小明討論Google表單設計理念須達到使用者易於使用（User Friendly），即提供同學明確資訊，減少手動輸入資料內容，避免造成輸入錯誤而影響後續統計分析。另外表單設計分為兩區段，第一區段基本資料與第二區段點餐資料，共5項輸入資料。如下表①～⑤所示：

第一區段	第二區段
①姓名 ②性別	③手搖飲種類十選一 ④手搖飲甜度五選一（正常甜、七分甜、五分甜、三分甜與無糖） ⑤手搖飲冰塊量四選一（正常冰、少冰、微冰與去冰）

(C)1. 小明熟悉5種Google表單問題類型：(甲)簡答、(乙)選擇題、(丙)下拉式選單、(丁)核取方塊與(戊)線性刻度，其依據輸入資料的屬性選用問題類型，下列組合何者最適合？　[111商管群]

	(甲)簡答	(乙)選擇題	(丙)下拉式選單	(丁)核取方塊	(戊)線性刻度
(A)	①	②	③	④	⑤
(B)	①	③	②		④⑤
(C)	①	②	③④⑤		
(D)	②	①	③	④⑤	

(D)2. 有關Google表單的敘述，下列何者錯誤？
(A)Google表單除方便製作線上問卷也可以線上考試
(B)當所有同學填寫表單後，小明可以用回覆鈕追蹤同學回覆的內容
(C)小明將問卷設計完後，可以使用連結的方式傳給班上所有同學來填寫問卷
(D)數學老師可用Google文件直接統計分析回覆資料，如：最受歡迎的飲料種類。
[111商管群]

2. 在Google表單中，預設可按 ➕ 鈕直接在Google試算表中開啟回覆資料進行分析統計。

(A)3. 設計線上問卷，當詢問不特定受測者資料時，下列哪一種資料較適合使用下拉式選單的表現形式來設計？　(A)星座　(B)姓名　(C)電子郵件信箱　(D)手機號碼。　[111工管類]

3. 姓名、電子郵件信箱、手機號碼皆適合使用簡答。

4. Azure雲端運算平台是提供給企業資訊開發團隊使用的雲端運算平台，可協助企業用於資料倉儲、巨量資料上的進階分析等應用。

(D)4. 下列哪一項的主要服務不屬於雲端儲存服務？
(A)OneDrive　(B)Google雲端硬碟　(C)iCloud　(D)Azure。　　　　　　　[112商管群]

(B)5. 下列何者是資訊系統帳號密碼設定與使用的良好做法？
(A)密碼可依鍵盤排列順序來設定，既具備高複雜度又方便記憶
(B)密碼盡量包含英文大小寫與數字的組合，且個人不同帳號的密碼避免重複
(C)增強密碼的長度與複雜度之後，把密碼寫在紙上並壓在鍵盤底下可避免忘記
(D)密碼中可包含個人的資訊，例如電話號碼，這樣易形成與別人密碼不同的效果。
[113工管類]

(D)6. 小張某天收到交友網站所傳來的簡訊，簡訊中有一來路不明的網站連結，該網站要求提供姓名、電話、身分證字號及信用卡卡號等個人的機敏資料，基於保護個人資料的原則，下列何者是小張在提供這些個人資料前應該採行的因應作為？
(A)配合提供以加快入會流程
(B)借用他人個人資料完成入會流程
(C)嘗試入侵該網站取得他人個人資料
(D)確認該網站的隱私政策與個人資料保護方式後再行決定。　　　　　　　[113工管類]

(B)7. 用Google表單製作問卷時，①至⑤的情境敘述，下列哪一個選項的組合完全正確？
①人類血型可用 "選擇題" 提供點選
②用一個 "下拉式選單" 可完成多種興趣的選擇
③個人姓名及電話可用 "線性刻度" 給予直接填寫
④提供5個開會時間可用 "核取方塊" 給予勾選有空時段
⑤可用 "簡答" 並搭配Shift + Enter組合鍵可進行多行輸入
(A)①、②　(B)①、④　(C)③、④　(D)③、⑤。　　　　　　　　　　　　[114商管群]

7. ①血型種類少（如A、B、O、AB），可用「選擇題」從多個選項只選一個血型；
②下拉式選單只能選一個項目，不能符合選擇多種興趣，應使用「核取方塊」；
③線性刻度無法用來填寫個人姓名及電話，應使用「簡答」；
④核取方塊可多選，適合用來選擇多個有空的時段；
⑤「簡答」只適合單行輸入，要多行輸入應使用「詳答」。

第 8 章 雲端影音資源與行動裝置App之應用

8-1 雲端影音資源之應用

一、常見的雲端數位影像／影音資源

雲端數位資源	網站	說明
影像資源	Pixabay	提供高畫質影像，並以CC0授權方式供使用者使用
	Flickr	知名網路相簿，照片是以創用CC授權方式供使用者使用
影音資源	KKBOX	提供音樂串流服務的平台，使用者付費後，即可透過網路播放在雲端上的歌曲
	Spotify	源自瑞典，提供音樂串流服務的平台，是目前全球最大的雲端音樂平台 （推出音樂MV以強化音樂體驗，並非轉型為影音串流平台）
	YouTube	源自美國的影音分享網站，使用者可上傳、觀賞、分享及評論影片
	NETFLIX	源自美國的線上影音串流服務平台，內容包含影集、電影等，影片大多由電視台、製片公司製作並授權播放
	Facebook Watch	為Facebook提供的影音平台，使用者可上傳原創影片，也可追蹤、分享自己喜歡的影片

1. 隨選視訊（Video On Demand, VOD）：是一種將影音數位內容儲存於伺服器上，由使用者自行決定要收看的節目。常見的隨選視訊觀賞方式有：
   a. 以電腦、智慧型手機、平板電腦等裝置登入網路伺服器後觀賞節目。
   b. 在電視上安裝機上盒（如中華電信MOD）觀賞節目。
   c. 在智慧電視（內建機上盒功能）上觀賞節目。

B8-1

2. **網路直播**（Live Streaming）：是一種網路即時影音服務，使用者可透過電腦、智慧型手機、平板等裝置來收看網路直播。常見的網路直播平台有：

主要類型	常見的直播平台	說明
遊戲型	Twitch	平台提供遊戲玩家進行遊戲過程的實況、螢幕分享或遊戲賽事轉播
才藝互動型	浪Live、17LIVE、Uplive	平台提供直播主歌唱才藝、樂器演奏、變魔術等表演

→ YouTube、Instagram、Facebook等社群網站也有提供直播功能，讓使用者可進行直播。

二、YouTube的基本介紹

1. 基本功能說明（注意！YouTube網站介面隨時會更新，請以實際網站介面為準）

功能	說明
登入鈕	需以Google帳號登入，登入後就會看到自己的使用者名稱，有些功能必須登入後才能使用（如上傳影片等）
上傳影片／直播鈕	登入後，按 鈕成為 鈕（電腦版）即可上傳影片或進行直播
搜尋欄	可輸入關鍵字搜尋想觀看的影片（如天竺鼠車車等）
篩選器	可依篩選條件篩選搜尋結果，如篩選上傳日期、類型、片長、屬性、排序依據等項目
瀏覽區	會顯示許多個導覽項目，如首頁、發燒影片。另外，登入後，還可看到訂閱內容、媒體庫等
影片控制區	提供控制影片的按鈕，如播放鈕、暫停鈕、下一個影片鈕、音量鈕
影片設定區	設定開啟／關閉自動播放影片、顯示／隱藏註解、播放速度、開啟／關閉字幕、播放畫質
播放模式區	設定影片播放模式： • 劇院模式：播放器會展開至瀏覽器的寬度 • 迷你播放器模式：播放器會縮小至瀏覽器的右下方 • 全螢幕模式：播放器會展開至整個螢幕的大小
影片資訊區	顯示影片名稱、影片觀看次數、影片上傳日期等資訊
頻道資訊區	顯示頻道名稱、訂閱人數、頻道訂閱鈕

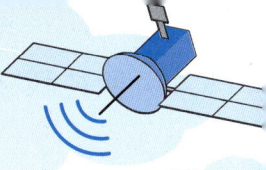

2. **頻道**：使用者在YouTube上的**公開身分**。

3. **訂閱頻道**：在使用YouTube時，可**訂閱**自己喜歡的頻道，訂閱頻道時，訂閱者可選擇以下接收通知的方式：

接收通知的方式	說明
所有通知（全部）	只要該頻道有上傳影片或進行直播時，訂閱者就會收到通知
個人化通知	YouTube會根據訂閱者的觀看記錄、觀看頻率等因素，來決定發送通知給訂閱者的時機
不接收通知（無）	表示訂閱者不想收到任何通知

4. **建立頻道**：當使用者以Google帳號登入YouTube後，必須先建立頻道，才能留言及上傳影片。一個帳號可以建立多個不同的頻道。

5. **建立播放清單**：播放清單即是許多個影片的合輯，使用者可以隨意組合播放清單裡的影片，並給予播放清單一個主題，以方便分類、瀏覽及分享。

6. **分享影片**：可分享自己喜歡的影片、播放清單或頻道至社群網站，或直接分享影片連結，也可指定從某個特定時間點開始觀看分享的影片。

7. **檢舉影片**：發現YouTube中有不當的內容（如暴力、色情等），可**檢舉**該影片，送交YouTube審查。

8. **設定影片瀏覽權限**：使用者可自行上傳影片至YouTube並進行編修，影片上傳後，必須填寫影片相關資訊（如影片標題、說明、影片類別等），設定瀏覽權限，並將影片**發布**，影片可設定的瀏覽權限有以下3種：

瀏覽權限	說明
公開	所有使用者均可看
不公開	知道網址者才能觀看
私人	自己及自己所選擇的友人才能觀看

9. 為影片新增字幕：在YouTube中，可為影片加入字幕，讓觀看影片的人能輕鬆理解影片的內容。新增字幕的方法有：

   a. **上傳檔案**：上傳含有文字及顯示時間的**字幕檔**。

   b. **自動同步**：使用**語音辨識**技術，自動為影片產生字幕。

   c. **手動輸入**：透過**字幕**功能以手動輸入的方式來新增字幕。

10. 為影片加入音樂：可使用YouTube音效庫中提供的免費音樂／音效，並透過「YouTube工作室」提供的影音編輯器為影片加入音效，也可將音效下載後使用影音編輯軟體編輯再上傳。

11. YouTuber賺取收益的方式：

方式	規定	說明
廣告分潤	• 年滿18歲（若未滿18歲須有法定監護人） • 頻道訂閱人數需達1千人 • 過去的一年內需累積4千小時的觀看時數 • 符合上述條件申請成為YouTube合作夥伴，並開啟營利功能	YouTube的「廣告分潤」計算機制，主要是依據影片觀看者是否有觀看影片中的廣告、是否有點擊廣告來給予相對應的抽成比例
收取頻道會員的月費	• 年滿18歲 • 頻道訂閱人數超過3萬人	讓觀看者成為你的頻道會員，YouTube從會員收益提撥70%給創作者，並給予徽章、表情符號和其他的會員專屬獎勵（如獨家花絮影片）等
在商品專區販售商品	• 年滿18歲 • 頻道訂閱人數超過1萬人	可在商品專區展售頻道周邊商品（如YouTuber自創T恤）
販賣超級留言特權的收益	• 年滿18歲 • 須居住在適用此功能的國家／地區（如臺灣、日本）	讓購買者在聊天室留言時享有特權（如可將留言置頂讓YouTuber在眾多留言中優先看到）

12. 數據分析：透過「YouTube工作室／頻道數據分析」可檢視頻道的觀看次數、觀看時長、訂閱人數、曝光次數、曝光點閱率、觀眾年齡、觀眾性別等數據。

得分區塊練

(B)1. 下列何者不是YouTube的影片播放模式？
(A)全螢幕模式　　　　　　　　(B)電影院模式
(C)迷你播放器模式　　　　　　(D)劇院模式。

> 1. YouTube的影片播放模式有全螢幕模式、迷你播放器模式、劇院模式。

(A)2. 小布在YouTube中，訂閱了「野人七號部落」的頻道，他希望只要該頻道有上傳影片或進行直播時，就會收到通知。他可以設定哪一種收到通知的方式？
(A)所有通知　(B)個人化通知　(C)不接收通知　(D)公開。

> 2. 所有通知：只要該頻道有上傳影片或進行直播時，訂閱者就會收到通知。

8-2　行動裝置App之應用

1. 在「食」的應用：

App的種類	常見的App
美食外送	Foodpanda、Uber Eats
美食搜尋	愛食記、食在方便
餐廳訂位	E排客、EZTABLE簡單桌
食譜分享	愛料理、Cookpad

2. 在「衣」的應用：

App的種類	常見的App
服飾訂購	WEAR、Codibook
服飾穿搭	Smart Closet掌上衣櫥、Your Closet
衣物送洗	台灣大洗e、SparKlean Laundry

3. 在「住」的應用：

App的種類	常見的App
房屋仲介	591房屋交易、好屋網買屋、實價好好查
室內設計	設計家、100室內設計
訂房服務	Hotels.com、Airbnb

4. 在「行」的應用：

App的種類	常見的App
道路交通資訊	國道路況即時影像、Google Maps、Waze、停車大聲公、車麻吉、高速公路1968、國道一路通、i68、Papago
大眾運輸資訊	台灣捷運Go、台鐵列車動態、桃園機場航班資訊、雙鐵時刻表、台灣公車通
交通共享	GoShare、USPACE停停圈
叫車服務	呼叫小黃、台灣大車隊

5. 在「育」的應用：

App的種類	常見的App
語言學習	Cake、VoiceTube、Lingvist、超級單字王、希平方
線上自學	Coursera、TED、edX線上課程、Udemy線上課程
線上題庫	阿摩線上測驗、PaGamO

6. 在「樂」的應用：

App的種類	常見的App
影音播放	Spotify、LiTV、KKTV
手機遊戲	傳說對決、極速領域、Pokémon Go
動漫小說	LINE WEBTOON、漫畫貓、火熱小說

7. 在其他方面的應用：

App的種類	常見的App
理財記帳	記帳城市、小豬記帳本、CWMoney、AndroMoney
看診掛號	台大醫院行動服務、馬偕行動掛號、長庚e指通服務
大考落點分析	高中生甘單、大學生甘單、大學指考錄取分數
約會交友	Tinder、Pairs派愛族、緣圈
行動支付	LINE Pay、街口支付、Pi拍錢包
雲端發票	雲端發票、發票存摺、發票載具
政府服務	中央健康保健署的「全民健保行動快易通」、內政部警政署的「警政服務」、內政部的「行動自然人憑證」

得分區塊練

(D)1. 小瀚想規劃寒假與家人環島旅行，他想利用訂房App快速預定住宿旅館。請問下列何者屬於訂房App？
　　(A)591房屋交易　　(B)Spotify
　　(C)USPACE停停圈　(D)Hotels.com。

　　1. 591房屋交易是房屋仲介App；Spotify是雲端數位影音資源平台；USPACE停停圈是交通共享App。

(A)2. 下列何者不屬於政府提供的便民App服務？
　　(A)USPACE停停圈　(B)行動自然人憑證
　　(C)警政服務　　　(D)全民健保行動快易通。

第8章 雲端影音資源與行動裝置App之應用

滿分晉級

★新課綱命題趨勢★
情境素養題

▲閱讀下文，回答第1至2題：

美靜是一名智慧型手機重度使用者，她生活上的大小事都會使用App來協助達成，美靜與朋友分享她經常使用的App，例如：使用「Uber Eats」外送餐點到家裡、使用「Airbnb」訂旅遊的住宿房間、使用「GoShare」租用共享電動機車、使用「車麻吉」玩賽車手機遊戲、使用「台灣捷運Go」查詢高雄捷運路線。

1. 「車麻吉」是一款提供道路交通資訊及停車位搜尋的App。

(D)1. 美靜分享的App資訊內容中，有一項敘述錯誤，請問是哪一項呢？
(A)使用「Uber Eats」外送餐點到家裡
(B)使用「Airbnb」訂旅遊的住宿房間
(C)使用「GoShare」租用共享電動機車
(D)使用「車麻吉」玩賽車手機遊戲。

2. Your Closet是服飾穿搭App；
Cookpad是食譜分享App；
漫畫貓是動漫小說App；
Waze是道路交通資訊App。 [8-2]

(A)2. 美靜最近覺得自己的穿搭風格該做些調整，你會推薦美靜使用哪一款App幫助她規劃每日穿搭？ (A)Your Closet (B)Cookpad (C)漫畫貓 (D)Waze。 [8-2]

(B)3. 阿財最喜歡在各種平台收看網路直播，並與直播主進行互動，他甚至為了受到直播主關注還會打賞直播主，請問下列何者最不可能是阿財所使用的直播平台？
(A)17LIVE (B)NETFLIX (C)Uplive (D)Twitch。 [8-1]

3. NETFLIX：是一款源自美國的線上影音串流服務平台，內容包含影集、電影等，影片大多由電視台、製片公司製作並授權播放。

精選試題

1. Pixabay為雲端數位影像平台，提供高畫質影像，並以CC0授權方式供使用者使用。

8-1
(A)1. 下列何者不是常見的雲端數位影音平台？
(A)Pixabay (B)YouTube (C)NETFLIX (D)Spotify。

(B)2. 阿拓想要將自己拍攝的影片上傳至YouTube，他只想讓知道該網址的人觀看他的影片，請問他應該將觀看影片的權限設定為何？
(A)公開 (B)不公開 (C)私人 (D)半公開。

2. 公開：所有使用者均可看；
不公開：知道網址者才能觀看；
私人：自己及自己所選擇的友人才能觀看。

(C)3. 觀看YouTube影片時，若想將影片播放模式設定為「全螢幕模式」，則須按哪一個按鈕才能達成？ (A)▢ (B)▢ (C)▣ (D)▶。

(A)4. 下列何者是常見的雲端數位影像資源平台？
(A)Flickr (B)KKBOX (C)YouTube (D)NETFLIX

4. KKBOX、YouTube、NETFLIX皆為雲端數位影音資源平台。

(C)5. 在YouTube搜尋影片時，可透過下列何者來縮小搜尋範圍，使找到的影片更符合自己的需求？ (A)權限設定 (B)分享功能 (C)篩選器 (D)建立播放清單。

(A)6. 下列有關VOD之敘述，何者有誤？ (A)隨選視訊（Very On Demand） (B)可使用智慧型手機觀賞節目 (C)是一種將影音數位內容儲存於伺服器上，由使用者自行決定要收看的節目 (D)在電視安裝機上盒即可觀賞節目。

6. 隨選視訊（Video On Demand, VOD）。

8-2
(D)7. 欣潔望著窗外的小雨，不想出門的她想利用美食外送App，請專人將餐點送達到家。請問下列何者為美食外送App？ (A)愛料理 (B)Airbnb (C)PaGamO (D)Uber Eats。

(B)8. 亦茹想利用課餘時間學習新的知識，下列哪一個App不適合推薦給她用？
(A)Coursera (B)SparKlean Laundry (C)edX線上課程 (D)TED。

8. SparKlean Laundry是衣物送洗App。

B8-7

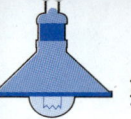

數位科技應用 滿分總複習

統測試題

1. 影片可設定的瀏覽權限有以下3種：
   - 公開：所有使用者均可看。
   - 不公開：知道網址者才能觀看。
   - 私人：自己及自己所選擇的友人才能觀看。

   故僅供專題小組成員觀看學習，適合將影片瀏覽權限設定為私人。

(A)1. 小鐘是專題老師的助理，要將老師示範的影片上傳Youtube且僅供專題小組成員觀看學習，有關Youtube的操作過程中，登入後：①在Youtube網頁右上角按鈕的操作及②後續設定瀏覽權限，下列何者正確？
(A)①按下 ▣► 成為 ▣ ，②私人
(B)①按下 ▣ 成為 ▣► ，②私人
(C)①按下 ▣► 成為 ▣ ，②不公開
(D)①按下 ▣ 成為 ▣► ，②不公開。 [113商管群]

統測考試範圍

單元 5

影像處理應用

學習重點　本篇最常考**影像的色彩模式**，連續考了至少7年以上
這次第9章考3題，還出現進階延伸題，務必熟記公式並加強練習

章名	常考重點	
第9章 影像處理	• 影像處理簡介 • 點陣影像的屬性 • 影像的色彩模式 • 影像的色彩類型	★★★★☆
第10章 PhotoImpact影像處理軟體	• PhotoImpact簡介 • PhotoImpact基本操作與 　影像美化	★★☆☆☆

統測命題分析　最新統測趨勢分析（111～114年）

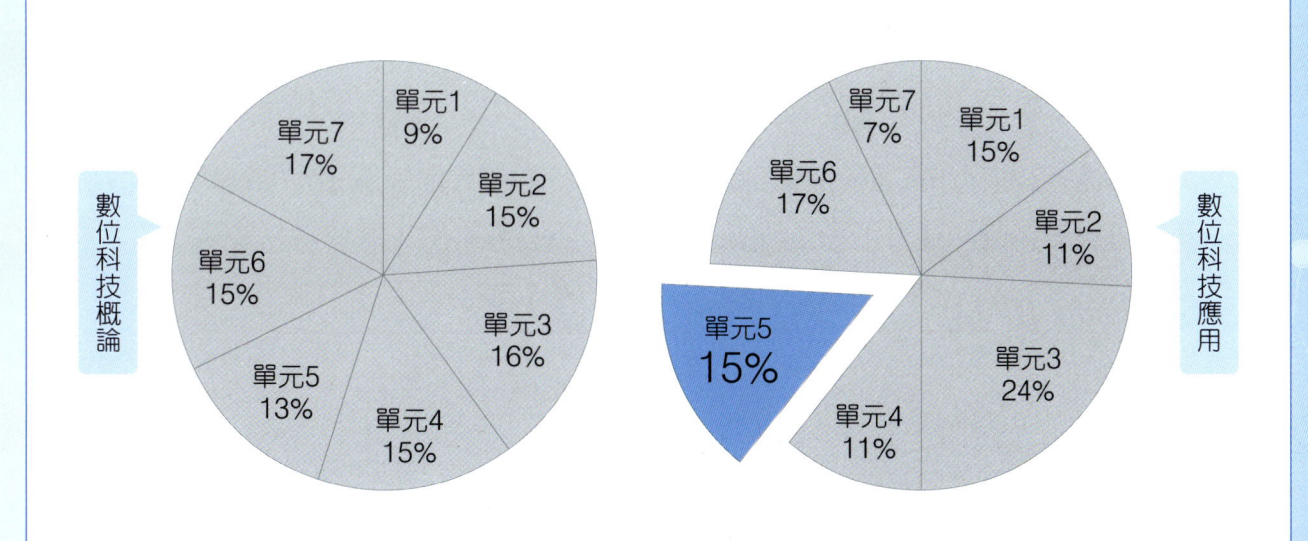

數位科技概論

- 單元1 9%
- 單元2 15%
- 單元3 16%
- 單元4 15%
- 單元5 13%
- 單元6 15%
- 單元7 17%

數位科技應用

- 單元1 15%
- 單元2 11%
- 單元3 24%
- 單元4 11%
- 單元5 15%
- 單元6 17%
- 單元7 7%

第 9 章 影像處理

📌 統測這樣考

(A)45. 列印輸出解析度的單位是dpi（dot per inch），表示每英吋包含的印刷點數。有一張未經壓縮全彩影像點陣圖檔的大小為300 KBytes，若設定列印輸出解析度為200 dpi，則該圖檔的列印尺寸為下列何者？
(A)2英吋 × 1.25英吋　　(B)2英吋 × 1.5英吋
(C)2.25英吋 × 1.25英吋　(D)2.25英吋 × 1.5英吋。
[112商管]

9-1 認識影像處理

一、影像處理簡介　114

1. 透過手機、數位相機、攝影機、網路攝影機、掃描器等設備，以及在光碟圖庫、網際網路中來取得數位影像。

2. 影像處理：是指利用電腦軟體編修及處理影像的工作。

3. 常見的影像處理軟體：Photoshop、PhotoImpact、PhotoScape、GIMP、PhotoCap、Photopea等，其中PhotoScape、PhotoCap為免費的軟體，Photopea為免費的線上軟體。

二、點陣影像的屬性　102　104　109　112　114

1. 解析度：點陣影像每英吋所包含的像素數量，單位為**ppi（pixels per inch）**[註]，如300ppi。影像的**解析度越高，影像越細緻**。

2. 像素尺寸：以影像像素的數量來表示影像大小，表示方式為「**寬的像素 × 高的像素**」，如800 × 600、1,024 × 768。

3. 列印尺寸：以影像印出的尺寸來表示影像的大小，計算方法為

$$(寬的像素 \div 解析度) \times (高的像素 \div 解析度)$$

🔧 穩操勝算

一張像素尺寸為1,200 × 1,800、解析度為300ppi的影像，其列印尺寸為何？

答 4 × 6平方英吋

解 $\dfrac{1,200}{300} \times \dfrac{1,800}{300} = 4 \times 6$

♻ +1 題

一張列印尺寸為4 × 6吋、解析度為72ppi的影像，其像素尺寸為何？

答 288 × 432

解 $(4 \times 72) \times (6 \times 72) = 288 \times 432$

註：也可以dpi（dots per inch）為單位來表示解析度。

統測這樣考

(B)43. 假設有一張點陣圖，其長寬的像素為3600 × 2400，若以300像素／英吋列印時，會列印出長寬各是多少英吋的點陣圖？ (A)長寬各為1.2、0.8 (B)長寬各為12、8 (C)長寬各為12、12 (D)長寬各為36、24。 [109商管]

得分區塊練

1. (3 × 100) × (2 × 100) = 60,000。

(D)1. 一張長3英吋、寬2英吋的圖片，若其解析度為100ppi，則此圖片內含多少像素（pixel）？ (A)500 (B)600 (C)50,000 (D)60,000。

(C)2. 若一張影像的大小為900 × 600像素（Pixels），且其解析度為300ppi，則其列印尺寸為何？
(A)2.7吋 × 1.8吋　　(B)3公分 × 2公分
(C)3吋 × 2吋　　(D)27公分 × 18公分。

(A)3. 電腦繪圖的解析度，最小單位面積為？
(A)Pixel (B)Inch (C)Degree (D)Bit。

2. $\frac{900}{300} \times \frac{600}{300} = 3吋 \times 2吋$。

[技藝競賽]

統測這樣考

(D)44. 關於色彩的敘述，下列何者正確？
(A)彩色螢幕使用的色彩三原色是R（紅）、G（灰）、B（藍）
(B)將RGB的色彩三原色等量混合成白色，這種混色模式稱為減色法
(C)色彩的三要素是色調（tone）、明度（brightness）及飽合度（saturation）
(D)彩色印刷時採用之CMYK模式的四種標準顏色是：青、洋紅、黃、黑。 [114商管]

9-2 影像的色彩模式與類型

一、光與色彩

1. 光是屬於電磁波的一種，電磁波依波長的不同可區分為無線電波、微波、紅外線、可見光、紫外線、X射線等，其中，「可見光」就是我們看到的「光」。

2. 可見光本身並沒有顏色，但人類的眼睛對不同波長的可見光，會有不同的色彩反應，例如700奈米的可見光會讓人產生看見紅光的感覺；400奈米的可見光則會讓人產生看見紫光的感覺。

3. 科學家牛頓使用三稜鏡將陽光分離出紅、橙、黃、綠、藍、靛、紫等七色光，這種彩虹色光稱為光譜（spectrum）。

統測這樣考

(D)31. 如果某種RGB色彩模式中R、G、B之顏色變化各分別以16位元表示，該種色彩模式共可以表示多少種顏色？
(A)2^{16} (B)2^{24} (C)2^{32} (D)2^{48}。[110工管]

二、色彩模式 〔103〕〔106〕〔109〕〔110〕〔111〕〔114〕

1. RGB色彩模式：

a. R（Red，紅）、G（Green，綠）、B（Blue，藍）是光的三原色。

◎五秒自測　光的三原色是指哪三種顏色？紅、綠、藍。

b. 多數軟體是以8 bits來記錄各個原色，故每個原色從最暗到最亮共有256種（$2^8 = 256$）不同的亮度（數值為0～255），其中0最暗，255最亮。

> **統測這樣考**
> (C)25. 在RGB的色彩模式中，有一像素的RGB值為 000000_{16}，該像素在螢幕會呈現下列哪一種顏色？
> (A)白色 (B)紅色 (C)黑色 (D)綠色。　　　[109工管]

c. 將RGB三原色依不同的亮度加以混合，可產生各種不同的顏色。顏色的表示方式可用各原色的10進位值，也可用**#**字號加**16進位值**色碼（常應用於網頁設計）來標示色彩：

RGB組合	色碼（16進位）	顏色
(255, 255, 255)	#FFFFFF	白色
(0, 0, 0)	#000000	黑色
(255, 0, 0)	#FF0000	紅色
(0, 255, 0)	#00FF00	綠色
(0, 0, 255)	#0000FF	藍色
(255, 255, 0)	#FFFF00	黃色
(255, 0, 255)	#FF00FF	洋紅色
(0, 255, 255)	#00FFFF	青色

$255_{10} = FF_{16}$

	R	G	B
10進位	(255,	255,	0)
16進位	# FF	FF	00

d. 將RGB原色加以混合，色彩會越加越亮，故此種混色法又稱為**加色法**。

2. CMYK色彩模式：

　a. **C**（Cyan，青）、**M**（Magenta，洋紅）、**Y**（Yellow，黃）為**顏料的三原色**。

　b. 將CMY以最高濃度混合，只能產生近似黑色的顏色，因此在印刷實務上，會加上**K**（blac**K**，黑色），並將K色獨立，以印出純黑色，所以**CMYK**即為印刷所使用的4種油墨顏色。

　c. 每種油墨顏色從最亮到最暗以0～100%表示。

　d. 將CMYK依不同比例混合，可產生各種不同的顏色，例如：

CMYK組合	顏色
(0, 0, 0, 0)	白色
(0, 0, 0, 100)	黑色
(100, 100, 100, 0)	近似黑
(100, 0, 0, 0)	青色
(0, 100, 0, 0)	洋紅色
(0, 0, 100, 0)	黃色
(100, 100, 0, 0)	藍色
(100, 0, 100, 0)	綠色
(0, 100, 100, 0)	紅色

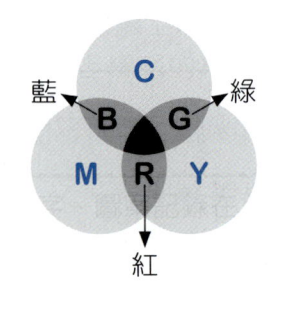

　e. 將CMYK加以混合，色彩會越加越暗，故此種混色法又稱為**減色法**。

> **統測這樣考**
>
> (A)44. 有關影像的色彩模型敘述，下列何者正確？
> (A)RGB的混色方式稱為加色法
> (B)HSB是以混合光的三原色來表示各種顏色
> (C)CMYK之青色、洋紅色、黃色及黑色各以0～255的數值來表示
> (D)電視、電腦及手機等螢幕呈現的色彩是使用CMYK的混色方式。[111商管]

3. RGB vs. CMYK：

色彩模式	原色	混色法	應用
RGB	紅（**R**ed）、綠（**G**reen）、藍（**B**lue）	加色法	螢幕顯示
CMYK	青（**C**yan）、洋紅（**M**agenta）、黃（**Y**ellow）、黑（blac**K**）	減色法	印刷輸出

螢幕顯示 → 電視、電腦、手機、平板等螢幕

● **五秒自測**　CMYK是指哪四種顏色？　青、洋紅、黃、黑。

4. HSB色彩模式：

   a. 傳統的色彩學中，人們習慣採用H（Hue，色相）、S（Saturation，彩度）、B（Brightness，明度）等三元素來描述顏色。

   - **色相**：色彩的種類，以0°～360°的光線反射角度來表示，例如紅色（0°）、黃色（60°）、綠色（120°）等。
   - **彩度**：色彩中的單色含量，以0%～100%來表示，單色含量越高，色彩會越鮮艷。
   - **明度**：色彩的明亮程度，以0%～100%來表示，明度越高，色彩越亮（100%代表最亮的白色）；明度越低，色彩越暗（0%代表最暗的黑色）。

   b. 將HSB依不同比例混合，可產生各種不同的顏色，例如：

HSB組合	顏色
(　 0°，　 0%, 100%)	白色
(　 0°，　 0%, 　 0%)	黑色
(　 0°, 100%, 100%)	紅色
(60°, 100%, 100%)	黃色
(120°, 100%, 100%)	綠色
(180°, 100%, 100%)	青色
(240°, 100%, 100%)	藍色
(300°, 100%, 100%)	洋紅色

> **統測這樣考**
>
> (D)44. 下列有關印刷四原色CMYK之敘述，何者錯誤？
> (A)K是指黑色
> (B)該混色模式是屬於減色法
> (C)CMYK中每種原色有101種變化
> (D)以(100%, 100%, 100%, 0%)比例混合所得顏色為白色。[110商管]

數位科技應用　滿分總複習

三、色彩類型　[105] [107] [112] [114]

統測這樣考

(B)44. 某一廠牌14吋螢幕，解析度設定為1920 × 1080，捕捉全螢幕畫面並存成全彩RGB點陣圖，其檔案大小為何（四捨五入小數點2位）？
(A)1.98 MBytes　　(B)5.93 MBytes
(C)27.72 MBytes　(D)83.02 MBytes。　[112商管]
解：1,920 × 1,080 × 24 bits = 49,766,400 bits ÷ 8 ÷ 1,024 ÷ 1,024 = 5.93 MBytes。

1. 常見的色彩類型：

色彩類型		記錄像素點色彩使用的位元（bit）數	最多可記錄的色彩數	佔用的儲存空間
黑白		1	2（2^1）即黑、白兩色	最小
灰階		8	256（2^8）黑、白及不同深淺的灰，共256色	中等
彩色	16色	4	16（2^4）	較小
	256色	8	256（2^8）	中等
	全彩	24	16,777,216（2^{24}）	最大

a. 全彩依照使用的位元數有所分別，除了上表中的24bits全彩，還有32bits全彩、48bits全彩…等。使用的位元數越多，可表現出越豐富的色彩。

b. 全彩類型是以RGB三原色來記錄色彩，以24bits全彩為例，每一原色以8bits來記錄色彩，三原色共需使用24bits，故可表現出2^{24}種顏色。

2. **黑白**影像適合呈現文字或線條。

3. **灰階**影像適合呈現黑白水墨畫、素描等影像。

4. 最多可記錄的色彩數 = $2^{記錄像素點色彩使用的位元數}$。

5. 每像素點記錄色彩的位元數 = $\log_2$最多可記錄的色彩數。

統測這樣考

(C)1. 能表現出256種灰階的灰階影像，是以多少個位元（bit）來表示一個像素（pixel）？
(A)1個位元　(B)4個位元
(C)8個位元　(D)24個位元。　[105商管]
解：2^8 = 256。

💡**解題密技**　記錄色彩的位元數又稱**位元深度**（bit depth），位元深度越多，可記錄的色彩越豐富，但檔案也越大。

統測這樣考

(D)43. 有一張100 × 100像素的全彩影像照片，理論上可以有多少種色彩組合？
(A)100 × 100　(B)2^3 × 100 × 100　(C)$2^{8 × 100 × 100}$　(D)$2^{24 × 100 × 100}$。　[114商管]

穩操勝算

一張全彩影像（24位元），像素尺寸為800 × 600，請問其檔案大小為何？

答　1.38MB

解　800 × 600 × 24bits
= $\frac{800 × 600 × 24}{8}$ bytes
≒ 1.38MB

+1題

請問下列兩張影像所佔的記憶體容量大小，何者較大？
A影像：256色影像（800 × 600）
B影像：全彩影像（320 × 480）

答　A影像

解　A影像 = 800 × 600 × 8
= 3,840,000bits

B影像 = 320 × 480 × 24
= 3,686,400bits

統測這樣考

(B)34. 若甲影像是未壓縮之全彩影像，其長、寬各為400像素，乙影像是未壓縮之256色灰階影像，其長、寬各分別為甲影像的長、寬乘以2，則下列何者為甲影像儲存空間與乙影像儲存空間之比？ (A)3：2 (B)3：4 (C)3：8 (D)1：4。

[108工管]

穩操勝算

一張200 × 300的灰階影像，在未經壓縮的情況下，請問這張影像的檔案大小為何（單位：Byte）？

答 60,000Bytes

解 200 × 300 × 8bits
= $\frac{200 \times 300 \times 8}{8}$ Bytes
= 60,000Bytes

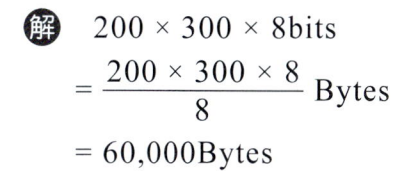

+1題

假設有2張未經壓縮的影像A、B，A是一張全彩影像，大小為600 × 400像素，B是一張灰階影像，大小為800 × 600像素，何者所佔用的儲存空間較小？

答 B影像

解 A影像 = 600 × 400 × 24
= 5,760,000bits

B影像 = 800 × 600 × 8
= 3,840,000bits

6. 色彩總數 vs 色彩組合數的比較：

比較項目	色彩總數	色彩組合數
定義	一張影像中「可記錄的色彩種類總數」	一張影像中「所有可能的色彩搭配組合總數」
說明	分析有多少種顏色可使用	用來了解顏色之間有多少種搭配方式
公式	單個像素的色彩位元數 × 像素數量	$2^{最多可記錄的色彩數 \times 像素數量}$
舉例1	一張2 × 1像素的16色影像，可記錄的色彩總數為 $2^4 \times 2 = 32$ 個 說明 $2^4 = 16$個　　16 + 16 = 32個 每個像素可記錄的色彩數為 $2^4 = 16$ 個（如黑、白、紅、…等） 當2個像素可記錄的色彩總數為 $2^4 + 2^4 = 2^4 \times 2 = 16 \times 2 = 32$ 個 ※每個像素獨立 • 像素1：0～15色選1個，共16個選擇 • 像素2：0～15色選1個，共16個選擇	一張2 × 1像素的16色影像，可搭配出來的色彩組合數為 $2^{4 \times 2} = 2^8 = 256$ 種 說明 $2^4 = 16$種　　16 × 16 = 256種組合 每個像素可搭配出來的色彩組合數為 $2^4 = 16$ 種（如黑、白、紅、…等） 當2個像素可搭配出來的色彩組合數為 $2^4 \times 2^4 = 2^{4 \times 2} = 2^8 = 256$ 種 | 組合 | 像素1 | 像素2 | 配色 | | 1 | 0色 | 0色 | 黑、黑 | | 2 | 0色 | 1色 | 黑、藍 | | ⋮ | ⋮ | ⋮ | ⋮ | | 256 | 15色 | 15色 | 白、白 |
舉例2	一張100 × 100像素的全彩照片（24位元），可記錄的色彩總數為 $2^{24} \times 100 \times 100$	一張100 × 100像素的全彩照片（24位元），可搭配出來的色彩組合總數為 $2^{24 \times 100 \times 100}$

B9-7

穩操勝算
一張100 × 100像素的256色照片，請問這張照片的色彩總數？

答 $2^8 \times 100 \times 100$

+1題
一張灰階影像，像素尺寸為4096 × 2160。請問這張影像總共可以記錄多少個像素色彩？

答 $2^8 \times 4096 \times 2160$

穩操勝算
有一張100 × 100像素的全彩影像照片，理論上可以有多少種色彩組合？

答 $2^{24} \times 100 \times 100$

+1題
一張解析度為800 × 600的256色影像，每個像素可顯示2^8種顏色。請問這張影像理論上可以出現多少種不同的色彩組合？

答 $2^8 \times 800 \times 600$

得分區塊練

(C)1. 噴墨式印表機的墨水有CMYK四個顏色，下列何種顏色不屬於CMYK之一？
(A)青色　(B)洋紅色　(C)洋藍色　(D)黃色。

(A)2. CMYK是常見電腦的色彩模式，其中K表示何種顏色？
(A)黑色　(B)紅色　(C)黃色　(D)青色。

(D)3. 下列關於RGB色盤的敘述何者正確？
(A)可以表示255種不同色階的綠　(B)不能表示灰階
(C)是一種減色法色盤　(D)色彩(125, 0, 125)比色彩(125, 0, 100)亮。

(D)4. 下列色彩類型，何者比較適合處理黑白水墨畫的影像？
(A)黑白　(B)16色　(C)256色　(D)灰階。

(A)5. 一張大小為600 × 800像素（pixels），顏色為256色灰階的影像，所需的記憶體為：
(A)480000bytes
(B)960000bytes
(C)1440000bytes
(D)1920000bytes。

5. 256色灰階影像每個像素點使用8bits（即1byte）來記錄色彩，600 × 800 × 1byte = 480,000bytes。

6. 黑白影像佔用的容量：300 × 200 × 1bit = 60,000bits = 7,500bytes；256色影像佔用的容量：300 × 200 × 1byte = 60,000bytes；60,000 － 7,500 = 52,500bytes。

(A)6. 在Internet應用上，檔案大小影響網路傳輸速度甚鉅，假設影像不做壓縮處理，像素尺寸同為300 × 200的影像，256色影像會比黑白影像多出多少Bytes的傳輸量？
(A)52500　(B)105000　(C)210000　(D)420000。

統測這樣考

(D)42. 關於影像處理的敘述，下列何項正確？　(A)以手機高解析度鏡頭拍攝的照片雖屬於點陣圖，但放大後不會失真　(B)一張解析度4096 × 2160的影像其總像素約為Full HD（1920 × 1080 像素）的2倍　(C)以解析度4096 × 2160儲存一張全彩相片，在未壓縮的情況下，影像檔案的大小約為265 MB　(D)用影像處理軟體將自行拍攝的相片去背、加入宣傳文字合成後，再存成.jpg，可以將該檔案放上公司網站來吸引顧客。　[114商管]

第9章 影像處理

滿分晉級

★新課綱命題趨勢★
情境素養題

▲閱讀下文，回答第1至2題：

小傑和女友一起出遊，抵達知名景點時，他們分別拿出各自的手機拍攝同一個場景，其像素分別為4,800 × 3,200與6,000 × 3,376，小傑喜好復古風格的灰階照片，他女友則喜歡彩色照片。

(D)1. 請問下列有關小傑和女友所拍攝的照片，所用來記錄影像色彩位元數之敘述，何者錯誤？
(A)小傑女友所拍攝的全彩照片最多可記錄16,777,216種色彩
(B)小傑所拍攝的灰階照片是使用8bits來記錄顏色
(C)小傑女友所拍攝的全彩照片是使用24bits來記錄顏色
(D)小傑所拍攝的灰階照片最多可記錄8種色彩。　　　[9-2]

1. 灰階照片最多可記錄256種色彩。

(B)2. 請問小傑和女友所拍攝的照片，哪一張照片所佔用的手機儲存空間較大？
(A)小傑　(B)小傑女友　(C)一樣大　(D)無法判斷。　　　[9-2]

(B)3. 下雨後，空氣中的小水滴折射或反射陽光，便會形成7彩的彩虹，請問彩虹中的哪3種顏色無法藉由混色產生，所以又稱為光的三原色？
(A)紅、橙、黃　(B)紅、綠、藍　(C)綠、靛、紫　(D)橙、綠、紫。　　　[9-2]

精選試題

1. 設該張點陣圖檔的解析度為x，則 $\frac{1{,}024}{x} \times \frac{1{,}280}{x} = 4 \times 5$；x = 256。

9-1　(B)1. 解析度可用來表示印表機的列印品質，通常以dpi（dot per inch）為單位。若有一張點陣圖檔（像素1024 × 1280），輸出成4" × 5"的照片，所得畫面之解析度為何？
(A)72dpi　(B)256dpi　(C)150dpi　(D)300dpi。

(C)2. 使用影像處理軟體將圖片以24位元bmp類型儲存，則下列對該檔案之敘述何者錯誤？
(A)不使用任何壓縮方式
(B)該圖中可有彩色
(C)該圖為向量圖
(D)該圖可再被開啟，並經修改後回存為bmp格式。

2. BMP格式的圖檔為點陣圖。

(A)3. 以解析度72dpi列印下列影像，何者的列印尺寸最大？
(A)1024 × 768像素16色影像
(B)300 × 400像素32Bits全彩影像
(C)640 × 480像素24Bits全彩影像
(D)800 × 600像素256色影像。

3. 在相同列印解析度下，影像的長寬像素越大，列印尺寸越大。

(A)4. 列印同一張圖片時，選擇下列哪一種解析度會得到最細緻的列印效果？
(A)300　(B)200　(C)150　(D)100。　　　[技藝競賽]

(D)5. 下列哪一種繪圖軟體，不是點陣軟體？
(A)GIMP　(B)Photoshop　(C)PhotoImpact　(D)Illustrator。

5. Illustrator主要用來繪製向量圖。

B9-9

數位科技應用　滿分總複習

(A)6. 電腦圖像的基本單位（Pixel）為：
(A)像素　(B)公尺　(C)吋　(D)公分。　　　　　　　　　　　　　　　　　　　[技藝競賽]

7. 色彩品質32位元可顯示色彩數為：
$2^{32} = 2^{30} \times 2^2 = 1GB \times 4 = 4GB$。

(D)7. 若一個顯示的色彩品質為32位元，代表最多可以顯示多少種顏色？
(A)32　(B)32×8　(C)64K　(D)4G。　　　　　　　　　　　　　　　　　　　　[技藝競賽]

(B)8. 電腦繪圖的RGB三種色彩中，每一種顏色各可以分成多少色階？
(A)128　(B)256　(C)512　(D)1024。　　　　　　　　　　　　　　　　　　　　[技藝競賽]

(C)9. 儲存下列何種影像組合所需的記憶空間最大？
(A)640×480像素的24位元全彩影像
(B)800×600像素的256色影像
(C)1240×768像素的灰階影像
(D)1400×800像素的黑白影像。

9. 640×480×24bits = 7,372,800bits；
800×600×8bits = 3,840,000bits；
1,240×768×8bits = 7,618,560bits；
1,400×800×1bit = 1,120,000bits。

統測試題

1. PhotoImpact為影像處理軟體，可用來將照片中的電線桿去除。

(B)1. 某一張旅遊的紀念照片中，不小心拍到了一根電線桿，如果要把這張照片中的電線桿去除，請問下列哪一個應用軟體可以協助完成這項工作？
(A)Microsoft Excel
(B)PhotoImpact
(C)Windows Edge
(D)WinRAR。

2. 檔案大小 = (4×300)×(6×300)
= 2,160,000bytes = 2.16MB。　　　　　　　　　　　　　　　　　　　　[102工管類]

(C)2. 在計算儲存體（Storage）空間大小時，通常以10^6位元組為1MB。若有一未經壓縮的256灰階點陣影像檔案，在不調整大小的情況下，列印解析度為300dpi（Dots Per Inch）的4×6（高4英吋，寬6英吋）照片，則該檔案的大小至少約為多少？
(A)0.54MB　(B)1.62MB　(C)2.16MB　(D)6.48MB。　　　　　　　　　　　　[102商管群]

(A)3. 一張數位影像圖片寬為2270點，高為1800點，該圖片大約有多少像素點？
(A)400萬像素　(B)500萬像素　(C)600萬像素　(D)800萬像素。　　　　　　　[103工管類]

(D)4. 有關CMYK色彩模型中的青色（Cyan）、洋紅色（Magenta）與黃色（Yellow），若均以最高濃度混合，下列敘述何者錯誤？
(A)青色與洋紅色混合得到藍色（Blue）
(B)青色與黃色混合得到綠色（Green）
(C)洋紅色與黃色混合得到紅色（Red）
(D)青色、洋紅色與黃色三色混合得到白色（White）。　　　　　　　　　　　　　[103商管群]

(C)5. 掃描器以解析度300dpi的256灰階模式掃描一張4英吋×5英吋的文件，請問掃描後之文件影像共有多少Bytes？
(A)6,000　(B)1,536,000　(C)1,800,000　(D)460,800,000。　　　　　　　　　　[104商管群]

(C)6. 能表現出256種灰階的灰階影像，是以多少個位元（bit）來表示一個像素（pixel）？
(A)1個位元　(B)4個位元　(C)8個位元　(D)24個位元。　　　6. $2^8 = 256$。　[105商管群]

(A)7. 若一張全彩影像，每一個像素（Pixel）都用三原色（RGB）的強度來表示該像素的顏色，每個原色的強度都用16位元表示。則若要儲存6萬張大小為1920×1080的無壓縮影像，至少共需要下列多大容量的儲存裝置才存得下？
(A)1TB　(B)10GB　(C)100MB　(D)1000KB。　　　　　　　　　　　　　　[105資電類]

7. $\dfrac{1,920 \times 1,080 \times 16 \times 60,000 \times 3}{8 \times 1,024 \times 1,024 \times 1,024} = 695.23GB$，所以需要1TB的儲存裝置才存得下。

(D)8. 下列哪一種影像處理軟體屬於自由軟體？
(A)CorelDRAW　(B)Photoshop　(C)PhotoImpact　(D)Gimp。　　　　　　　　　[106工管類]

(B)9. 下列敘述何者正確？
(A)全彩影像最多可記錄24種顏色
(B)黑白影像每個像素點可以使用1個位元來記錄顏色
(C)印表機是以RGB三種顏色的顏料來產生色彩
(D)手機螢幕是透過CMYK四原色來呈現色彩。

9. 全彩可記錄2^{24}種顏色；
印表機是以CMYK四種顏色的顏料來產生色彩；
手機螢幕是透過RGB三原色來呈現色彩。　　　[106商管群]

(B)10. 假設我們有三個未經壓縮的影像檔A、B、C，A是一張全彩影像，大小為800 × 600像素，B是一張256色影像，大小為1024 × 768像素，C是一張灰階影像，大小為1600 × 1200像素，則下列有關這三張影像所佔用儲存空間大小的比較，何者正確？
(A)A > B > C
(B)C > A > B
(C)B > C > A
(D)C > B > A。

10. A影像（全彩影像）：800 × 600 × 24 bits ≒ 1.38 MB；
B影像（256色影像）：1024 × 768 × 8 bits ≒ 0.75 MB；
C影像（灰階影像）：1600 × 1200 × 8 bits ≒ 1.83 MB。　　　[107商管群]

(C)11. 有關影像處理的知識，下列敘述何者不正確？
(A)HSB色彩模式中，H代表色相
(B)RGB色彩模式是基於紅光、綠光與藍光來作為色光混合原理
(C)CMYK色彩模式是基於青色、洋紅色、黃色與藍色作為色料混合原理
(D)一張1600 × 1200像素的圖片，若解度為400 ppi（pixels per inch），則圖片尺寸是4英吋 × 3英吋。　　　[107工管類]

(B)12. 以無壓縮方式儲存一張400 × 500像素的黑白（Black & White）影像，所需最小記憶體空間與下列何者最接近？
(A)3K Bytes　(B)25K Bytes　(C)200K Bytes　(D)300K Bytes。　　　[107工管類]

(B)13. 若甲影像是未壓縮之全彩影像，其長、寬各為400像素，乙影像是未壓縮之256色灰階影像，其長、寬各分別為甲影像的長、寬乘以2，則下列何者為甲影像儲存空間與乙影像儲存空間之比？　(A)3：2　(B)3：4　(C)3：8　(D)1：4。　　　[108工管類]

13. 甲影像：乙影像
= 400 × 400 × 24：800 × 800 × 8
= 3：4。

(D)14. 彩色印表機所使用的CMYK色彩模式，指的是哪四種顏色？
(A)棕（Coffee）、黃（Mellow）、藍（Navy）、紅（Brick）
(B)紅（Red）、綠（Green）、藍（Blue）、黑（Black）
(C)紅（Chilli）、藍（Marine）、灰（Gray）、黑（Smoke）
(D)青（Cyan）、洋紅（Magenta）、黃（Yellow）、黑（Black）。　　　[108資電類]

(B)15. 假設有一張點陣圖，其長寬的像素為3600 × 2400，若以300像素／英吋列印時，會列印出長寬各是多少英吋的點陣圖？
(A)長寬各為1.2、0.8　　　　(B)長寬各為12、8
(C)長寬各為12、12　　　　(D)長寬各為36、24。　　　[109商管群]

(A)16. 下列關於HSB色彩模式的敘述，哪一個是正確的？
(A)H、S、B分別為300度、25%、50%，可以用來表示某一個顏色
(B)如果覺得某張蝴蝶蘭的照片不夠鮮艷，可以嘗試改變H來調整同一顏色的不同彩度或鮮艷度
(C)在H與B不變的狀況下，將S設為0，一定可以得到黑色
(D)S代表色彩中之反射光線的程度，因此可用此數值表達紅、橙、黃、綠……等不同的顏色。　　　[109商管群]

16. HSB色彩模式：
・H（色相）：色彩的種類，例如紅色、黃色、綠色等。
・S（彩度）：色彩中的單色含量，單色含量越高，色彩會越鮮艷。
・B（明度）：色彩的明亮程度，明度越高，色彩越亮；明度越低，色彩越暗。

(C)17. 在RGB的色彩模式中，有一像素的RGB值為000000_{16}，該像素在螢幕會呈現下列哪一種顏色？ (A)白色 (B)紅色 (C)黑色 (D)綠色。 [109工管類]

(D)18. 下列有關印刷四原色CMYK之敘述，何者錯誤？
(A)K是指黑色
(B)該混色模式是屬於減色法
(C)CMYK中每種原色有101種變化
(D)以(100%, 100%, 100%, 0%)比例混合所得顏色為白色。 [110商管群]

18. 以(100%, 100%, 100%, 0%)比例混合所得顏色為「近似黑」。

(D)19. 如果某種RGB色彩模式中R、G、B之顏色變化各分別以16位元表示，該種色彩模式共可以表示多少種顏色？
(A)2^{16} (B)2^{24} (C)2^{32} (D)2^{48}。 [110工管類]

19. R、G、B之顏色變化各分別以16位元表示，所以三原色共可表示$2^{(16 \times 3)} = 2^{48}$種顏色。

(A)20. 有關影像的色彩模型敘述，下列何者正確？
(A)RGB的混色方式稱為加色法
(B)HSB是以混合光的三原色來表示各種顏色
(C)CMYK之青色、洋紅色、黃色及黑色各以0～255的數值來表示
(D)電視、電腦及手機等螢幕呈現的色彩是使用CMYK的混色方式。 [111商管群]

20. HSB 是以H（色相）、S（彩度）、B（明度）等三元素來描述顏色；CMYK 之青色、洋紅色、黃色及黑色各以 0～100%來表示；電視、電腦及手機等螢幕呈現的色彩是使用RGB的混色方式。

(B)21. 某一廠牌14吋螢幕，解析度設定為1920 × 1080，捕捉全螢幕畫面並存成全彩RGB點陣圖，其檔案大小為何（四捨五入小數點2位）？
(A)1.98 MBytes (B)5.93 MBytes
(C)27.72 MBytes (D)83.02 MBytes。 [112商管群]

21. $1,920 \times 1,080 \times 24$ bits $= 49,766,400$ bits $\div 8 \div 1,024 \div 1,024 = 5.93$ MBytes。

(A)22. 列印輸出解析度的單位是dpi（dot per inch），表示每英吋包含的印刷點數。有一張未經壓縮全彩影像點陣圖檔的大小為300 KBytes，若設定列印輸出解析度為200 dpi，則該圖檔的列印尺寸為下列何者？
(A)2英吋 × 1.25英吋
(B)2英吋 × 1.5英吋
(C)2.25英吋 × 1.25英吋
(D)2.25英吋 × 1.5英吋。 [112商管群]

(D)23. 關於影像處理的敘述，下列何項正確？
(A)以手機高解析度鏡頭拍攝的照片雖屬於點陣圖，但放大後不會失真
(B)一張解析度4096 × 2160的影像其總像素約為Full HD（1920 × 1080 像素）的2倍
(C)以解析度4096 × 2160儲存一張全彩相片，在未壓縮的情況下，影像檔案的大小約為265 MB
(D)用影像處理軟體將自行拍攝的相片去背、加入宣傳文字合成後，再存成.jpg，可以將該檔案放上公司網站來吸引顧客。 [114商管群]

23. • 高解析度的點陣圖放大後仍會失真。
• $4096 \times 2160 = $ 約884萬像素，$1920 \times 1080 = $ 約207萬像素，故約為4倍。
• 影像檔案的大小：$4096 \times 2160 \times 3$ Bytes $= $ 約為26 MB。

(D)24. 有一張100 × 100像素的全彩影像照片，理論上可以有多少種色彩組合？
(A)100×100 (B)$2^3 \times 100 \times 100$ (C)$2^{8 \times 100 \times 100}$ (D)$2^{24 \times 100 \times 100}$。 [114商管群]

(D)25. 關於色彩的敘述，下列何者正確？
(A)彩色螢幕使用的色彩三原色是R（紅）、G（灰）、B（藍）
(B)將RGB的色彩三原色等量混合成白色，這種混色模式稱為減色法
(C)色彩的三要素是色調（tone）、明度（brightness）及飽合度（saturation）
(D)彩色印刷時採用之CMYK模式的四種標準顏色是：青、洋紅、黃、黑。 [114商管群]

25. • 色彩三原色是 R（Red，紅）、G（Green，綠）、B（Blue，藍）。
• 將RGB原色加以混合，色彩會越加越亮，故此種混色法又稱為加色法。
• 色彩的三要素是色相（Hue）、彩度（Saturation）、明度（Brightness）。

第10章 PhotoImpact影像處理軟體

統測這樣考

(D)1. PhotoImpact軟體的功能之一是處理下列哪一類副檔名的檔案？
(A).ppt (B).doc (C).xls (D).jpg。 [104工管]

10-1 PhotoImpact簡介

1. PhotoImpact可用來編修照片、製作生日賀卡／社團海報、設計班服圖案、合成照片、美化網頁圖案等。

2. 副檔名預設為.**ufo**，範本副檔名為.ufp，也可支援.jpg、.tif、.gif、.bmp等影像格式。

3. 在PhotoImpact中，影像可區分為基底影像及物件2個部分。

   a. **基底影像**：當使用者開啟一個圖檔時，該圖檔就是一個基底影像。

   b. **物件**：是指在基底影像上利用繪圖工具所繪製的圖案、利用文字工具所建立的文字……等。基底影像上可放置多個物件，移動或編修物件不會影響到基底影像。選取物件後，按Enter鍵可取消選取物件。

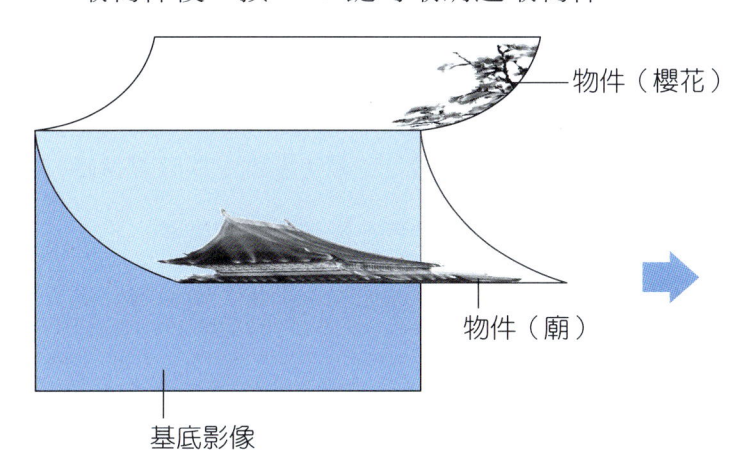

得分區塊練

(C)1. PhotoImpact副檔名預設為何？
(A)jpeg (B)gif (C)ufo (D)bmp。

(A)2. 在PhotoImpact中，若使用繪圖工具建立圓形圖案，該圖案稱為？
(A)物件 (B)錨點 (C)基底影像 (D)遮罩。

統測這樣考

(A)34. 如果有一對夫妻想要將他們合照中的森林背景去除，剪輯編修合成另一張以大海沙灘為背景的合照，請問可以使用下列何種軟體完成？
(A)PhotoImpact (B)Windows Media Player
(C)Internet Explorer (D)Gif Animator。 [109工管]

10-2 基本操作與影像美化

一、基本操作 103 108 113

1. 開新檔案：建立新影像，並可設定影像的色彩類型（如256色、全彩）、背景色彩（如白色、透明）、解析度等屬性。

2. PhotoImpact工具箱的工具按鈕簡介：

工具鈕	說明
挑選工具	用來選取物件
標準選取工具	選取特定的範圍
3D融合工具	設定3D路徑物件間的融合程度
路徑繪圖工具	繪製與編輯路徑物件
文字工具	建立文字物件
剪裁工具	用來剪裁特定的影像範圍
變形工具	可改變影像或物件的形狀
編修工具	可對影像進行去除紅眼、調暗、調亮、模糊、清晰等編修
筆刷	提供多種筆刷效果，可供使用者在影像中繪製圖案
印章工具	可在影像上建立印章物件，例如葉子、動物、水果等
修容工具	用來仿製某一區域的影像
物件繪圖橡皮擦工具	透過滑鼠拉曳的方式，可擦去物件的局部內容
色彩填充工具	可用來填入單一色彩、漸層或材質
放大鏡工具	放大／縮小影像的顯示比例
色彩選擇工具	可取得影像中的顏色
切割工具	用來將圖片分割成多張圖片
影像地圖工具	用來在圖片中建立超連結區域
調色盤	左上方塊用來設定前景色彩，右下方塊用來設定背景色彩

統測這樣考

(B)47. 在PhotoImpact工具箱中，提供多種繪圖相關工具，下列敘述何者錯誤？
(A)路徑繪圖工具用來繪製實心且封閉的圖形物件
(B)輪廓繪圖工具所繪製的圖形內部可以填色
(C)線條與箭頭工具能繪製直線並可以選擇端點箭頭形式
(D)路徑編輯工具可以編輯現有圖形物件的路徑。　　　　[108商管]

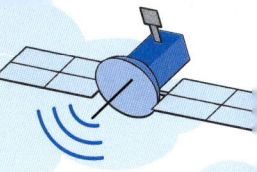

3. 選取工具的使用：

名稱	工具鈕	說明
標準選取		利用拉曳選固定形狀（如矩形、正方形、橢圓形、圓形）
套索		利用點按或拉曳選**不規則**範圍
魔術棒		利用單按選取**色彩相近**的範圍
貝茲選取		與套索工具相似，用於圈選**平滑、有弧度**的影像範圍

💡**解題密技** 統測試題中的「貝茲曲線工具」，指的即為PhotoImpact X3中的「貝茲選取工具」。

a. 利用屬性工具列的 ＋ ，可補選未選取的範圍；－ 可取消已選取的範圍。

b. 按『選取區/改選未選取部分』，可取消原先已選取的區域，改選取未被選取的區域。

c. 按『選取區/取消選取』或按Space鍵，可取消選取範圍。

d. 選取區 vs. 物件：選取一定範圍後，該選取區會以藍、黑相間的框線顯示；而物件被選取時，框線是黑、白相間，且會不停地閃動。

4. 影像的變形：選取影像，按變形工具鈕 後，可透過屬性工具列，進行物件的變形。

180度旋轉　　鎖定縮放比例 🔒 / 取消鎖定 🔓　　自訂大小

90度旋轉　　水平／垂直翻轉　　自訂角度旋轉

名稱	工具鈕	用途
調整大小		縮放影像的尺寸
傾斜		使影像產生傾斜的效果
扭曲		以影像的4個頂點為基準，任意變形
透視		改變影像的透視效果（如平視變仰視）

原圖 　　　　　　傾斜 　　　　　　扭曲 　　　　　　透視

B10-3

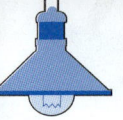

5. 文字工具 的使用：在影像上單按即可輸入文字。
   a. 修改文字的方法：將游標移至文字上，待游標變成 時，雙按左鍵。
   b. 透過文字工具的屬性工具列，設定文字的字型、顏色等樣式。
   c. 利用百寶箱可為文字套用變形、環繞、特殊樣式等效果。
6. 路徑繪圖工具 的使用：用來繪製與編輯各種形狀的圖形物件（如圓形、矩形、輪廓圖形、線條、箭頭等），使用此工具繪製的圖形屬於**向量圖**。
7. 輪廓繪圖工具 的使用：可用來繪製各種形狀的圖形輪廓，但圖形內部無法填色。
8. 線條與箭頭工具 的使用：可用來繪製直線、曲線、任意形狀的線條，還可選擇端點箭頭的樣式。
9. 物件的編輯：每個物件可以獨立編輯，常見的編輯如下。
   a. 設定屬性：按挑選工具鈕 ，再雙按物件，可設定**透明度**、**柔邊**、大小、物件位置……等屬性。
   b. 對齊或調整物件的層次：按挑選工具鈕 ，可透過屬性工具列，調整物件的上下順序，或一次完成多個物件的對齊排列與間距均分。
   c. 群組物件：選取多個物件後，按右鍵，再按『群組』，可將多個物件組合成一個**群組**物件，以便將多個物件同時移動或縮放。
10. 圖層管理員：用來檢視影像中所包含的所有物件。透過它可以設定物件的顯示或隱藏狀態、或鎖住物件的位置，以避免物件被移動。
11. 剪裁工具 的使用：拉曳出要剪裁的範圍，並在欲保留處雙按，即可裁切影像。PhotoImpact提供黃金比例（長：寬為1：1.6）剪裁、透視剪裁等多種剪裁工具。
12. 繪圖工具 ：可利用它在影像上畫線、塗鴉，發揮自己的創意來繪製圖案。
13. 印章工具 ：可選擇喜歡的印章樣式，並「蓋」在影像上，以美化影像。可透過印章工具的屬性工具列，來設定印章圖案的大小、透明度等屬性。
14. 填充功能：可在基底影像、物件或選取區填入色彩、漸層、材質或影像圖案，善用此功能可使圖片更富有變化，例如在照片中填入藍天的背景。
15. 自動處理功能：若影像有傾斜、太暗、偏黃、焦距模糊或雜點等問題時，可利用自動處理功能將影像做最佳化的處理。

統測這樣考

(C)1. 在PhotoImpact中，如果要列印的作品超過印表機所能列印的最大尺寸，則我們可以使用下列哪一項功能來確保該作品以原尺寸輸出？
(A)併版列印　(B)列印名片　(C)列印海報　(D)列印標籤。　[103商管]

16. 快速修片功能：切換至快速修片模式，利用減少雜點、焦距、改善光線等編修影像功能，來修正影像的清晰度、亮度、色彩等。

17. **百寶箱** ：收納許多預設的特效及範本，可供使用者直接套用，按F2鍵可開啟或關閉百寶箱。百寶箱包含：。

    a. 圖庫：包含多種影像效果，如邊框、陰影，與各種特效（如油畫、煙火）。

    b. 資料庫：包含多種預設物件，如幾何圖形、文字、建築物等，以及各種範本（如DVD封面範本）。

18. 列印功能的使用：除了一般列印之外，PhotoImpact還提供下列2種列印功能。

    a. 多重列印：按『檔案/其他列印選項/列印版面配置』，可將一個影像重複排列在同一張紙上，或是在一張紙上排列出不同的影像，再列印輸出。

    b. 列印海報：按『檔案/其他列印選項/列印海報』，可將一個影像分割印出在多張紙上，例如將影像分印在4張紙上，再將4張紙黏貼組合，即成為大尺寸海報。

二、影像色彩的變更

1. 亮度與對比的調整：選『相片/光線/亮度與對比』，可調整照片的亮度及對比，使照片明亮又清晰。

2. 色彩的調整：選『調整/色彩調整』，可個別調整影像中的R（紅）、G（綠）、B（藍），使影像產生不同的效果。

3. 色偏的調整：同一個物件在不同的光源下拍攝，照片上所呈現的色彩會有不同，即所謂的**色偏**。例如在室內日光燈下所拍攝的照片，可能會產生偏藍的現象；在黃色燈泡下拍攝的照片，可能會產生偏黃的現象。選『相片/色彩/色偏』，可修正影像色彩偏差的問題。

4. 樣式的套用：選『調整/樣式』，可為影像套用預設好的色彩，來改變影像的風貌。例如將同一張風景照片套用不同的四季樣式，便可使風景照片呈現出不同季節的感覺。

5. 色相與彩度的調整：**色相**是指色彩的種類；**彩度**是指色彩的飽和度。選『相片/色彩/色相與彩度』，可針對影像的色相、彩度以及明亮度進行調整。

統測這樣考

(B)30. 下列何者不是PhotoImpact中「快速修片」具有的功能？
(A)焦距　(B)儲存　(C)美化皮膚　(D)整體曝光。　　　　　[110工管]

數位科技應用 滿分總複習

統測這樣考

(C)6. 影像處理軟體中常有消除「紅眼」的功能，下列何者是產生「紅眼」的主要原因？ (A)拍照時相機晃動 (B)拍照時色彩飽和度不夠 (C)拍照時使用閃光燈 (D)拍照時解度設定太低。 [104商管]

四、影像的修補 [104]

1. **美化皮膚功能**：選『相片/增強/美化皮膚』，可改善照片皮膚黝黑、毛孔粗大等問題，使照片上的人物皮膚變美。

2. **編修工具**：可對影像進行**去除紅眼**註、變暗、變亮、模糊、變形等編修。

3. **仿製工具**：可用來仿製某一區域的影像。選取仿製工具後，必須先按住Shift鍵，在要仿製的區域上單按，已設定仿製區域的起點。

有「背」無患

- Web相簿：利用PhotoImpact，可將大量圖片製作成網頁相簿，以便之後上傳到網路中與網友分享。
- 範本：PhotoImpact內建有許多範本（如賀卡、多圖拼貼、邊框），我們可善用範本，來加快影像編輯的速度。
- 縫合掃瞄的影像：可將多張局部影像縫合成一張完整的照片，適合用來合成全景圖。
- Photoshop：由Adobe所開發的影像處理軟體，副檔名預設為.psd。

得分區塊練

(B)1. 在PhotoImpact中，下列哪一個項目提供使用者以視覺化的方式，快速的套用各種特殊效果？ (A)魔術棒工具 (B)百寶箱 (C)變形工具 (D)貝茲曲線工具。

(C)2. 下列哪一種選取工具適合用來選取固定形狀的影像？
(A)貝茲曲線工具 (B)魔術棒選取工具 (C)標準選取工具 (D)套索工具。

(D)3. 使用下列哪一種方法，可快速選取藍色背景影像中的人物？
(A)使用套索工具，以點按方式直接選取人物
(B)使用套索工具，以拉曳方式選取藍色背景後，按Space鍵
(C)使用魔術棒工具選取藍色背景後，按Delete鍵
(D)使用魔術棒工具選取藍色背景後，選按『選取區/改選未選取部分』。

(A)4. 使用下列哪一組對齊與均分功能，可將下圖左方之物件的排列方式，更改為如下圖右方所示的排列方式？
(A)垂直置中對齊 + 水平均分 (B)水平置中對齊 + 水平均分
(C)垂直靠左對齊 + 垂直均分 (D)水平靠下對齊 + 垂直均分。

註：照片中的人像會出現「紅眼」，多半是因為在暗處使用閃光燈拍攝所造成。

第10章 PhotoImpact影像處理軟體

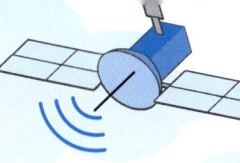

滿分晉級

★新課綱命題趨勢★
情境素養題

▲閱讀下文，回答第1至3題：
網紅小雯和朋友到餐廳拍攝美照，回家檢視照片時才發現好幾張照片構圖很滿意，但因為餐廳為了營造氣氛使用黃光，導致照片有偏黃的現象，還有一張自拍照嘴角沾到照燒醬。小雯已答應網友今日會將美照上傳至Instagram與大家分享，她該如何解決呢？

(C)1. 網紅小雯如果要把這張自拍照中嘴角沾到的照燒醬去除，請問她可以利用下列哪一個應用軟體及其功能來協助完成這項工作？
(A)Google、魔術棒工具
(B)Indesign、剪裁工具
(C)PhotoImpact、仿製工具
(D)PowerPoint、修容工具。 [10-2]

(A)2. 因餐廳為了營造氣氛使用黃光，導致網紅小雯的照片有偏黃的現象，她可以利用影像處理軟體的哪一項功能來解決呢？
(A)色偏功能 (B)亮度與對比功能 (C)仿製工具 (D)繪圖工具。 [10-2]

(C)3. 網路中流傳的靈異照片，不少都是使用影像處理軟體做出的假照片，如果要用PhotoImpact製作出「幽靈」若隱若現的效果，可使用什麼功能？
(A)加入邊框 (B)提高對比 (C)提高透明度 (D)群組物件。 [10-2]

精選試題

10-1 (A)1. 在PhotoImpact中，當使用者開啟一個JPG圖檔時，該圖檔是一個
(A)基底影像 (B)物件 (C)影格 (D)範本。

10-2 (B)2. 在PhotoImpact中，下列哪一項工具主要是用來選取具有相似顏色的區域？
(A)貝茲曲線工具 (B)魔術棒工具 (C)套索工具 (D)標準選取工具。

(B)3. 在PhotoImpact中，下列哪一種工具可用來輸入文字？
(A)變形工具 (B)文字工具 (C)選取工具 (D)編修工具。

(C)4. 在PhotoImpact中，當滑鼠指標變成 形狀，代表指標所指的物件為何？
(A)3D物件 (B)2D物件 (C)文字物件 (D)圖片物件。

(D)5. 在PhotoImpact中，利用按變形工具鈕，無法做到下列哪一種效果？
(A)放大物件
(B)旋轉物件角度
(C)扭曲物件形狀
(D)調亮物件顏色。

5. 變形工具可改變物件形狀，但無法改變物件色彩。

(D)6. 在PhotoImpact中，下列何者不是「百寶箱」所提供的功能或物件？
(A)影像邊框 (B)影像特效 (C)範本 (D)3D動畫。

(D)7. 下列有關PhotoImpact的敘述，何者錯誤？
(A)預設的副檔名為ufo
(B)選取物件後，按Enter鍵可取消選取
(C)圖檔中的每個物件都可獨立編輯
(D)在基底影像的設定，會套用至所有物件。

7. 基底影像的設定不會影響物件。

(B)8. 下列有關PhotoImpact操作的敘述，何者錯誤？
(A)利用開新影像交談窗，可建立背景透明的空白影像
(B)建立選取區後，按Enter鍵可取消選取範圍
(C)利用圖層管理員，可隱藏物件
(D)利用變形工具，可旋轉物件的角度。　8. 建立選取區後，按Space鍵可取消選取範圍。

(A)9. 如果要將下圖左方的名片影像，重複排列在同一張紙上列印出來（如下圖右），可使用PhotoImpact的哪一項功能？
(A)多重列印　(B)列印海報　(C)批次轉換　(D)縫合掃瞄的影像。

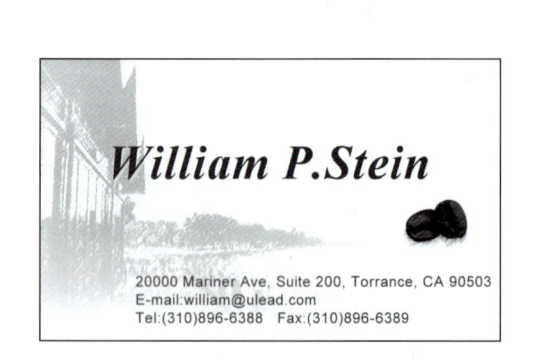

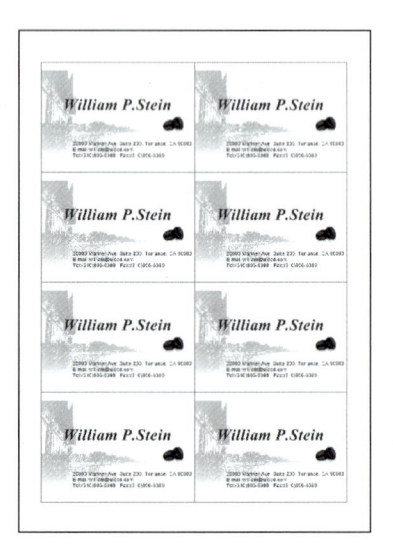

(D)10. 在PhotoImpact中，建立新影像時，無法設定影像的哪一項屬性？
(A)設定背景為透明　　　　　　　　(B)設定影像的色彩模式為灰階
(C)設定影像大小為A4尺寸　　　　　(D)設定影像透明度為50%。

統測試題

(A)1. PhotoImpact軟體不提供下列哪一種功能？　　1. PhotoImpact為影像處理軟體，無法為圖片加入背景音樂。
(A)為圖片加入背景音樂　　　　　　(B)去除圖片中人物的紅眼
(C)將人物照與風景照進行影像合成　(D)在圖片上加入說明文字。　[102工管類]

(B)2. 在PhotoImpact軟體中，下列哪一項選取工具提供使用者以滑鼠逐一點選圖片中某一圖案邊緣的方式來選取不規則形狀的區域？　2. 套索工具是利用點按或拉曳方式來選取不規則的範圍。
(A)魔術棒工具　　　　　　　　　　(B)套索工具
(C)標準選取工具　　　　　　　　　(D)橢圓選取工具。　[102工管類]

(C)3. 在PhotoImpact中，如果要列印的作品超過印表機所能列印的最大尺寸，則我們可以使用下列哪一項功能來確保該作品以原尺寸輸出？
(A)併版列印　(B)列印名片　(C)列印海報　(D)列印標籤。　[103商管群]

(B)4. 使用PhotoImpact進行影像處理時常會使用的魔術棒工具，其功能是為了要：
(A)將魔術棒所點選的影像物件自動進行去背處理
(B)選取魔術棒點取位置具有相似顏色的區域
(C)將魔術棒所點選的影像物件自動複製到另一個開啟的圖形編輯視窗中
(D)將魔術棒所點選的圖形自動做亮度及對比的調整。　[103工管類]

(D)5. PhotoImpact軟體的功能之一是處理下列哪一類副檔名的檔案？
(A).ppt　(B).doc　(C).xls　(D).jpg。　[104工管類]

第10章 PhotoImpact影像處理軟體

(C)6. 影像處理軟體中常有消除「紅眼」的功能，下列何者是產生「紅眼」的主要原因？
(A)拍照時相機晃動
(B)拍照時色彩飽和度不夠
(C)拍照時使用閃光燈
(D)拍照時解析度設定太低。　　[104商管群]

7. JPG檔案是屬於點陣圖；
JPG檔案的圖檔內容不會隨著電腦螢幕畫面更換而自動更新；
JPG檔案採破壞性壓縮，影像會產生失真的現象。

(D)7. 在Windows系統中，擷取電腦螢幕畫面後，再用PhotoImpact軟體存成JPG格式的檔案，下列對該檔案之敘述，何者正確？
(A)該檔案內的圖是屬於向量圖
(B)該檔案中的圖檔內容會隨著電腦螢幕畫面更換而自動更新
(C)該螢幕畫面被儲存成為JPG格式的圖檔，是屬於非破壞性壓縮的檔案型態
(D)該檔案的圖可以用影像軟體重新開啟、修改再儲存。　　[106商管群]

(B)8. 在PhotoImpact中將需要的影像框選留下，刪除其他的部分，是指下列何項操作？
(A)剪下　(B)剪裁　(C)放大　(D)刪減。　　[108商管群]

(D)9. 下列關於PhotoImpact軟體的功能敘述，何者最不正確？
(A)「魔術棒」工具可以選取相同色彩的區域
(B)「滴管」工具可以選擇影像中的顏色
(C)「修容」工具可以消除影像人臉的青春痘
(D)「剪裁」工具可以將影像縮放或旋轉。　　[108工管類]

(B)10. 在PhotoImpact工具箱中，提供多種繪圖相關工具，下列敘述何者錯誤？
(A)路徑繪圖工具用來繪製實心且封閉的圖形物件
(B)輪廓繪圖工具所繪製的圖形內部可以填色
(C)線條與箭頭工具能繪製直線並可以選擇端點箭頭形式
(D)路徑編輯工具可以編輯現有圖形物件的路徑。　　[108商管群]

(A)11. 如果有一對夫妻想要將他們合照中的森林背景去除，剪輯編修合成另一張以大海沙灘為背景的合照，請問可以使用下列何種軟體完成？
(A)PhotoImpact
(B)Windows Media Player
(C)Internet Explorer
(D)Gif Animator。

11. Windows Media Player屬於影音播放軟體；
Internet Explorer屬於瀏覽器軟體；
Gif Animator屬於動畫軟體。　　[109工管類]

(D)12. 使用PhotoImpact軟體將比薩斜塔照片處理成「直塔」，效果如圖（一）所示，請問利用下列何項功能最正確？
(A)翻轉工具　(B)百寶箱工具　(C)扭曲工具　(D)變形工具。　　[110工管類]

圖（一）

(B)13. 下列何者不是PhotoImpact中「快速修片」具有的功能？
(A)焦距　(B)儲存　(C)美化皮膚　(D)整體曝光。　　[110工管類]

(C)14. 如圖（二），將原圖經影像處理成①、②或③，前述個別影像處理僅使用一個操作即可完成，有關各圖之操作，下列何者正確？
(A)經傾斜如①、經透視如②、經旋轉如③
(B)經旋轉如①、經傾斜如②、經透視如③
(C)經傾斜如①、經扭曲如②、經透視如③
(D)經透視如①、經傾斜如②、經扭曲如③。

[113商管群]

原圖　　　處理後的①　　　處理後的②　　　處理後的③

圖（二）

統測考試範圍

單元 6

網頁設計應用

學習重點

本篇 HTML／CSS語法 **必考**，務必要加強練習

章名	常考重點	
第11章 網站規劃與網頁設計	• HTML語法 • CSS語法	★★★★★
第12章 網頁設計軟體	• 絕對路徑 vs. 相對路徑 • 目標頁框 • 影像地圖	★★☆☆☆

統測命題分析　最新統測趨勢分析（111～114年）

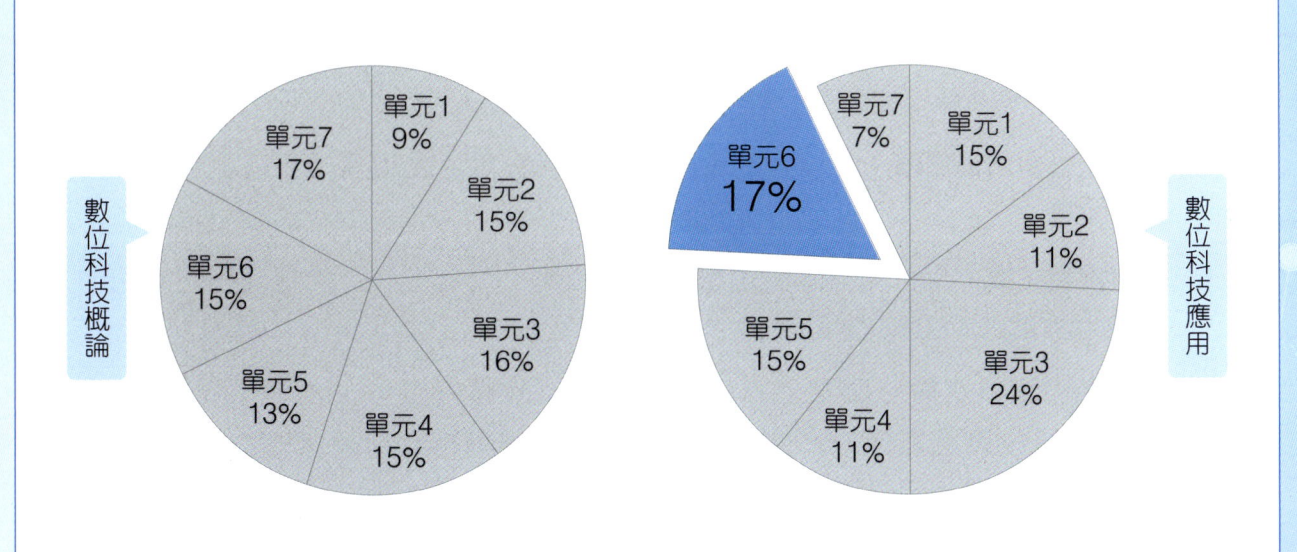

數位科技概論
- 單元1 9%
- 單元2 15%
- 單元3 16%
- 單元4 15%
- 單元5 13%
- 單元6 15%
- 單元7 17%

數位科技應用
- 單元1 15%
- 單元2 11%
- 單元3 24%
- 單元4 11%
- 單元5 15%
- 單元6 17%
- 單元7 7%

第11章 網站規劃與網頁設計

11-1 網站的規劃設計

統測這樣考

(D)1. 下列敘述何者不正確？ (A)網頁：以HTML格式所建構之文件可稱為網頁 (B)首頁：當使用不含檔名之URL瀏覽某個網站時，其首先出現的網頁稱為首頁 (C)網站：存放網頁的伺服器，提供服務給遠端電腦瀏覽相關網頁 (D)網址：指數字式IP只能用於連結資料庫。　　　　[104工管]

一、認識網站與網頁

1. 網站（web site）：許多相關**網頁**（web page）的集合。

2. **首頁**（home page）：進入網站的第1個網頁。

3. 網頁是建構網站的基本單位，網頁中可包含文字、圖片、動畫、聲音、超連結等內容。

4. 瀏覽網頁時，滑鼠指標移到設有超連結的區域，會自動變成 👆 圖示狀。

二、網站的規劃設計

1. 網站建置的流程：

前置作業	▶	中期製作	▶	後期維護
1. 擬定網站主題 2. 蒐集相關資料 3. 規劃網站架構與網頁內容		4. 使用**網頁設計軟體**製作網頁 5. 上傳網站至**網站伺服器**（web server） 6. 測試網站		7. 網站推廣 8. 更新與維護

2. **網站架設**：上傳網站至**網站伺服器**時，使用者可選擇以下3種方式。

   a. **自行架設網站伺服器**：從購買、管理到維護都必須由使用者（如公司的網管人員）自行處理。

   b. **租用虛擬主機**：支付租借虛擬主機空間的費用，可省去自行購買設備的成本，如租用中華電信的HiNet虛擬主機。

   c. **使用免費網頁空間**：網路上有許多免費網頁空間平台，可讓使用者透過平台提供的服務快速地完成網頁製作與網站架設，如Google協作平台、Wix.com、WordPress、Weebly。

3. 網站上傳後，可透過**網站流量分析工具**（如Google Analytics）來分析網站的各項數據（如造訪人數、訪客停留時間等），以作為更新、優化網站的參考。

三、網頁設計應注意的事項

1. 確認不同瀏覽器的觀看效果：確保網頁在常用的瀏覽器（如Chrome、Firefox、Microsoft Edge、Safari）都能正常顯示。

2. 避免使用特殊字型：若瀏覽者的電腦未安裝有網頁中使用的特殊字型，文字會改以**新細明體**或**細明體**顯示；因此建議使用作業系統內建的字型（**細明體、新細明體、標楷體、微軟正黑體**）來設計網頁。

3. 避免使用容量太大的多媒體檔案：儘量不要使用容量太大的影音檔、動畫檔、圖片檔（如bmp檔），以避免拖慢網頁開啟的速度。

4. 網頁設計常用的圖檔：

圖檔類型	動態圖片	背景透明	壓縮	影像失真	色彩
JPG			破壞性[註]	✓	全彩
GIF	✓	✓	非破壞性		256色
PNG		✓	非破壞性		全彩

　a. JPG：檔案小，支援全彩，**但圖片會失真**。

　b. GIF：可製作**動畫**及**背景透明**的圖片，只支援**256色**。

　c. PNG：可製作**背景透明**的圖案，支援全彩。

📢 統測這樣考

(D)1. 下列何種檔案格式不是HTML標籤（Tag）可讀入的影像檔格式？
(A).gif (B).jpg (C).png (D).ufo。
[102工管]

四、網頁設計的應用與趨勢

1. 網頁應用的範圍相當廣泛，分類介紹如下：
   - **個人**：個人介紹、心情記事、心得分享、人際交流等。現今由於社群網站（如Facebook、Instagram）、微網誌（如Twitter）的普及，一般個人已較少建置專屬的個人網站。
   - **企業團體**：產品介紹、廣告行銷、員工訓練、線上交易等。
   - **學術單位**：學校介紹、學術交流、研究報告、教材分享等。
   - **政府機關**：機關介紹、政令宣導、法規查閱、電子化政府等。
   - **醫療機構**：線上掛號、醫療諮詢、健康講座等。
   - **新聞媒體**：新聞報導、時事論壇、民意調查等。

註：支援非破壞性及破壞性壓縮，通常是使用破壞性壓縮。

2. **一頁式網站**（One Page Site）：在單一網頁中呈現豐富的圖文內容[註]，適合行動裝置（如智慧型手機、平板電腦等）瀏覽，讓使用者只要向下滑動便可快速閱讀所有內容，常應用於活動網頁、商品型錄、宣傳產品等。

3. **響應式網頁設計**（Responsive Web Design, **RWD**）：一種網頁設計的技術，此技術是使用CSS網頁語言，讓網頁畫面可在不同的裝置（如智慧型手機、平板電腦、筆記型電腦等）中瀏覽時，頁面都能呈現合適比例的顯示效果。

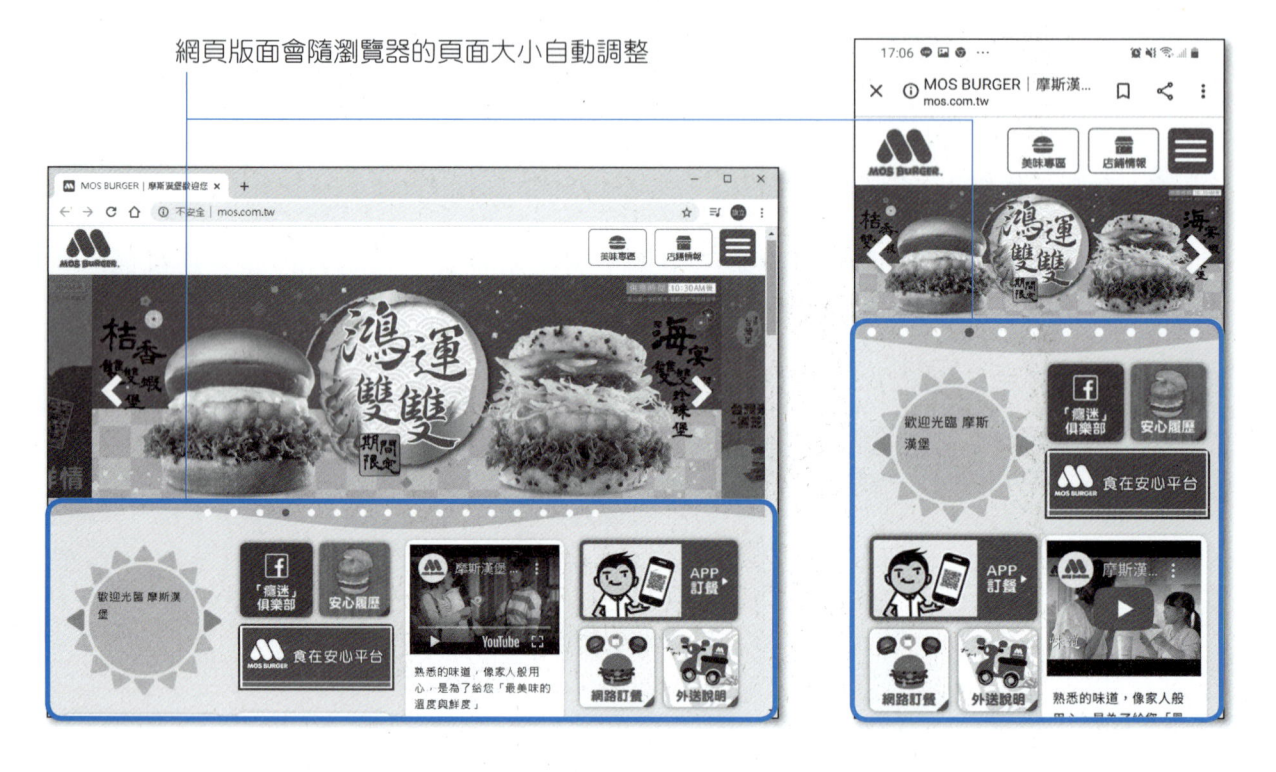

網頁版面會隨瀏覽器的頁面大小自動調整

4. 網頁設計的趨勢：

網路服務概念	特色	說明
Web 1.0	單向、閱讀	由網站建置者單方面提供資訊給瀏覽者，瀏覽者只能接收資訊
Web 2.0	雙向、分享	強調網路資源的提供與分享，以彙集群體的智慧。如維基百科即屬於Web 2.0的網站
Web 3.0	智慧、助理	網站會透過**語意網**（semantic web）技術自動依據使用者的需求，擷取並整合網際網路上的相關資訊，提供給使用者
Web 4.0	物聯網、人工智慧	結合物聯網（IoT）、人工智慧（AI）等技術，以提供更人性化、更多元且即時的服務

統測這樣考

(A)1. 下列何種性質的網站，其網頁內容產生過程最符合Web 2.0的概念？
　　　(A)維基百科　(B)產品介紹　(C)氣象預告　(D)政令宣導。　[102商管]
解：Web 2.0概念是強調網路資源的提供與分享，以彙集群體的智慧。

註：一頁式網站不是像紙張的「一頁」喔！而是可以向下延伸、滑動的長網頁喔！

第11章 網站規劃與網頁設計

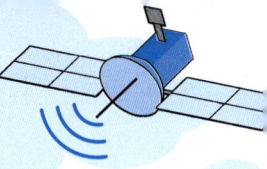

得分區塊練

(A)1. 上網瀏覽網頁時,如果滑鼠游標停在超連結的文字或圖片上,那麼滑鼠的游標外型會變成: (A)手形 (B)十字形 (C)漏斗形 (D)箭頭。

(C)2. 網站的第一頁稱之為何? (A)黃頁 (B)封面 (C)首頁 (D)目錄。　　　　　　　　2. 首頁(home page):進入網站的第1個網頁。
　　　　　　　　　　　　　　　　　　　　　　　　　　　　　　　　　　　[丙級網頁設計]

(B)3. 網站設計完成後,應將網站上傳到何處,才能讓他人透過網路瀏覽?
(A)FTP伺服器 (B)網站伺服器 (C)郵件伺服器 (D)DNS伺服器。

(D)4. 下列建置網站的程序中,何者不是必要的動作?
(A)擬定網站主題
(B)使用網頁設計軟體製作網頁
(C)測試網頁是否能正常顯示
(D)將網頁檔案壓縮成壓縮檔。

(B)5. 在網站中設計動畫效果,其作用不包括何者?
(A)吸引目光
(B)提升傳輸速度
(C)模擬真實
(D)豐富視覺形式。　　　　　　　　　　　　　　　　　　　　　　　　　[丙級網頁設計]

(D)6. 政府規範公家機關的網頁設計,應使用新細明體、標楷體等中文字型,請問其原因為何?
(A)字型較美觀
(B)較能顯示網頁的專業度
(C)較不易感染電腦病毒
(D)較不會發生字型無法正確顯示的問題。

(A)7. 雅婷設計學校網頁時,下列哪一種做法最不恰當?
(A)在首頁插入檔案容量龐大的圖片與動畫,使網頁更美觀
(B)每張圖片都加入說明文字,以利身心障礙人士了解內容
(C)使用不同的瀏覽器來測試網頁是否能正常顯示
(D)使用RWD技術設計網頁,讓網頁畫面可隨著瀏覽器頁面大小自動調整。

7. 使用容量太大的多媒體檔案,會拖慢網頁開啟的速度。

B11-5

11-2　HTML

統測這樣考　(B)43. 小明設計一個HTML（Hypertext Markup Language）程式，當他儲存該文件後，此文件之原始資料格式為下列何者？
(A)點陣圖檔（Bit Map File）
(B)文字檔（Text File）
(C)壓縮檔（Compressed File）
(D)批次執行檔（Batch Executive File）。　　　[108資電]

一、認識HTML

1. **超文件標記語言**（HyperText Markup Language, HTML）是構成網頁的一種基礎語言，當瀏覽器讀取HTML時，會自動將它轉換成網頁。

   ◎五秒自測　構成網頁的基礎語言為何？你能背出全名嗎？
   　　　　　HTML（HyperText Markup Language）。

2. **HTML 5**：由W3C（World Wide Web Consortium，全球資訊網協會）新制定的HTML語言規範，它新增了許多種HTML標籤（如影音標籤、繪圖標籤），讓HTML語法也可用來開發各種網頁應用程式（如線上繪圖、線上文書處理程式）。

3. 在Chrome中瀏覽網頁時，可在網頁空白處按右鍵，按『**檢視網頁原始碼**』或按F12鍵，來檢視網頁的HTML原始碼，其檔案類型為**文字檔**。

4. 網站首頁的檔名通常命名為**index**或**default**。

5. 常見的網頁檔案格式：

格式	說明
mht	可同時儲存網頁內的圖片、音效等物件於單一網頁檔案中
html / htm	超文字標註語言，屬於**純文字格式**
xml	可延伸標示語言，自行定義標籤（Tag）
asp / aspx	以ASP程式語言開發的動態網頁
php	以PHP程式語言開發的動態網頁
jsp	以Java程式語言開發的動態網頁

6. HTML語言的結構：

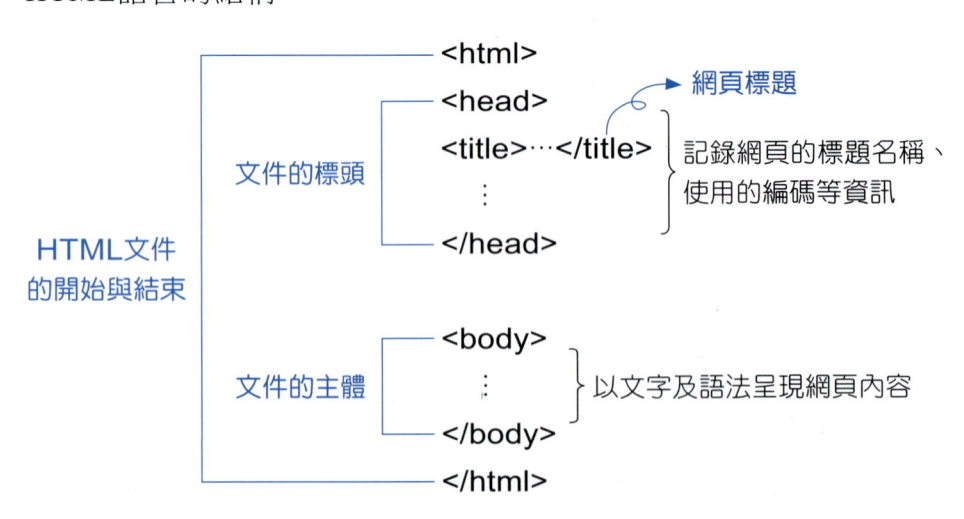

```
HTML文件       ┌ 文件的標頭 ┌ <html>
的開始與結束   │            │ <head>
               │            │   <title>…</title>  → 網頁標題
               │            │      ⋮                記錄網頁的標題名稱、
               │            └ </head>               使用的編碼等資訊
               │
               └ 文件的主體 ┌ <body>
                            │   ⋮           以文字及語法呈現網頁內容
                            └ </body>
                              </html>
```

第11章 網站規劃與網頁設計

7. HTML語言**沒有大小寫的區別**，兩者皆可。

8. HTML標籤（tag）一般都是**成對**出現（有少數例外）。

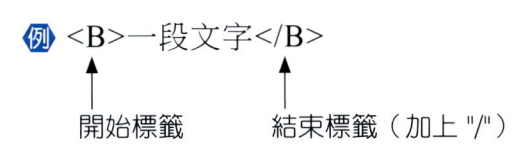

   例 <B>一段文字</B>
      ↑   ↑
   開始標籤 結束標籤（加上 "/"）

9. 使用2種以上標籤時，結束標籤必須以**反向**順序排列。

   例 <B><U><I>一段文字</I></U></B>

得分區塊練

(D)1. 下列何者不是網頁的副檔名？
   (A)ASP　(B)HTM　(C)HTML　(D)TMP。

   1. 副檔名為TMP的檔案是暫存檔。

(C)2. 下列何者是製作網頁時所用的主要語言？
   (A)COBOL　(B)JAVA　(C)HTML　(D)VRML。

(B)3. 通常當我們瀏覽某一網站時只需指定網站名稱，而不用指定網頁檔案名稱即可觀賞該網站的首頁，一般而言一個網站首頁預設的網頁檔案名稱為何？
   (A)www.htm　(B)index.htm　(C)http.htm　(D)index.http。

   3. 一般網站首頁預設的檔案名稱為index.html、index.htm、default.html、default.htm。

(A)4. 請根據下列檔案的副檔名，判斷何者不是網頁檔案？
   (A)page1.pptx　(B)help.asp　(C)index.php　(D)top.html。

   4. pptx是PowerPoint檔案的副檔名。

統測這樣考

(D)35. 下列何者不是設計動態網頁的相關腳本語言（Scripting Language）？
   (A)ASP（Active Server Pages）
   (B)JSP（JavaServer Pages）
   (C)PHP（Hypertext Preprocessor）
   (D)PWS（Personal Web Server）。　　　　　　　　　　　　　　[110工管]

解：PWS（Personal Web Server）是指個人網站伺服器。

統測這樣考

(C)40. 設計網頁除了可以用Dreamweaver開發，也可以直接以HTML的語法，用文字檔的方式撰寫網頁程式碼，下列哪一個語法可以在瀏覽器（browser）的視窗標題列顯示「我的HTML」？
   (A)<html>我的HTML</html>　　(B)<head>我的HTML</head>
   (C)<title>我的HTML</title>　　(D)<body>我的HTML</body>。　[109資電]

解：<title>…</title>：設定瀏覽器標題列的文字，即網頁的標題。

B11-7

統測這樣考

(C)26. HTML語法中，可用下列哪一語法標籤進行「強制換行」？
(A)<line> (B)<cr> (C)
 (D)<body>。 [109工管]
解：在HTML語法中，
為文字換行。

二、HTML語法與範例 〔103〕〔104〕〔105〕〔106〕〔107〕〔108〕〔111〕〔112〕〔113〕〔114〕

1. HTML語法：

種類	標籤	說明
結構	<!DOCTYPE html>	用來定義網頁中的HTML語法的版本為HTML 5
	<html lang = "zh-Tw">	表示文件內容使用繁體中文
	<html>……</html>	HTML文件的開始與結束
	<head>……</head>	HTML文件的標頭
	<title>……</title>	設定瀏覽器標題列或索引標籤的文字，即網頁的標題
	<body 屬性1=值 　　　屬性2=值……> 　　　……</body>	HTML文件的主體，常見的屬性設定： • text：設定網頁所有文字的顏色 • bgcolor：設定背景顏色 • background：設定背景圖片
文字	<h1>……</h1>	第一級標題，字體最大；**標題級別由h1到h6**
	<b>……</b> <strong>……</strong>	2種語法皆可將文字加粗
	<i>……</i> <em>……</em>	2種語法皆可將文字變成斜體
	<u>……</u>	文字加底線
	<q>……</q>	可將文字加 "雙引號"
	<del>……</del>	可將文字加刪除線
	
	文字換行，標籤可不必成對
	<p>	文字換段，標籤可不必成對
	<pre>……</pre>	可將標籤內文字的排版形式完整呈現在網頁中（包含文字中的空白及段落符號）
	<p align="對齊方式">……</p>	設定文字或圖片的對齊方式： • left：靠左對齊 • right：靠右對齊 • center：置中對齊
	<ul> <li>……</li> <li>……</li> ……</ul>	可在文字前加入實心圓形項目符號，將所有的項目包在<ul>與</ul>之間，個別條列須分別包在<li>與</li>之間

統測這樣考

第**11**章 網站規劃與網頁設計

(D)36. 如果在一個網頁中要顯示一張格式為jpeg的圖片，請問要用到哪個HTML的標籤？ (A)<table>…</table> (B)<center>…</center> (C)<p>…</p> (D)<img src="…"…>。
[109工管]

種類	標籤	說明
文字	<ol type="編號類型" start=起始值> <li>……</li> <li>……</li> ……</ol>	• 可在文字前加入有編號的項目符號，將所有的項目包在<ol>與</ol>之間，個別條列須分別包在<li>與</li>之間 • type編號類型： 　■ type = "1" 代表1、2、3、… 　■ type = "A" 代表A、B、C、… 　■ type = "I" 代表I、II、III、…等 • 設定編號的起始值（start），如2表示使用 "A" 編號類型，會從B開始
	<hr>	加入分隔線，標籤可不必成對
	<!--註解-->	註解文字，不會顯示在網頁中
	<sup>……</sup>	設定文字為上標，如2^3
	<sub>……</sub>	設定文字為下標，如$\log_2$
	<del>……</del> <s>……</s>	2種語法皆可將文字加上刪除線
	<mark>……</mark>	文字加網底，預設為黃色
	<small>……</small>	將文字縮小
	<marquee>……</marquee>	套用跑馬燈效果，讓文字在瀏覽視窗中來回移動的動態效果
圖片	<img src="路徑/圖片檔名" 　　屬性1=值 　　屬性2=值……>	可插入圖片（支援gif、jpg、png、bmp等格式），常見的屬性設定： • border：外框粗細，設為0則無外框 • height：高度（像素） • width：寬度（像素） • alt：替代文字（圖片無法顯示時，會出現的文字） • align：對齊方式
表格	<table 屬性1=值 　　屬性2=值……> 　　……</table>	表格常見的屬性設定： • border：外框粗細，設為0則無外框 • width：表格寬度，可依百分比（如width="90%"）或像素設定（如width="300"） • height：表格高度 • bgcolor：背景顏色 • bordercolor：外框顏色 • cellpadding：表格欄位內元素與邊框間的距離
	<caption>……</caption>	表格標題

種類	標籤	說明
表格	<tr>……</tr>	表格列，一組<tr>……</tr>表示一列儲存格
	<td>……</td>	儲存格，一組<td>……</td>表示一個儲存格，一般都是<td>……</td>放在<tr>……</tr>內

a. HTML語法－表格範例：

例 用HTML標籤建立一個「1列1欄」的表格：

```
<table border = "1">
  <tr>
    <td>生日<br>快樂</td>
  </tr>
</table>
```

經瀏覽器轉換後 ➡ 生日 快樂

例 用HTML標籤建立一個「2列1欄」的表格：

```
<table border = "1">
  <tr>
    <td>生日</td>
  </tr>
  <tr>
    <td>快樂</td>
  </tr>
</table>
```

經瀏覽器轉換後 ➡ 生日 / 快樂

例 用HTML標籤建立一個「2列2欄」的表格：

```
<table border = "1">
  <tr>
    <td>生</td><td>日</td>
  </tr>
  <tr>
    <td>快</td><td>樂</td>
  </tr>
</table>
```

經瀏覽器轉換後 ➡ 生 日 / 快 樂

統測這樣考

(C)50. 執行下列HTML標籤語法，則網頁輸出的結果為何？

```
<html>
  <table border = "1">
    <tr><td>永保<br>安康</td></tr>
  </table>
</html>
```

(A) 永保／安康 (2欄2列)　(B) 永保／安康 (1欄2列)　(C) 永保／安康 (1欄1列，換行)　(D) 永安／保康　　[107商管]

種類	標籤	說明
超連結	<a href="網址">圖片或文字</a>	連結至其他網站
	<a href="路徑/檔名">圖片或文字</a>	連結至同一網站中的其他網頁
	<a href="mailto:電子郵件地址">圖片或文字</a>	連結至電子郵件地址
	<a href="#書籤名稱">圖片或文字</a>	連結至網頁中設定有書籤[註]的位置
區塊	<div style="屬性1:屬性1的值; 屬性2:屬性2的值;……"> ……</div>	建立區塊並設定區塊屬性： • height：高度，可為像素或百分比（如90%） • width：寬度，可為像素或百分比（如90%） • background-color：背景顏色 • background-image:url(路徑/圖片檔名)：背景圖片 • padding：區塊內的間距，可分別設定上、右、下、左的值（如padding:20 10 20 10） • margin：區塊與其他元素的距離，可分別設定上、右、下、左的值（如margin:20 10 20 10）
內置頁框	<iframe src="路徑/網頁檔名" name="自訂名稱" 屬性1=屬性1的值 屬性2=屬性2的值……> ……</iframe>	設定內置頁框常用的屬性： • name：頁框的名稱，若要使連結的網頁顯示在頁框中，必須指定頁框名稱 • height：高度，可為像素或百分比（如90%） • width：寬度，可為像素或百分比（如90%） • scrolling：設定頁框是否要顯示捲軸（yes為是，no為否，auto為視需要顯示） • frameborder：外框粗細，設定為0則無外框 • marginwidth：左右邊界的空白間距，設定為0則無間距 • marginheight：上下邊界的空白間距，設定為0則無間距

註：使用書籤超連結前，需先在網頁中，設定書籤位置，語法為 <a name = "書籤A">書籤A位置</a>。

種類	標籤	說明

影音多媒體	`<audio 屬性1 屬性2……>`
	`<source src="路徑/音訊檔名">`
	`……</audio>`
		可加入音訊（僅支援wav、mp3、ogg格式），常見的屬性有：
		• controls：可設定顯示播放面板
		• type：可指定播放類型
		• autoplay：可設定自動播放
		• loop：可設定循環播放

	`<video 屬性1 屬性2……>`
	`<source src="路徑/視訊檔名">`
	`……</video>`
		可加入視訊（支援ogg、mp4、webm等格式），常見的屬性有：
		• controls：可設定顯示播放面板
		• type：可指定播放類型
		• autoplay：可設定自動播放
		• width：可設定視訊寬度
		• height：可設定視訊高度

2. HTML範例：

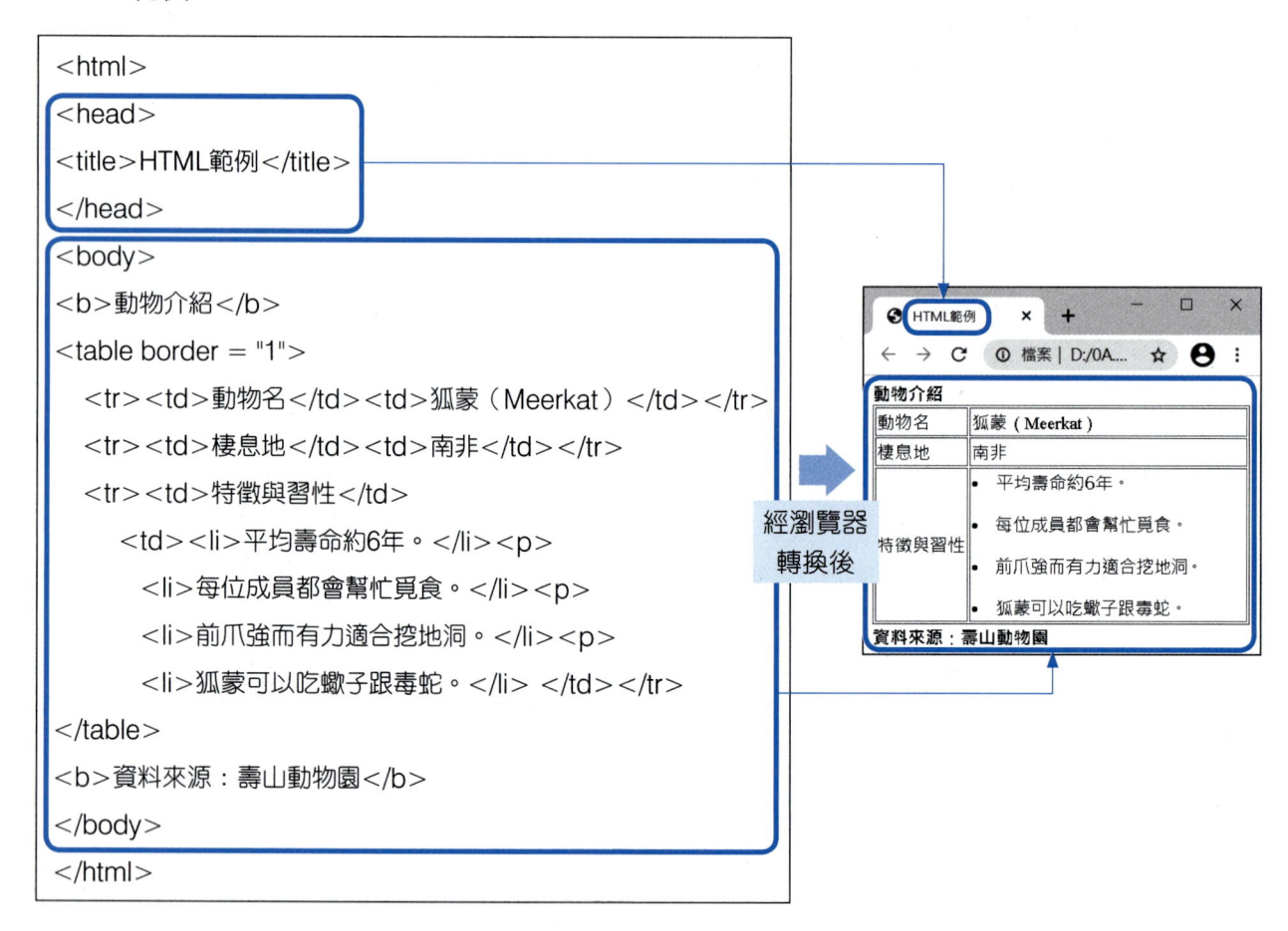

```
<html>
<head>
<title>HTML範例</title>
</head>
<body>
<b>動物介紹</b>
<table border = "1">
   <tr><td>動物名</td><td>狐蒙（Meerkat）</td></tr>
   <tr><td>棲息地</td><td>南非</td></tr>
   <tr><td>特徵與習性</td>
       <td><li>平均壽命約6年。</li><p>
         <li>每位成員都會幫忙覓食。</li><p>
         <li>前爪強而有力適合挖地洞。</li><p>
         <li>狐蒙可以吃蠍子跟毒蛇。</li> </td></tr>
</table>
<b>資料來源：壽山動物園</b>
</body>
</html>
```

經瀏覽器轉換後

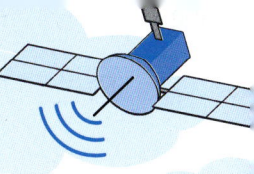

3. HTML表單語法：

種類	標籤	說明

表單	`<form 屬性1=值`
	`　　　屬性2=值……>`
	`……</form>`
		表單常見的屬性：
		• name：設定表單名稱
		• method：設定表單資料的傳送方式，可設定為post或get
		• action：設定表單的內容傳送的目的地

表單欄位	`<input 屬性1=值` `　　　　屬性2=值……>`	須在`<form>`標籤內，表單的欄位，常見的欄位屬性： • type：設定表單元件的類型 • name：設定表單元件名稱 • value：設定表單元件的預設值 • size：設定表單元件顯示長度，預設為20 • maxlength：用來限制輸入欄位的可輸入字數 • required：設定表單元件為必填欄位，若未填資料則無法送出表單 • placeholder：在欄位中顯示提示訊息 • autofocus：設定游標停在指定的表單元件上
多行文字	`<textarea>……</textarea>`	須在`<form>`標籤內，可作為多行文字的輸入區塊
下拉式選單	`<select>……</select>`	須在`<form>`標籤內，可建立下拉式選單，選單中的選項以`<option>`標籤來建立
欄位集	`<fieldset>……</fieldset>`	須在`<form>`標籤內，可依照問題的種類來分成多個區塊，每個區塊可設定不同的標題 設定標題：`<legend>……</legend>`

B11-13

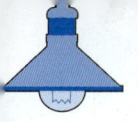

a. 設定表單資料的傳送方式之比較：

傳送方式	post	get
說明	• 資料由內部傳送，網址不會改變 • 因沒有長度限制，可傳送較大量的表單資料	• 網址會帶有參數與資料，因此填寫的資料會在網址列看到 • 因網址長度限制，資料傳送量有限
適用於	註冊帳號密碼的資料傳送或是隱密性較高的資料（如信用卡線上交易驗證等）	常用於傳送非隱匿資料（如網站傳送商品介紹連結等）
安全性	較高	較低
資料傳送效率	較低	較高

b. 常見的表單元件類型：須在 **<input>** 標籤內。

表單元件類型	設定方式	說明
單行文字	type = "text"	單行文字的輸入欄位
密碼欄位	type = "password"	密碼輸入欄位，使用者輸入的內容會以 "■" 顯示，防止被他人看到
按鈕	type = "button"	預設沒有對應行為的按鈕，通常會搭配 Script 語法來使用
送出按鈕	type = "submit"	送出資料的按鈕 提交
重設按鈕	type = "reset"	清除表單內容的按鈕 重設
單選欄位	type = "radio"	設定讓使用者單選的欄位 ○ 男 ◉ 女 ○ 其他

統測這樣考

(D)47. 若網頁輸出結果如下圖的血型選擇，則最適合使用下列何項 HTML 標籤？
　　　　(A) input type = "button"　　　　(B) input type = "checkbox"
　　　　(C) input type = "circle"　　　　(D) input type = "radio"。　　　　[111商管]

請選擇血型：○A　○B　○O　○AB

表單元件類型	設定方式	說明
多選欄位	type = "checkbox"	設定讓使用者可複選的欄位 ☑ 手機 ☑ 鑰匙 ☑ 錢包 ☐ 書包 ☐ 帽子
滑條	type = "range"	讓使用者可移動游標調整滑條,還可設定以下屬性: • min:設定最小值(最左),預設為0 • max:設定最大值(最右),預設為100 • step:設定滑條移動1格的增減值,預設為1 不滿意 ━━●━━ 滿意
日期	type = "date"	設定日期欄位,以月曆選擇器方式呈現
搜尋欄位	type = "search"	設定搜尋輸入框
特殊內容欄位	type = "屬性"	可設定只接收指定資料的屬性,若格式不正確,則無法送出表單,常見的屬性有: • email:電子郵件信箱 • number:數字 • tel:電話 • url:網址

4. HTML表單範例：

```
<html>
<head>
<title>註冊網站</title>
</head>
<body>
<form method = "post">
<p>姓　　名：<input name = "name" type = "text"></p>
<p>電子信箱：<input name = "email" type = "email"></p>
<p>密　　碼：<input name = "password" type = "password"></p>
<p>手　　機：<input name = "phone" type = "text" maxlength = "10"></p>
<p>性　　別：<input name = "sex" type = "radio" value = "男"> 男
　　　　　　<input name = "sex" type = "radio" value = "女"> 女 </p>
<p>生　　日：<input name = "birthday" type = "date"></p>
</form>
</body>
</html>
```

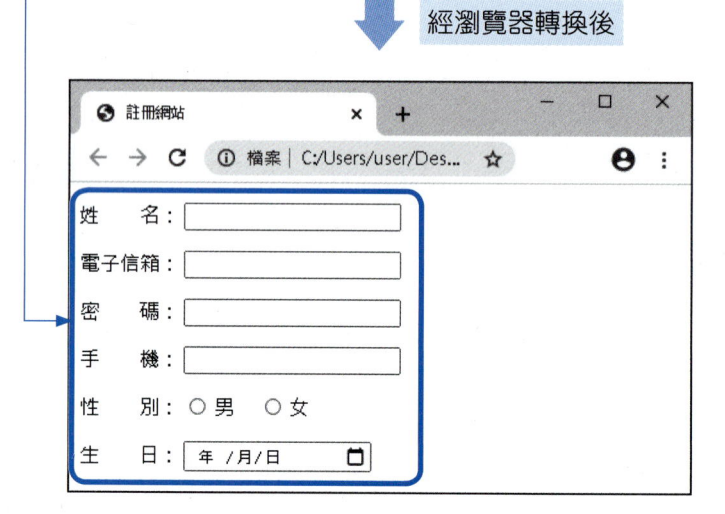

↓ 經瀏覽器轉換後

姓　　名：[　　　　]
電子信箱：[　　　　]
密　　碼：[　　　　]
手　　機：[　　　　]
性　　別：○ 男　○ 女
生　　日：[年 /月/日　📅]

得分區塊練

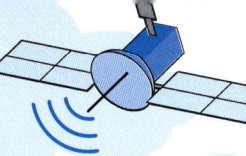

(C)1. 下列有關html語言的敘述，何者正確？
(A)是一種人工智慧語言
(B)html語言的標籤都必須成對出現，沒有例外
(C)「<B><I>你好</I></B>」是正確的語法
(D)html語言大小寫有區別，必須注意。

1. html是構成網頁的基礎語言；標籤一般是成對出現，但有少數例外；html語言大小寫沒有區別。

(B)2. 下列HTML標籤在使用時，何者不需要以成對方式（亦即：<標籤>…</標籤>）呈現？　(A)A　(B)BR　(C)BODY　(D)TITLE。

(C)3. 欲在網頁中加入動態圖片，下列何者是此圖片最適合的格式？
(A)BMP　(B)EPS　(C)GIF　(D)JPEG。

(C)4. 下列HTML語法的用法說明，下列何者錯誤？
(A)<!--ALEX-->是註解
(B)<P>…</P>是段落標籤
(C)H6的字體比H1的字體大
(D)<HR>表示在網頁上插入水平線。

4. H1為第一級標題，字體最大，H6的字體最小。

(C)5. 偉安的筆電沒有安裝網頁設計軟體，若他想要利用撰寫HTML語言，來設計一個簡單的網頁，他可以使用下列哪一套軟體？
(A)小畫家　(B)小算盤　(C)記事本　(D)錄音機。

(D)6. JPG、GIF皆是網頁常用的圖檔類型，有關這2種圖檔類型的敘述，何者有誤？
(A)JPG可儲存全彩圖片
(B)GIF只能儲存256色圖片
(C)GIF可儲存背景透明的圖片
(D)JPG可儲存動畫圖片。

(C)7. 如果要使用圖片作為網頁的背景，需要在下列哪一個標記當中使用BACKGROUND的屬性？
(A)<HTML>　(B)<HEAD>　(C)<BODY>　(D)<TITLE>。

(B)8. 執行下列HTML標籤語法，會輸出何種結果？
<marquee>ABC</marquee>
(A)文字置中對齊
(B)文字會在瀏覽視窗中來回移動
(C)文字不會顯示在網頁中
(D)文字下方加入分隔線。

數位科技應用 滿分總複習

11-3　CSS

📌 統測這樣考

(D)1. 下列有關CSS（Cascading Style Sheet）的敘述，何者正確？
(A)CSS樣式只能內嵌於HTML中，無法自行獨立存檔
(B)CSS未被廣泛接受，幾乎沒有瀏覽器支援CSS
(C)使用CSS的網頁具有加密的功能
(D)CSS屬純文字形式，可以設定網頁的外觀。　　[105商管]

一、認識CSS　[105] [110]

1. **CSS**（Cascading Style Sheets，串接式表單）：是一種美化網頁用的語言，和HTML一樣是由W3C（全球資訊網協會）所制定，可和HTML搭配使用。它比HTML更能設計出多樣化的顏色、字型和版面配置方式等樣式，使網頁更美觀。

2. CSS的副檔名為.css。

3. CSS基本語法：

```
h2{                          ── 選取器
    color:blue;
    font-size:15px;
    font-family: 微軟正黑體    ── 屬性值
}                            ── 屬性
```

4. 新增CSS樣式的語法（常用的Class與ID）：

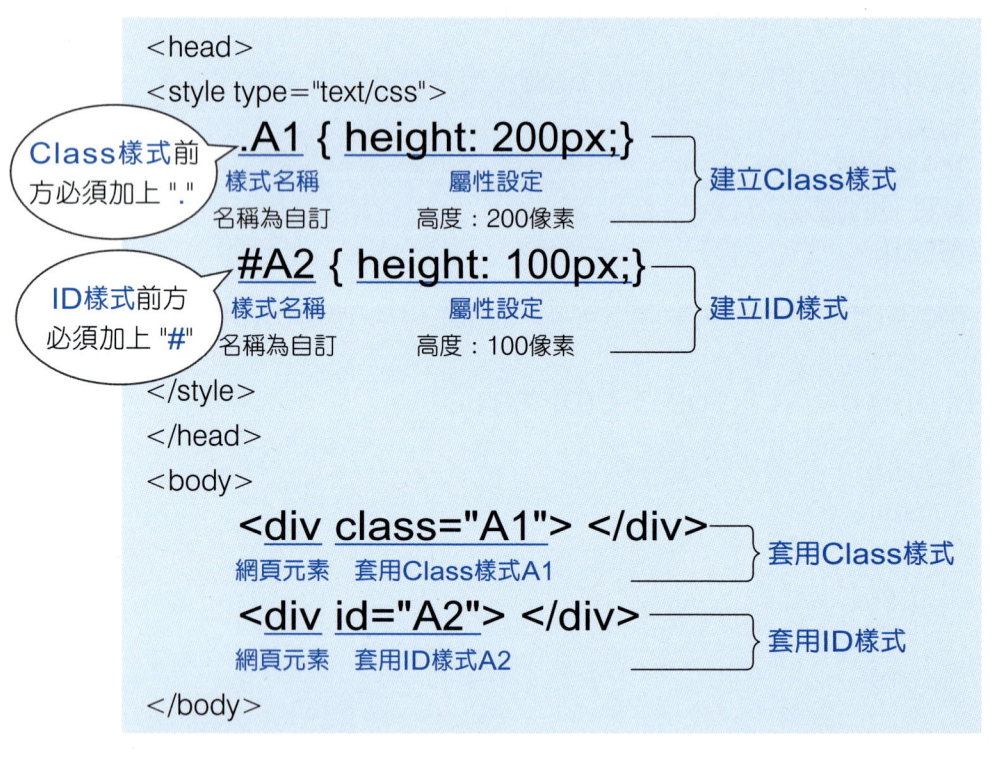

```
<head>
<style type="text/css">
.A1 { height: 200px;}       建立Class樣式
樣式名稱    屬性設定
名稱為自訂  高度：200像素
（Class樣式前方必須加上"."）

#A2 { height: 100px;}       建立ID樣式
樣式名稱    屬性設定
名稱為自訂  高度：100像素
（ID樣式前方必須加上"#"）
</style>
</head>
<body>
<div class="A1"> </div>      套用Class樣式
網頁元素  套用Class樣式A1

<div id="A2"> </div>         套用ID樣式
網頁元素  套用ID樣式A2
</body>
```

5. CSS的使用方法：

   a. **外部CSS**：透過外部的CSS檔案，加入至HTML中，來修改網站的樣式。HTML必須在head的部分加入<link>標籤。

   例 `<link rel="stylesheet" type="text/css" href="example.css">`

📌 統測這樣考

(D)1. 下列哪一種技術可以設定網頁樣式，建立一個風格統一的網站？
(A)VBScript　(B)ASP　(C)PHP　(D)CSS　　　　[103工管]

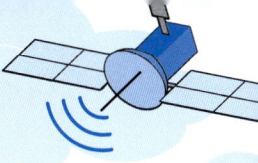

b. 內部CSS：在HTML檔案中head部分，加入<style>標籤

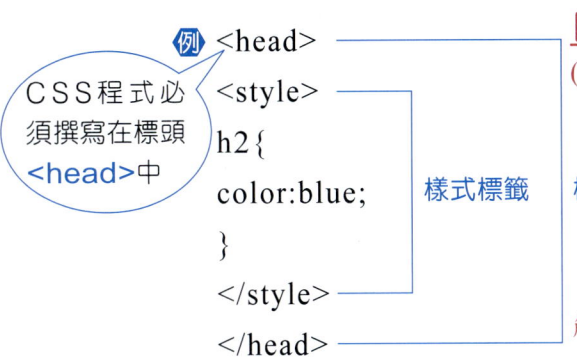

CSS程式必須撰寫在標頭<head>中

例
```
<head>
  <style>
    h2{
      color:blue;
    }
  </style>
</head>
```
樣式標籤、標頭標籤

統測這樣考

(A)33. 下列哪一個HTML敘述，可以在網頁內使用串接式表單（Cascading Style Sheets, CSS）？
(A)<style type = "text/css"></style>
(B)<css style = "text/sheet"></css>
(C)<cascading style = "sheet.css"></cascading>
(D)<script type = "style/css"></script>。 [110商管]

解：要在HTML語言中使用CSS語法，可在<head>…</head>之間，以<style>…</style>標籤來定義共用樣式。

c. 行內CSS：在HTML的標籤中加入style屬性並於style內設定css屬性。

例 `<h2 style="color:blue;">這是標題</h2>`

二、CSS語法與範例 111 112

1. 設定文字：

CSS語法	說明
font-family:屬性值;	設定文字字型 例 font-family:Arial;
font-size:屬性值;	設定文字大小，單位可使用px、%、em、pt、mm 例 font-size:40px;
color:屬性值;	設定文字色彩 例 color:red;
font-style:屬性值;	設定斜體文字： • normal：文字正常顯示 • italic：文字斜體顯示 • oblique：文字斜體顯示 例 font-style:italic;
font-weight:屬性值;	設定字體粗細： • normal：正常 • bold：粗體 • bolder：極粗體 • lighter：細體 例 font-weight:bold;
text-shadow:屬性值1 屬性值2 屬性值3 屬性值4;	設定文字陰影效果 • 屬性1：水平陰影位置 • 屬性2：垂直陰影位置 • 屬性3：模糊程度 • 屬性4：陰影色彩 例 text-shadow:2px 2px 2px #918779;

B11-19

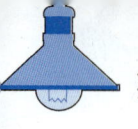

CSS語法	說明
letter-spacing:屬性值;	設定文字間距 例 letter-spacing:10px;
line-height:屬性值;	設定文字列高 例 line-height:10px;
text-indent:屬性值;	設定文字首行縮排距離 例 text-indent:50px;
text-align:屬性值;	設定文字（圖片）的水平對齊方式： • right：靠右 • left：靠左 • center：置中 • justify：左右對齊 例 text-align:center;
vertical-align:屬性值;	設定文字（圖片）的垂直對齊方式： • top：靠上 • middle：垂直置中 • bottom：靠下 例 vertical-align:middle;
/*註解*/	註解文字，不會顯示在網頁中

2. 設定背景：

CSS語法	說明
background-color:屬性值;	設定背景色彩 例 background-color:blue; 　　background-color:#FFFF00;
background-image:屬性值;	設定背景圖片 例 background-image: url("bg.gif");
background-repeat:屬性值;	設定背景圖片重複顯示的方式： • no-repeat：不重複布滿背景 • repeat：重複並排顯示 • repeat-x：水平重複顯示 • repeat-y：垂直重複顯示 例 background-repeat: repeat-x;
background-attachment:屬性值;	設定背景圖片位置： • scroll：背景圖片隨捲軸移動（預設值） • fixed：背景圖片不隨捲軸移動 例 background-attachment: fixed;

3. 設定圖片：

CSS語法	說明
opacity:屬性值;	設定透明效果： 透明 0.0 ⟵⟶ 1.0 不透明 例 opacity:0.5;
box-shadow:屬性值1 屬性值2 屬性值3 屬性值4;	設定陰影： • 屬性1：水平位置　• 屬性2：垂直位置 • 屬性3：模糊程度　• 屬性4：陰影色彩 例 box-shadow:5px 5px 5px #ff0000;

4. 設定邊框（適用於圖片、背景圖片）：

CSS語法	說明
border:屬性值1 屬性值2 屬性值3;	設定圖片邊框： • 屬性1：邊框粗細 • 屬性2：邊框顏色 • 屬性3：邊框樣式 例 border:3px blue solid;
border-radius:屬性值;	設定4個圓角的弧度 例 border-radius:25px;
border-style:屬性值;	設定邊框樣式： • solid：實線 • dashed：虛線 • double：雙實線 • dotted：連續點線 • groove：凹線 • ridge：凸線 • inset：嵌入線 • outset：浮出線 例 border-style: dotted;
border-width:屬性值;	設定邊框寬度： • thin：薄 • meduim：中等 • thick：厚 • 使用數字控制寬度 例 border-width: 5px;
border-color:屬性值;	設定邊框顏色 例 border-color: red;

5. 設定排版方式：

CSS語法	說明
margin:上px 右px 下px 左px;	元素與其他元素之間的距離，可分別設定上、右、下、左的值 例 margin: 20px 10px 20px 10px;
border:屬性1 屬性2 屬性3;	設定邊框，可分別設定線條粗細、樣式、顏色 例 border: 20px solid blue;
padding:上px 右px 下px 左px;	元素內的內容與元素自身的邊界間距，可分別設定上、右、下、左的值 例 padding: 20px 10px 20px 10px;

```
margin（邊界）
  border（邊框）
    padding（邊距）
      內容
```

6. 設定超連結：

CSS語法	說明	舉例

a:屬性值{
　…
}
	設定超連結的狀態：
	• link：尚未被點擊
	• visited：已被點擊
	• hover：滑鼠游標停在連結上
	• active：被點擊時
		a:link{
		　color: blue;
		　font-weight:bold;
		}

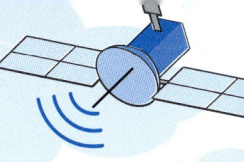

7. CSS範例：

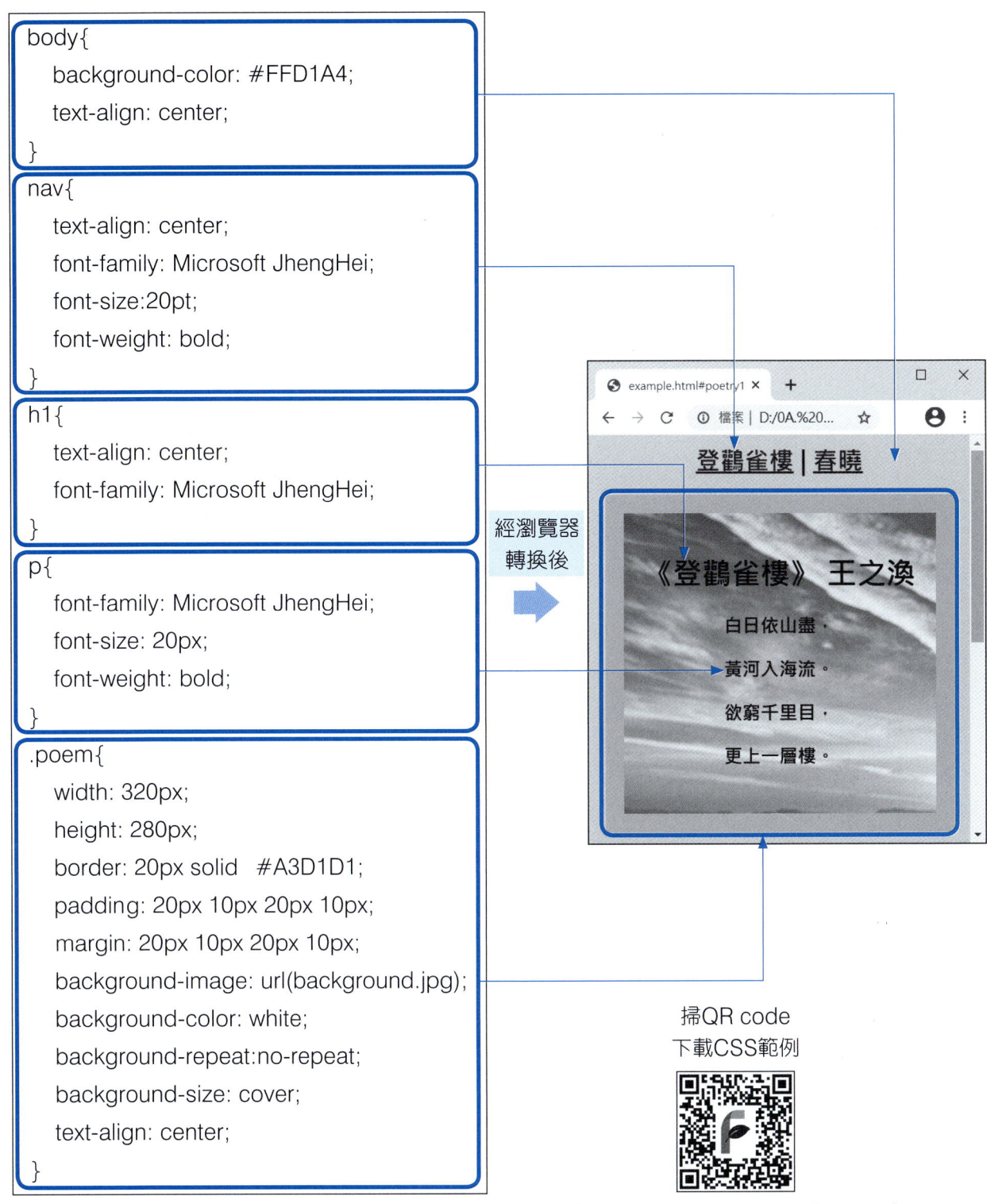

```css
body{
    background-color: #FFD1A4;
    text-align: center;
}
```

```css
nav{
    text-align: center;
    font-family: Microsoft JhengHei;
    font-size:20pt;
    font-weight: bold;
}
```

```css
h1{
    text-align: center;
    font-family: Microsoft JhengHei;
}
```

```css
p{
    font-family: Microsoft JhengHei;
    font-size: 20px;
    font-weight: bold;
}
```

```css
.poem{
    width: 320px;
    height: 280px;
    border: 20px solid   #A3D1D1;
    padding: 20px 10px 20px 10px;
    margin: 20px 10px 20px 10px;
    background-image: url(background.jpg);
    background-color: white;
    background-repeat:no-repeat;
    background-size: cover;
    text-align: center;
}
```

經瀏覽器轉換後

掃QR code
下載CSS範例

（http://www.fisp.com.tw/fisp3/?p=2341）

有背無患

1. XML（延伸標記語言）：與HTML類似，差別在於，XML是用來描述資料的結構與意義，可讓資料的使用及存取更便利。
   a. 可視需求自行定義標籤名稱。
   b. 標籤名稱可使用中文名稱。
2. JavaScript是一種動態網頁語言，可用來為網頁加入動態效果（如網頁載入時顯示訊息），也可以撰寫出簡單的網頁小程式（如瀏覽人次計數器）。
3. 常用的動態網頁語言比較：

動態網頁語言	開發公司	網頁副檔名	HTML中的呈現
VBScript	微軟	—	\<script type="text/VBScript"\> ⋮ \</script\>
ASP.NET	微軟	.asp	\<% ⋮ %\>
JSP	昇陽	.jsp	\<% ⋮ %\>
PHP	PHP團隊	.php	\<?php ⋮ ?\>

統測這樣考

(D)1. 下列電腦語言，何者不適合開發動態網頁？
　　　　(A)ASP
　　　　(B)PHP
　　　　(C)JSP
　　　　(D)Assembly Language。　　　[104工管]

第11章 網站規劃與網頁設計

滿分晉級

★新課綱命題趨勢★
情境素養題

▲閱讀下文，回答第1至2題：

佳佳與小佑希望舉辦班遊來增進同學們之間的感情，他們想調查班上同學可接受的班遊預算（1,000以下、1,001～3,000元、3,001元以上）、可出遊的日期及出遊意願，於是他們利用HTML撰寫了一個網頁表單讓同學填寫資料，以便彙整分析班上同學們的意見。

(B)1. 佳佳與小佑設計的HTML表單中，有調查預算（1,000以下、1,001～3,000元、3,001元以上）、出遊日期及出遊意願等項目，你可以推薦他們利用下列哪些HTML表單元件來製作表單呢？　1. 預算：下拉式選單；出遊日期：日期；出遊意願：單選欄位。
(A)多行文字、多選欄位、日期　　　　(B)下拉式選單、日期、單選欄位
(C)送出按鈕、下拉式選單、多選欄位　(D)搜尋欄位、日期、單行文字。　[11-2]

(A)2. 佳佳與小佑可以透過下列何者來美化HTML網頁表單？
(A)CSS　(B)C++　(C)CNN　(D)小畫家。　[11-3]

(D)3. 神燈巨人對阿里說：「製作網站有以下五項重要工作：
a.規劃架構　b.蒐集材料　c.擬定主題　d.製作網頁　e.發佈網站
如果你能說出正確的工作順序，我就滿足你三個願望。」請問阿里應選擇下列哪一個排序？　(A)abcde　(B)cabde　(C)bcade　(D)cbade。　[11-1]

(C)4. 颱風夜，老師請同學連上學校網站的首頁，查看明天是否放假的消息。請問「首頁」是指？
(A)檔名為top.html的網頁　　　　(B)放有 "最新消息" 的網頁
(C)進入網站第1個看到的網頁　　(D)上次離開網站時最後關閉的網頁。　[11-1]

精選試題

11-1
(A)1. 在設計WWW中之網頁（Web page）時，對於較低階PC或瀏覽器版本的使用者，應考慮將網頁內容以下列何種方式呈現？　(A)文字　(B)圖形　(C)影像　(D)聲音。

(A)2. 為了節省傳遞的時間，下列哪種資料格式，是學校中最常用的網頁式學生成績單？
(A)文字　(B)聲音　(C)影像　(D)圖畫。

(B)3. 瀏覽網頁時，如果滑鼠移到圖片上，滑鼠指標就變成手狀圖示，代表該張圖片
(A)不能下載　(B)設有超連結　(C)禁止瀏覽　(D)有說明文字。

(C)4. 下列有關網頁的敘述，何者正確？
(A)不可以含有動畫
(B)一個網站只能有一個網頁
(C)游標移到超連結上，會變成手狀圖示
(D)不可以含有音樂。

(D)5. 下列哪一種作法無法吸引瀏覽者來瀏覽我們的網站？
(A)廣寄電子郵件宣傳　　　　　(B)在各大入口網站登錄自己的網站
(C)在其他網站張貼廣告　　　　(D)申請成為ISP網站的會員。

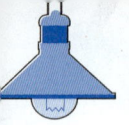

(A)6. 網頁製作完成後，我們應將網頁上傳到哪一種伺服器，才能讓網友瀏覽網頁？
(A)網站伺服器 (B)郵件伺服器 (C)印表機伺服器 (D)檔案伺服器。

(C)7. 莎莎為偶像陳綺貞設計了一個宣傳網頁，但在學校瀏覽網頁時，卻發現網頁中套用「華康少女體」的文字都變成「新細明體」了。請問最可能的原因為何？
(A)網頁中毒了
(B)網頁遭駭客篡改
(C)學校的電腦沒有安裝華康少女體
(D)學校的電腦故障。

7. 如果瀏覽者的電腦沒有安裝特殊字型，則套用特殊字型的文字會自動改以新細明體或細明體顯示。

(B)8. 我們設計網頁後，應該使用哪一種軟體，來瀏覽網頁設計的成果？
(A)防毒軟體 (B)瀏覽器 (C)影音播放軟體 (D)看圖軟體。

(C)9. 在html檔的原始碼中含有「<p> abc </p>」，其作用為何？
(A)將abc以斜體字呈現　　　　　　(B)在abc之前劃一條水平線
(C)將abc與其前後內容分成不同段　(D)將abc以粗體呈現。

(A)10. 在HTML標籤語法中，下列哪一項可完成超連結（hyper linker）的功能？（註：以下選項中的…符號可用適當的文字、數字來替換）
(A)<A…/A>　　　　　　　(B)<Font…/Font>
(C)<H1…/H1>　　　　　　(D)<P…/P>。

12. 順序為<X><Y><Z>開始的標籤，其結尾必須以「反向」的順序來排列；
HTML檔案以<HTML>為起始標籤，</HTML>為結束標籤；
<H1>標籤的字體比<H6>標籤字體大。

(B)11. 下列四種語言，哪一種最適合用來設計互動式網頁？
(A)XML (B)ASP (C)C++ (D)VRML。

(B)12. 下列有關網頁製作的敘述，何者正確？
(A)在HTML標籤語法中，若其順序為<X><Y><Z>開始的標籤，其結尾必須以相同的順序來排列，如</X></Y></Z>
(B)在HTML標籤語法中，可製作超連結的是<A></A>
(C)HTML檔案以<P>為起始標籤，</P>為結束標籤
(D)<H1>標籤的字體比<H6>標籤字體小。

(C)13. 下面哪一種語言是專門用來撰寫全球資訊網（World Wide Web）中的網頁？
(A)Assembly Language　　　　(B)Data Control Language
(C)Hypertext Markup Language　(D)Structured Query Language。

(A)14. 在HTML語言中，下列哪一種標籤可將字體設定為粗體字？
(A)<B>…</B> (B)<I>…</I> (C)<U>…</U> (D)<TR>…</TR>。

(C)15. 網頁製作之HTML語法中，當圖片無法顯示，若欲以某文字或符號來代替時，可使用下列何種屬性？
(A)LOWSRC　　　　　(B)ALIGN
(C)ALT　　　　　　　(D)HSPACE。

15. LOWSRC：優先載入低解析度的圖片，避免瀏覽者等候時間過長；
ALIGN：設定圖片的對齊方式；
HSPACE：設定圖片的左右邊界。

(A)16. HTML的語法中，哪個標記名稱（tag）用來設定對齊方式的？
(A)align (B)style (C)width (D)div。 [丙級網頁設計]

(D)17. HTML的語法中，哪一個標記（tag）與文字設定無關？
(A)… (B)<i>…</i> (C)<u>…</u> (D)<hr>…</hr>。 [丙級網頁設計]

(B)18. 表格的製作上，HTML原始碼所使用的標記為何？
(A)tab (B)table (C)tag (D)表格。 [丙級網頁設計]

第11章 網站規劃與網頁設計

(C)19. HTML的語法<body>…</body>其作用為何？
(A)宣告HTML文件的開始與結束
(B)宣告HTML文件的開頭部分
(C)宣告HTML的主體部分
(D)宣告HTML文件的結尾部分。　　　　　　　　　　　　　　　　　　[丙級網頁設計]

(B)20. 透過下列哪一個HTML語法，可製作出文字在網頁中由左而右不斷重複移動的動態效果？　(A)br　(B)marquee　(C)frameset　(D)body。

(C)21. 在HTML語法中，下列哪一個屬性是用來設定表格外框顏色？
(A)bgcolor　(B)boxcolor　(C)bordercolor　(D)edgecolor。　　　　　[技藝競賽]

(D)22. 在HTML語法中，下列哪一項文件標籤名稱說明錯誤？
(A)<B>…</B>用來表示文件加上粗體效果
(B)<BODY>…</BODY>用來表示文件的主體
(C)<img src…>用來表示插入圖片
(D)<address>…</address>用來表示公司地址。　　　　　　　　　　　[技藝競賽]

(C)23. 下列哪一項軟體，無法編輯網頁程式？
(A)記事本　(B)WordPad　(C)小畫家　(D)Word。　　　　　　　　　[技藝競賽]

(A)24. 下列哪一項HTML標籤可以在網頁中加入音訊？
(A)<audio>…</audio>　　　　　(B)<video>…</video>
(C)<u>…</u>　　　　　　　　　(D)<body>…</body>。

(B)25. 下列哪一項表單元件屬性是可在HTML表單中加入密碼欄位？
(A)type = "text"　(B)type = "password"　(C)type = "checkbox"　(D)type = "radio"。

(C)26. 下列哪一項表單元件屬性是可在HTML表單中加入多選欄位？
(A)type = "number"　(B)type = "reset"　(C)type = "checkbox"　(D)type = "radio"。

(A)27. 下列哪一項表單屬性可設定表單資料的傳送方式？
(A)method　(B)action　(C)name　(D)type。

11-3 (A)28. 下列程式語言中，何者適合用於美化網頁外觀？
(A)CSS　(B)Python　(C)C　(D)Java。

(C)29. 下列CSS的語法中，何者為定義一個ID樣式？
(A).aa{color: green;}　　　　　(B)table{color: green;}
(C)#cc{color: green;}　　　　　(D)body{color: green;}。

統測試題

1. Web 2.0概念是強調網路資源的提供與分享，以彙集群體的智慧。

(A)1. 下列何種性質的網站，其網頁內容產生過程最符合Web 2.0的概念？
(A)維基百科　(B)產品介紹　(C)氣象預告　(D)政令宣導。　　　　　[102商管群]

(A)2. HTML是超文件標記語言（Hyper Text Markup Language）的縮寫，請問HTML檔案可用下列哪一種工具來檢視並以網頁呈現？
(A)瀏覽器（Browser）
(B)Flash動畫播放器（Flash Player）　　2. HTML網頁檔可用瀏覽器來檢視。
(C)視窗媒體播放器（Windows Media Player）
(D)網頁伺服器（Web Server）。　　　　　　　　　　　　　　　　　[102工管類]

3. <title>…</title>用來設定瀏覽器標題列的文字，即網頁的標題。

(D)3. 下列哪一個HTML程式片段，可以在視窗標題列上顯示「品德大學網頁」？
(A)<frame>品德大學網頁</frame>　　(B)<font>品德大學網頁</font>
(C)<top>品德大學網頁</top>　　(D)<title>品德大學網頁</title>。 [102工管類]

4. .ufo為PhotoImpact預設的副檔名。

(D)4. 下列何種檔案格式不是HTML標籤（Tag）可讀入的影像檔格式？
(A).gif　(B).jpg　(C).png　(D).ufo。 [102工管類]

5. <H1>為第一級標題，字體最大，<H6>的字體最小。

(B)5. 有關HTML標籤（Tag）效果的敘述，下列何者錯誤？
(A)
為換行標籤　　(B)<H1>標籤的字體比<H2>標籤的字體小
(C)<HR>為顯示水平線標籤　　(D)<P>為換段標籤。 [102工管類]

(A)6. 下列哪一個HTML程式片段，可以建立一個正確連結到Google網站首頁的超連結？
(A)<a href = "https://www.google.com">Go to Google!</a>
(B)</a href = "www.google.com">Go to Google!<a>
(C)<a href = "Go to Google!">www.google.com</a>
(D)</a href = "Go to Google!">www.google.com<a>。 [103商管群]

(C)7. 設計HTML文件時，以下標籤的使用何者正確？
(A)<A>可設定段落，<B>可設定粗體字，
可換列，<P>可設定超連結
(B)<A>可設定超連結，<B>可換列，
可設定粗體字，<P>可設定段落
(C)<A>可設定超連結，<B>可設定粗體字，
可換列，<P>可設定段落
(D)<A>可設定段落，<B>可換列，
可設定粗體字，<P>可設定超連結。 [103工管類]

(A)8. 以下的HTML語法，總共會產生幾「列」資料的表格？
<table><tr><td></td><td></td></tr><tr><td></td><td></td></tr><tr><td></td><td></td></tr><tr><td></td><td></td><td></td><td></td><td></td></tr></table>
(A)5　(B)4　(C)3　(D)2。 [103工管類]

(D)9. 下列哪一種技術可以設定網頁樣式，建立一個風格統一的網站？
(A)VBScript　(B)ASP　(C)PHP　(D)CSS。 [103工管類]

(B)10. 執行下列HTML檔案內容，則網頁的輸出結果為何？
```
<html>
  <table border = "1">
    <tr><td>小美</td></tr><tr><td>小明</td></tr>
  </table>
</html>
```
[104商管群]

(D)11. 下列敘述何者不正確？
(A)網頁：以HTML格式所建構之文件可稱為網頁
(B)首頁：當使用不含檔名之URL瀏覽某個網站時，其首先出現的網頁稱為首頁
(C)網站：存放網頁的伺服器，提供服務給遠端電腦瀏覽相關網頁
(D)網址：指數字式IP只能用於連結資料庫。 [104工管類]

(B)12. 一般HTML網頁之原始碼（source code）的檔案類型屬於：
(A)二進位檔　(B)文字檔　(C)加密檔　(D)十六進位檔。 [104工管類]

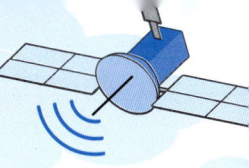

(D)13. 下列電腦語言，何者不適合開發動態網頁？
(A)ASP　(B)PHP　(C)JSP　(D)Assembly Language。 [104工管類]

(A)14. 下列哪一項HTML標籤可以用來設定網頁的標題？
(A)<title>…</title>　　　　　　(B)<table>…</table>
(C)<body>…</body>　　　　　　(D)<html>…</html>。 [105商管群]

(D)15. 下列有關CSS（Cascading Style Sheet）的敘述，何者正確？
(A)CSS樣式只能內嵌於HTML中，無法自行獨立存檔
(B)CSS未被廣泛接受，幾乎沒有瀏覽器支援CSS
(C)使用CSS的網頁具有加密的功能
(D)CSS屬純文字形式，可以設定網頁的外觀。

15. CSS可以存成樣式檔（.css）；大部分瀏覽器皆支援CSS；CSS只具有設定網頁外觀的功能，不具有加密功能。 [105商管群]

(A)16. 下列哪一個HTML標籤（Tag）內的文字不會在網頁呈現？
(A)<!-- … -->　(B)<u>…</u>　(C)<p>…</p>　(D)<h1>…</h1>。 [105工管類]

(D)17. 設計一個網頁，需要了解基本的HTML標籤。請問以下的HTML標籤及功能描述何者正確？
(A)<IP HREF = "連結目標">是建立超連結
(B)<P>是插入水平分隔線
(C)<B>文字</B>是文字加底線
(D)<IMG SRC = "檔名">是插入圖片。 [105工管類]

(B)18. 在HTML標籤語法中，下列哪一項包含超連結的功能？
(A)<h1 href = "網址"> … </h1>
(B)<a href = "網址"> … </a> <img src = "Picture.BMP">
(C)<font href = "網址"> … </font>
(D)<hyperlink href = "網址"> … </hyperlink>。

18. <h1>…</h1>為第一級標題，字體最大；標題級別由h1到h6；<font>…</font>為文字格式設定；<hyperlink>…</hyperlink>為錯誤用法。 [106商管群]

(A)19. 執行下列 HTML 標籤語法，則網頁輸出的結果為何？
<html>
　<table border = "1">
　　<tr> <td> <u>金榜</u></td><td>題名</td> </tr>
　</table>
</html>。

19. 一組<tr>…</tr>表示一列儲存格；一組<td>…</td>表示一個儲存格。

(A) | 金榜 | 題名 |　(B) | 金榜 | 題名 |　(C) | 金榜 |／| 題名 |　(D) | 金榜 |／| 題名 | [106商管群]

(B)20. 下列HTML片段文件若經瀏覽器顯示，所呈現之文字效果為何？
<i>Y<u>Y</u>Y</i>
(A)Y̲YY　(B)Y*Y̲*Y　(C)Y̲Y̲Y　(D)YY̲Y。 [106工管類]

(A)21. 下列哪一個HTML片段文件經瀏覽器顯示不會包含「106學年統測」字樣？
(A)<p><!--106學年統測--></p>　　(B)<p>!106學年統測</p>
(C)<p><--106學年統測--></p>　　(D)<p><--106學年統測!--></p>。 [106工管類]

(B)22. 下列何者可針對HTML文件版面格式、文字顏色及背景等設定呈現方式？
(A)表格（Table）　　　　　　　(B)層級式樣式表（CSS）
(C)網頁框架（Frame）　　　　　(D)可延伸標記語言（XML）。 [106工管類]

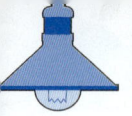

(B)23. 在Windows作業系統中，開啟以htm為副檔名的HTML（HyperText Markup Language）程式，所看到的 "資料格式" 是一種：
(A)點陣圖檔（Bitmap File） (B)文字檔（Text File）
(C)壓縮檔（Compressed File） (D)加密檔（Encrypted File）。 [106資電類]

(B)24. 網頁程式中<TITLE>107學年度四技二專</TITLE>標籤，會將「107學年度四技二專」顯示在瀏覽視窗的下列哪一個位置？
(A)工具列 (B)標題列 (C)狀態列 (D)視窗內文的最上面。 [107商管群]

(C)25. 執行下列HTML標籤語法，則網頁輸出的結果為何？
```
<html>
    <table border = "1">
        <tr><td>永保<br>安康</td></tr>
    </table>
</html>
```
25. <tr>…</tr>：表格列；
    <td>…</td>：儲存格；

：文字換行。

(A) 永保 / 安康 （兩格橫排） (B) 永保 / 安康 (C) 永保安康（上下） (D) 永安 / 保康 。 [107商管群]

(D)26. 在HTML文件中，下列何者可在網頁上顯示有效的電子郵件超連結？
(A)<u>abc123@gmail.com</u>
(B)<address>abc123@gmail.com</address>
(C)<img src="abc123@gmail.com">abc123@gmail.com</img>
(D)<a href="mailto:abc123@gmail.com">abc123@gmail.com</a>。 [107工管類]

(A)27. 關於HTML語法，下列敘述何者不正確？
(A)<I>…</I>為設定網頁項目的標籤
(B)<P>…</P>為設定網頁分段的標籤
(C)<U>…</U>為設定網頁文字加底線的標籤
(D)<B>…</B>為設定網頁文字粗體效果的標籤。 [107工管類]

(B)28. 下列哪個HTML片段文件是正確且經瀏覽器顯示時，所呈現之字型為最大？
(A)<h0>107計算機概論</h0>
(B)<h1>107計算機概論</h1>
(C)<h6>107計算機概論</h6>
(D)<h7>107計算機概論</h7>。 [107工管類]

(B)29. 用HTML標籤來建立一個1列2欄的表格，<table border ="1"> 與 </table> 之間的標籤應為下列何項？
(A)<td><tr>…</tr><tr>…</tr></td>
(B)<tr><td>…</td><td>…</td></tr>
(C)<td><tr>…</tr></td><td><tr>…</tr></td>
(D)<tr><td>…</td></tr><tr><td>…</td></tr>。 [108商管群]

29. 一組<tr>…</tr>表示1列儲存格；
    一組<td>…</td>表示1個儲存格，
    一般都是<td>…</td>放在<tr>…</tr>內。

(C)30. 下列關於HTML的敘述，何者正確？
(A)<table cellpadding = …>為調整表格的外框尺寸
(B)<table border = …>為調整表格欄位內元素與邊框間的距離
(C)<hr>為加入一條水平線
(D)<body bgcolor = …>為設定表格欄位背景顏色。 [108工管類]

30. <table cellpadding = …>可用來設計表格欄位內元素與邊框間的距離；
    <table border = …>為調整表格外框粗細；
    <body bgcolor = …>為設定主體背景顏色。

31. <i>…</i>文字變斜體；<u>…</u>文字加底線。

(A)31. 在HTML文件中，<u>12</u><i>34<u>56</u>78</i>可在網頁上顯示之效果為何？
(A)<u>12</u>*34<u>56</u>78*　(B)*12345678*　(C)<u>12</u>34<u>56</u>78　(D)12<u>34</u>56<u>78</u>。 [108工管類]

(A)32. 在HTML文件中，下列何者可產生我國教育部網站之文字超連結？
(A)<a href = "https://www.edu.tw">教育部</a>
(B)<address href = "https://www.edu.tw">教育部</address>
(C)<href address = "https://www.edu">教育部</href>
(D)<href a = "https://www.edu.tw">教育部</href>。 [108工管類]

(B)33. 小明設計一個HTML（Hypertext Markup Language）程式，當他儲存該文件後，此文件之原始資料格式為下列何者？
(A)點陣圖檔（Bit Map File）　　(B)文字檔（Text File）
(C)壓縮檔（Compressed File）　　(D)批次執行檔（Batch Executive File）。 [108資電類]

(A)34. 假設我們想使用一個檔名是mypic.png的圖片來做超連結，以連到www.myschool.edu.tw；如果會有「圖片無法顯示」的情況，則顯示「myschool」的替代文字，下列哪一個答案是正確的？
(A)<a href="http://www.myschool.edu.tw"><img src="mypic.png" alt="myschool"></a>
(B)<link href="http://www.myschool.edu.tw"><img src="mypic.png">myschool</img></link>
(C)<img href="mypic.png"><a src="http://www.myschool.edu.tw">myschool</a></img>
(D)<img src="mypic.png" linkto="http://www.myschool.edu.tw">myschool</img>。 [109商管群]

35. 在HTML語法中，
為文字換行。

(C)35. HTML語法中，可用下列哪一語法標籤進行「強制換行」？
(A)<line>　(B)<cr>　(C)
　(D)<body>。 [109工管類]

(D)36. 如圖（一）是使用Google Chrome連結到教育部全球資訊網的畫面，此畫面中用方框標示出的『教育部全球資訊網』是這個網頁的標題，下列哪個選項可以產生此網頁標題？

圖（一）

36. <title>…</title>是設定瀏覽器標題列或索引標籤的文字，即網頁的標題。

(A)<HTML>
　　<BODY>
　　　　教育部全球資訊網
　　</BODY>
　</HTML>

(B)<HTML>
　　<HEAD>
　　　　教育部全球資訊網
　　</HEAD>
　</HTML>

(C)<HTML>
　　　教育部全球資訊網
　</HTML>

(D)<HTML>
　　<HEAD>
　　　　<TITLE>教育部全球資訊網</TITLE>
　　</HEAD>
　</HTML>
[109工管類]

37. <table>…</table> 為表格標籤；<center>…</center>為將文字或圖片置中；<p>…</p>為文字換段。

(D)37. 如果在一個網頁中要顯示一張格式為jpeg的圖片，請問要用到哪個HTML的標籤？
(A)<table>…</table>　　(B)<center>…</center>
(C)<p>…</p>　　(D)<img src="…"…>。 [109工管類]

(C)38. 設計網頁除了可以用Dreamweaver開發，也可以直接以HTML的語法，用文字檔的方式撰寫網頁程式碼，下列哪一個語法可以在瀏覽器（browser）的視窗標題列顯示「我的HTML」？　38.<title>…</title>：設定瀏覽器標題列的文字，即網頁的標題。
(A)<html>我的HTML</html>　　(B)<head>我的HTML</head>
(C)<title>我的HTML</title>　　(D)<body>我的HTML</body>。 [109資電類]

(A)39. 下列哪一個HTML敘述，可以在網頁內使用串接式表單（Cascading Style Sheets, CSS）？
(A)<style type = "text/css"></style>
(B)<css style = "text/sheet"></css>
(C)<cascading style = "sheet.css"></cascading>
(D)<script type = "style/css"></script>。 [110商管群]

39.要在HTML語言中使用CSS語法，可在<head>…</head>之間，以<style>…</style>標籤來定義共用樣式。

40.PWS（Personal Web Server）是指個人網站伺服器。

(D)40. 下列何者不是設計動態網頁的相關腳本語言（Scripting Language）？
(A)ASP（Active Server Pages）　　(B)JSP（JavaServer Pages）
(C)PHP（Hypertext Preprocessor）　　(D)PWS（Personal Web Server）。 [110工管類]

(A)41. HTML原始碼<u>https://tw.yahoo.com</u>在網頁上會呈現何種效果？
(A)顯示 https://tw.yahoo.com
(B)顯示 *https://tw.yahoo.com*
(C)點選後開啟https://tw.yahoo.com的首頁
(D)點選後開啟https://tw.yahoo.com網站的截圖。 [110工管類]

41.<u>…</u> 為文字加底線。

(A)42. 有關CSS設定文字色彩的屬性，① 中為下列何者？
```
<html>
<head>
    <title>HTML</title>
    <style>
    p{
        ①
    }
    </style>
</head>
<body>
    <p> 國泰民安 </p>
</body>
</html>
```
(A)color:red;　　(B)text-align:red;
(C)border-color:red;　　(D)background-color:red;。 [111商管群]

42.「text-align:屬性值」是設定文字的水平對齊方式；「border-color:屬性值」是設定圖片邊框顏色；「background-color:屬性值」是設定背景色彩。

(D)43. 若網頁輸出結果如圖（二）的血型選擇，則最適合使用下列何項HTML標籤？
(A)input type = "button"　　(B)input type = "checkbox"
(C)input type = "circle"　　(D)input type = "radio"。 [111商管群]

請選擇血型：○A　○B　○O　○AB

圖（二）

43.button：按鈕、checkbox：核取方塊、circle無此元件、radio：選項按鈕。

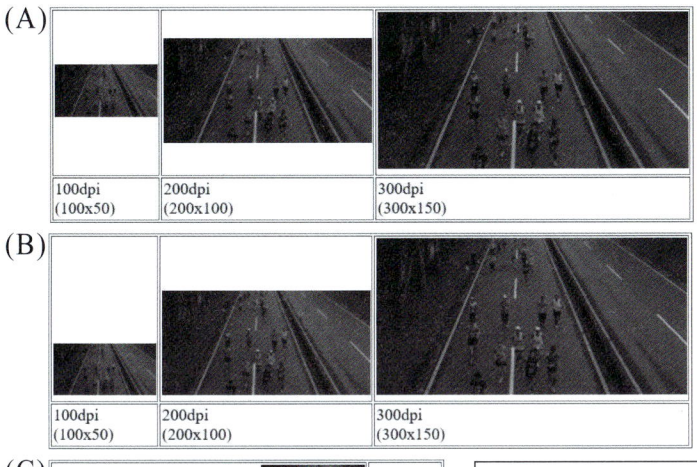

(A)44. 某網頁呈現照片dpi（dot per inch）的資訊，該網頁採用標籤<table>、<tr>、<td>設計一個表格來呈現照片的相對大小，部分網頁HTML語法如圖（三），標籤未敘明的參數如align均採用預設值（default）。圖中網頁HTML語法，在瀏覽器上的顯示結果為何？ [112商管群]

(A) 100dpi (100x50)　200dpi (200x100)　300dpi (300x150)

(B) 100dpi (100x50)　200dpi (200x100)　300dpi (300x150)

(C) 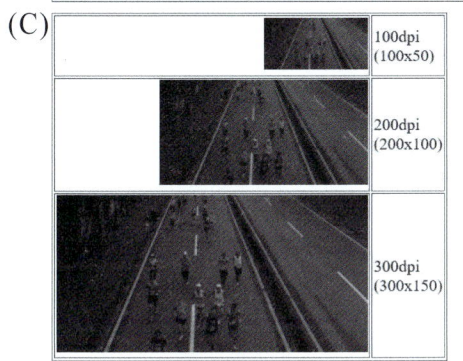 100dpi (100x50) / 200dpi (200x100) / 300dpi (300x150)

(D) 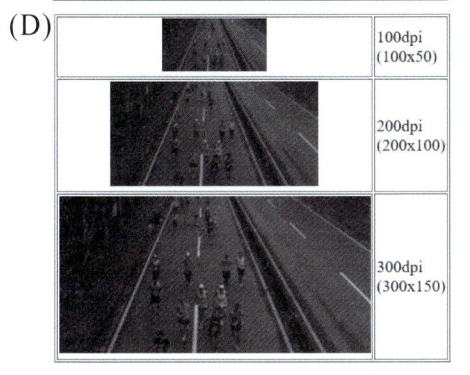 100dpi (100x50) / 200dpi (200x100) / 300dpi (300x150)

```
<table border="1">
  <tr>
    <td><img src="image01.JPG"></td>
    <td><img src="image02.JPG"></td>
    <td><img src="image03.JPG"></td>
  </tr>
  <tr>
    <td>100dpi
      <br> (100x50)</td>
    <td>200dpi
      <br> (200x100)</td>
    <td>300dpi
      <br> (300x150)</td>
  </tr>
</table>
```

圖（三）

(A)45. 設計網頁HTML語法時，想將特定一段文字的背景設定為黃色以具有醒目提示的效果，如圖（四），有關顏色的設定下列何者正確？
(A)FFFF00
(B)FF00FF
(C)00FFFF
(D)00FF00。　　　[112商管群]

45.#FFFF00為黃色、
#FF00FF為洋紅色、
#00FFFF為青色、
#00FF00為綠色。

```
<html>
<head>
<title>HTML</title>
<style type="text/css">
bgcolor1 {
   background-color: #   ?   ;
}
</style>
</head>
<body>
<bgcolor1>特定一段文字</bgcolor1>
</body>
</html>
```

圖（四）

▲ 閱讀下文，回答第46-47題

黃生設計了一個愛心路跑活動報名網頁，HTML的內容如圖（五），網頁顯示結果如圖（六）。

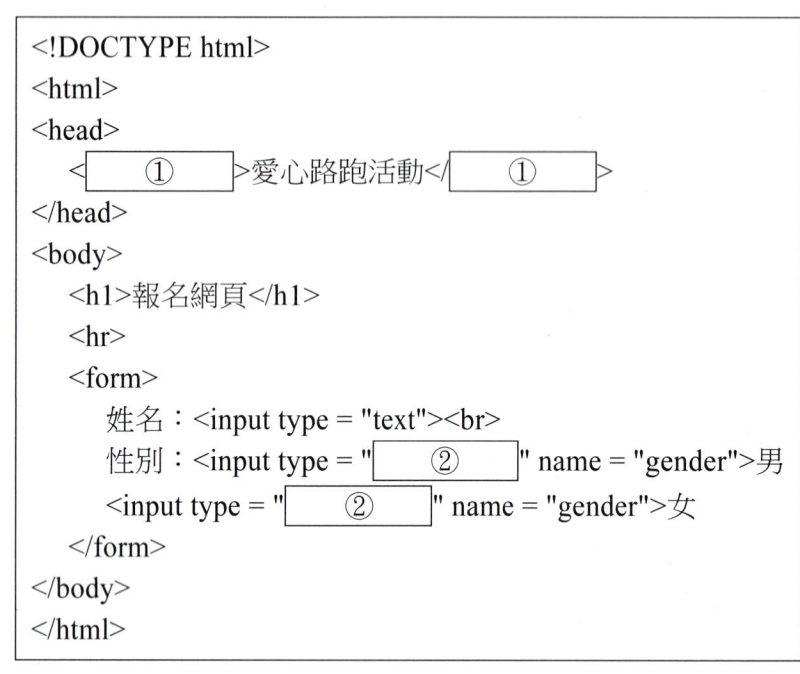

```
<!DOCTYPE html>
<html>
<head>
    < ① >愛心路跑活動</ ① >
</head>
<body>
    <h1>報名網頁</h1>
    <hr>
    <form>
        姓名：<input type = "text"><br>
        性別：<input type = " ② " name = "gender">男
        <input type = " ② " name = "gender">女
    </form>
</body>
</html>
```
圖（五）

46. • h1：用來設定文字大小，h1為第一級標題，字體最大，標題級別由h1到h6。
    • title：用來設定瀏覽器標題列或索引標籤的文字，即網頁的標題。
    • caption：用來設定表格標題。

圖（六）

(C)46. 要產生圖（六）中「愛心路跑活動」的字串，圖（五）中「①」應該用哪一個HTML標籤？　(A)subject　(B)h1　(C)title　(D)caption。　[114商管群]

(D)47. 圖（六）中，性別選擇採單選按鈕，圖（五）中「②」應該為下列何者？
(A)select　(B)checkbox　(C)button　(D)radio。　[114商管群]
47. select：下拉式選單、checkbox：多選按鈕、button：按鈕、radio：單選按鈕。

第12章 網頁設計軟體

12-1 網頁設計軟體簡介

1. 以Word、Excel製作的文件,可以存成網頁格式(如html)。

2. 常見的網頁設計軟體:

軟體	說明	軟體類型
Dreamweaver	由Adobe公司推出的所見即所得網頁設計軟體,還提供開發智慧型手機等行動裝置適用的「響應式網頁設計(RWD)」功能	商業軟體(提供試用版)
Namo WebEditor One	具備基本的網頁編輯功能,且內建多種範本,可讓不熟悉HTML的使用者也能輕易製作出專業的網頁	商業軟體(提供試用版)
KompoZer	一款免費且開放原始碼的所見即所得網頁編輯器,可讓使用者快速地製作出網頁	自由軟體
BlueGriffon	一款跨平台且開放原始碼的網頁編輯器,使用者可選擇以程式碼編輯模式或所見即所得編輯模式進行網頁設計	自由軟體
Brackets	一款免費且開放原始碼的純文字網頁編輯器,是以HTML、CSS及JavaScript編寫而成的HTML編輯器	自由軟體

a. **所見即所得**(What You See Is What You Get, WYSIWYG)的網頁編輯器是指在編輯時,編輯器能即時呈現程式碼在瀏覽器中的內容。

b. 網頁設計軟體會自動將我們所設計的網頁內容,轉換成對應的HTML語言。我們也可直接在文字編輯軟體(如記事本、WordPad[註]),編寫HTML來製作網頁。

註:WordPad於2023年9月停止更新,並於Windows 11正式移除WordPad軟體。

3. 常見的網站建置平台：除了上述的網頁設計軟體之外，網路上有許多免費的網站建置平台，可讓使用者透過平台快速完成網頁製作與網站架設。

網站建置平台	說明	收費方式
Google協作平台	• 由Google公司開發的網站建置平台，只要有Google帳戶即可使用，適合網頁初學者使用 • 可結合Google其他相關服務（如日曆、表單、簡報等） • 提供共編功能可讓多人同時編輯網頁內容	免費
WordPress	• 目前較受歡迎的網站建置平台，可用來快速架設企業形象網站、商業網站、部落格網站等 • 提供易於維護及管理的網站管理平台	免費版／商用版
Wix.com	• 提供數百款主題模板（如網上商店、餐廳、美甲店等），使用者只要從中挑選合適的模板即可 • 透過滑鼠拖曳的方式，即可簡單快速地完成網站的建置	免費版／商用版
Weebly	• 較常用於製作一頁式網站及線上電子商店網站 • 利用網頁模板可依照需求設計出具有購物車、結帳、庫存追蹤等功能的網站	免費版／商用版

12-2　網頁設計實務

一、Dreamweaver基本功能

1. 網站的架設與管理

    a. 設定欲製作的網站名稱、資料夾路徑等，以便後續的管理及維護。

    b. 網站架設操作：按『網站/新增網站』，選取電腦中的資料夾。

    c. 管理網站操作：按『網站/管理網站』，可編輯網站的相關資訊、或刪除不再使用的網站。

2. 流變格線的設定：

   a. **流變格線**功能可使網頁配置自動配合瀏覽器視窗寬度或螢幕解析度改變，讓瀏覽者不論使用電腦、平板電腦、手機來瀏覽網頁，都可以看到最佳的配置效果，這種網頁也稱為「**響應式網頁設計（RWD）**」。

   b. 操作：選『檔案/開新檔案/流變格線版面』，可設定流變格線版面。

3. 設定網頁內容：

   a. 設定網頁的字型、字型大小、文字顏色、背景顏色、背景影像、超連結色彩及網頁標題（顯示在標題列）等內容。

   b. 操作：在屬性面板，按頁面屬性。

4. 插入表格：

   a. 設定表格的列數/欄數、表格寬度、邊框粗細、儲存格的內距及間距、對齊方式等內容。

   b. 操作：按『插入/表格』。

5. 插入圖片：

   a. 可在網頁中，插入圖片。

   b. 操作：按『插入/影像』。

6. 設定超連結：

   a. 超連結可連結至**同一個網站中的任一網頁**或**同一個網頁中的特定位置**，也可連結至外部的網站、**電子郵件信箱**。

   b. 要連結至同一個網頁中的**特定位置**，必須先在欲連結的位置，按『插入/命名錨點』加入**命名錨點**。

   c. 設定電子郵件信箱超連結時，郵件地址前須加上 "**mailto:**"，如 "mailto:coco@yahoo.com.tw"。

   d. 游標移到超連結上會變成手狀圖示。

   e. 操作：選取文字或圖片，按『插入/超連結』，或在屬性面板的連結欄輸入網址、按 鈕設定超連結。

7. CSS樣式的新增與套用：

   a. 在Dreamweaver中，可使用CSS樣式來設定網頁的外觀。

   b. 新增CSS樣式操作：在CSS樣式面板，按新增CSS規則，可開啟新增CSS規則交談窗，以新增CSS樣式。

   c. 套用CSS樣式的操作：選取要套用的元素，在CSS樣式面板，選取CSS樣式，按右鍵，選『套用』，套用後即可在程式碼中看到選取的元素套用CSS樣式。

8. Div區塊的建立：

   a. 操作：在插入版面，按插入Div標籤，即可插入Div區塊。

   b. 設定Div區塊位置常用的CSS屬性：

CSS屬性	說明
position	設定區塊位置，常用的屬性： • absolute：絕對位置，不會受其他網頁元素影響位置 • fixed：固定顯示在視窗的某處 • relative：相對位置，會隨著其他網頁元素移動相對位置 • static：依照瀏覽器預設的配置擺放位置
top	靠上距離
left	靠左距離
right	靠右距離
bottom	靠下距離
float	設定區塊能左右並排，常用的屬性： • left：靠左並排 • right：靠右並排

9. 建立影像地圖：

   a. **影像地圖**是一張被劃分成許多區域，並分別設定超連結的圖片。

   b. 操作：選取圖片，在屬性面板，按 ▢、◯ 或 ▽，建立**矩形**、**圓形**或**多邊形**範圍的超連結。

10. 設定變換影像效果：

    a. 變換影像效果：當滑鼠移到圖片時，圖片會變換成另一張圖片。

    b. 操作：選取圖片，按『插入/影像物件/滑鼠變換影像』。

二、絕對路徑 vs. 相對路徑

1. **絕對路徑**：以完整的路徑表示標的位置。
   相對路徑：以目前位置為基準來表示標的位置。
   生活實例：絕對路徑 → 台北市文中路17號4樓
   　　　　　相對路徑 → 以「小刀」為基準描述「家宜」位置：住在樓下
   　　　　　　　　　　 以「澤言」為基準描述「家宜」位置：住在隔壁4樓

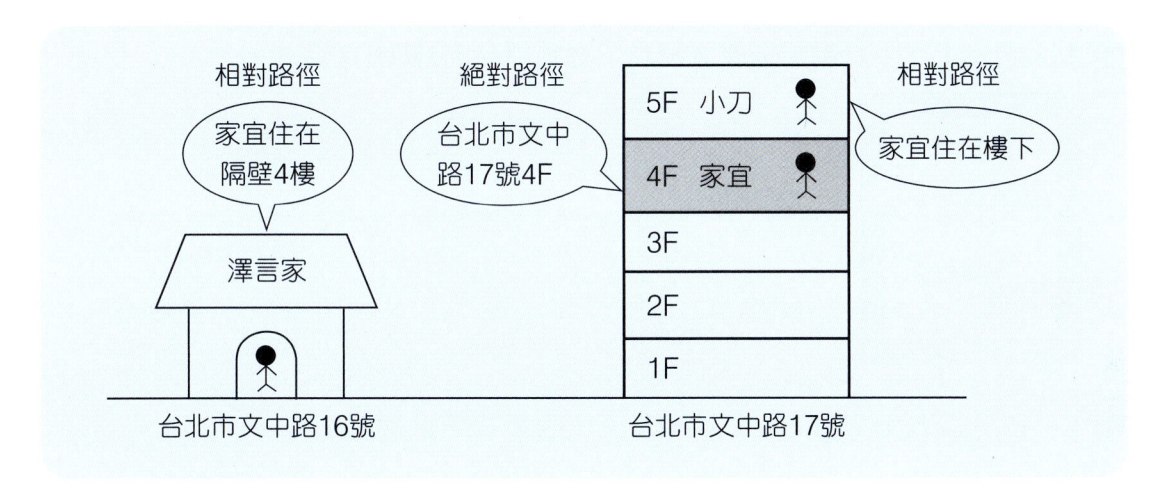

> **統測這樣考**
> (D)1. 有關Windows系統的路徑表示法中，下列何者屬於絕對路徑？
> (A)email.txt
> (B)data\email.txt
> (C)..\data\email.txt
> (D)c:\data\email.txt。　[102工管]

2. 路徑格式說明：
   a. Windows系統：以「\」來表示路徑。
   b. 網站架構（超連結）：以「/」來表示路徑。

3. 路徑格式舉例（以Windows系統為例）：
   絕對路徑：c:\web\page\work\dog.htm。
   相對路徑：以index.htm位置為基準來描述dog.htm位置：page\work\dog.htm
   　　　　　以dog.htm位置為基準來描述index.htm位置：..\..\index.htm
   　　　（..\代表上一層資料夾）

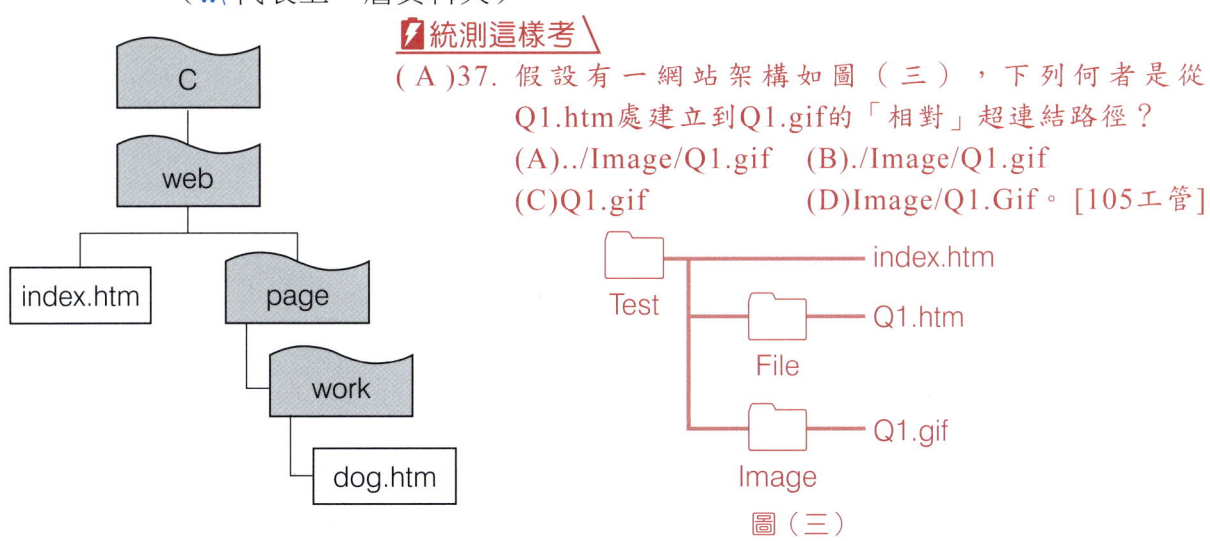

> **統測這樣考**
> (A)37. 假設有一網站架構如圖（三），下列何者是從Q1.htm處建立到Q1.gif的「相對」超連結路徑？
> (A)../Image/Q1.gif　(B)./Image/Q1.gif
> (C)Q1.gif　　　　　(D)Image/Q1.Gif。[105工管]
>
> 圖（三）

4. 在Dreamweaver中設定超連結，預設是使用**相對路徑**，若使用絕對路徑，當網站資料夾位置改變時，會發生連結失效的問題。

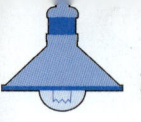

三、框架式網頁的建立 108 113

1. 建立**框架式網頁**：
   a. **框架式網頁**是指利用**頁框**（frame），將網頁劃分成多個區域，以便將資料分區擺放。
   b. 框架式網頁是由1個**頁框組**（frame page）與數個**頁框**所組成，儲存時，頁框組與頁框必須分開儲存。
      > 例 某個分為上、下頁框的框架式網頁，必須儲存成3個網頁檔案。

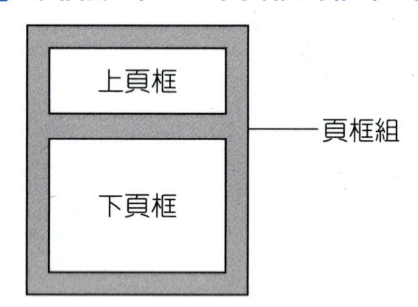

      ```
      ┌─────────────┐
      │ ┌─────────┐ │
      │ │  上頁框  │ │
      │ └─────────┘ │──── 頁框組
      │ ┌─────────┐ │
      │ │  下頁框  │ │
      │ └─────────┘ │
      └─────────────┘
      ```

   c. 操作：按『插入/HTML/頁框』，選任一框架式網頁樣式。

2. 設定**頁框組**屬性：
   a. 可設定頁框組是否顯示邊框、邊框寬度、瀏覽時是否可調整頁框大小等屬性。
   b. 表示頁框大小的單位：

單位	說明
像素	以固定的像素數值來顯示 例 上頁框高度設為100像素，則不論瀏覽器頁面大小如何調整，上頁框高度皆固定為100像素
百分比	依照各頁框佔整個瀏覽器頁面的百分比來分配 例 上頁框高度設為30%，則頁框高度佔瀏覽器頁面的30%
相對	依照各頁框佔整個瀏覽器頁面的比例來分配 例 上頁框高度設為1，下頁框高度設為2，則上頁框佔瀏覽器頁面的1/3，下頁框佔2/3

   c. 操作：按『視窗/頁框』，在頁框面板的最外圍單按，選取頁框組，再透過屬性面板設定。

   ◎五秒自測　若要讓頁框大小會隨著瀏覽器頁面大小改變，應如何設定？ 設定頁框組屬性

3. 設定**頁框**屬性：
   a. 可設定頁框的名稱、初始網頁、是否顯示邊框、邊框寬度、邊框顏色、是否顯示捲軸等屬性。
   b. 操作：按『視窗/頁框』，在頁框面板選任一頁框，再透過屬性面板設定。

4. 設定框架超連結：
   a. 在框架式網頁中，可設定要將超連結的目標網頁開啟在哪一個「目標頁框」。
   b. 目標頁框有以下4種：

目標頁框	設定值	說明
相同頁框	_self	在相同頁框開啟連結的目標網頁
整頁	_top	以全視窗顯示要連結的目標網頁
開新視窗	_blank	以新視窗顯示要連結的目標網頁
父頁框	_parent	在超連結所在的框架式網頁中，開啟要連結的目標網頁

   c. 設定不同目標頁框的效果：

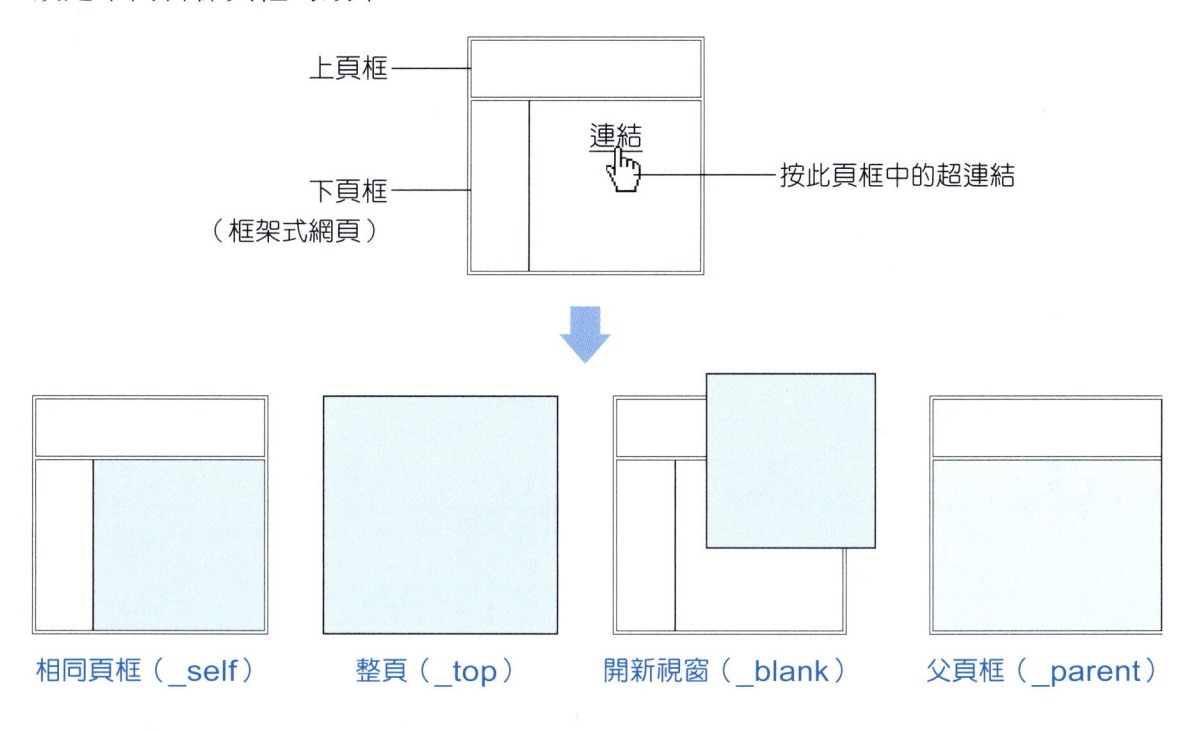

   相同頁框（_self）　　整頁（_top）　　開新視窗（_blank）　　父頁框（_parent）

   聯想記憶法
   - _self = "自己" → 相同頁框。
   - _top = "頂部" → 視窗頂部 → 整頁。
   - _blank = "空白" → 空白視窗 → 開新視窗。
   - _parent = "父母" → 父頁框。

   d. 操作：選取文字或圖片，按『插入/超連結』，按目標視窗或按屬性面板的目標下拉式方塊。

   統測這樣考

   (A)36. 在設定網頁超連結時，可透過target屬性設定目標網頁顯示的位置，下列敘述何者正確？
   (A)target = "_self" 在超連結的相同頁框（frame）中顯示要連結的目標網頁
   (B)target = "_blank" 在超連結的相同頁框中顯示空白的網頁
   (C)target = "_parent" 開啟另一新視窗以全畫面顯示要連結的網頁
   (D)target = "_top" 回到上一頁網頁。　　　　　[108商管]

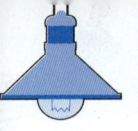

四、Google協作平台基本功能

1. 建立網站：
   a. 連上Google協作平台並登入帳戶後，選擇**空白**或套用**範本庫**裡的內建範本來建立網站，並新增網站所需要的頁面。
   b. Google協作平台會**自動儲存**每一次變更，並將檔案儲存在Google雲端硬碟。
   c. 在首頁可設定**網站名稱**、**協作平台文件名稱**及**頁面標題**。
   d. 新增的頁面名稱會顯示在**導覽列**，在右側面版的頁面標籤中可進行複製、刪除頁面等編修，或以**拖曳**的方式調整頁面順序。

2. 套用主題及設定標頭樣式：
   a. 每一款內建的主題都有預設的背景、字型樣式、配色，套用後可進行簡單的變更與調整。
   b. 可將標頭設定為**封面**、**大型橫幅**、**橫幅**、**只有標題**等樣式。

3. 插入物件：**插入**標籤中，提供有各種物件，我們可視實際需要選擇合適的物件加入網頁。

物件	說明
文字方塊	新增標題或文字
圖片	上傳或從網路上（如雲端硬碟、Google圖片搜尋）選取相片或圖片
內嵌	輸入網址或程式碼嵌入網頁
雲端硬碟	從雲端硬碟中取得要嵌入的檔案
可收合的群組	新增可收合的文字區段
目錄	新增目錄，讓網友更容易瀏覽網頁的內容
圖片輪轉介面	設定切換不同圖片的效果，可設定為手動或自動輪轉。建議圖片的尺寸統一，輪轉的效果較佳
按鈕	新增連結按鈕
分隔線	新增水平分隔線

第12章　網頁設計軟體

物件	說明
📍 地圖	新增地圖（如某店家地點）或加入我的地圖
▶ YouTube	新增YouTube上的影片，讓網友可直接在網頁中播放選定的YouTube影片
📅 日曆、📄 文件、🖥 簡報、➕ 試算表、📋 表單、📊 圖表	新增Google日曆及雲端硬碟中的文件、簡報、試算表、表單、圖表
➕ 預留位置	在頁面上預留一個位置，可新增圖片、檔案、影片、日曆、地圖等

4. 編輯文字：在文字方塊輸入文字後，可設定字型樣式、文字顏色、對齊方式、行距等。

5. 編輯圖片：點擊圖片，可透過**圖片工具列**裁剪圖片、加入圖片超連結、刪除圖片等。

6. 編輯區段：

    a. Google協作平台的版面配置是區段來分隔，每個區段可包含數個物件。

    b. 套用預設的**內容區塊**，再依指示新增圖片、檔案或文字，即可快速完成版面配置。

    c. 可編輯區段顏色、複製／刪除區段或移動區段的位置。

7. 共用協作平台：可邀請相關人員**共同**參與網站的製作與維護，有助於團隊協作。

8. 預覽及發布網站：

    a. Google協作平台採用**響應式網頁設計**（RWD），按預覽鈕可預覽網頁在各裝置上（如手機、平板電腦、大螢幕）所顯示的樣貌。

    b. **自訂網址**並將網站**發布**到網路上供人瀏覽，日後網站若有變更與修改，都須再次發布才會顯示於網路上。

    c. 按**取消發布**，可先暫時關閉網站，待更新與調整後再重新發布。

有背無患

- **網站伺服器軟體**：可將電腦模擬成網站伺服器，瀏覽者只要在瀏覽器中輸入該台電腦的IP位址，即可瀏覽網頁。
- **IIS**：微軟公司開發的網站伺服器軟體。
- **Apache**：開放原始碼的免費網站伺服器軟體，可以跨平台使用。

得分區塊練

(C)1. 欲在同一張圖片上製作多個超連結到多個目的網頁之作法為何？
(A)建立文字超連結
(B)建立書籤超連結
(C)建立影像地圖超連結
(D)建立電子郵件。
[丙級網頁設計]

(D)2. 儲存框架式網頁時，頁框、頁框組必須分開儲存，請問右圖框架式網頁在儲存時應該要存成幾個檔案？
(A)2　(B)3　(C)4　(D)5。

2. 題目中的網頁是由4個頁框及1個頁框組組成，因此共要存成5個檔案。

(B)3. 下列3項有關超連結的敘述，正確的有哪幾項？
a.圖片無法設定超連結
b.利用超連結可以連結到設定的檔案
c.利用超連結可以連結到國外的網站
(A)abc　(B)bc　(C)ac　(D)ab。

(A)4. 小玉在瀏覽動物園網站時，發現滑鼠移到圖片上時，該圖片就會變成另一張圖片，請問這種效果是使用Dreamweaver的哪一項功能所製成？
(A)變換影像效果　(B)跑馬燈效果　(C)聲音效果　(D)影片效果。

(D)5. 在Google協作平台中，點擊圖片無法進行下列哪一項編輯？
(A)加入超連結　(B)刪除圖片　(C)裁切圖片　(D)調整圖片亮度。

(A)6. 若要以「整頁」的方式來開啟連結的網頁，目標頁框應設定為？
(A)_top　(B)_blank　(C)_parent　(D)_self。

6. _top：整頁；_blank：開新視窗；_parent：父頁框；_self：相同頁框。

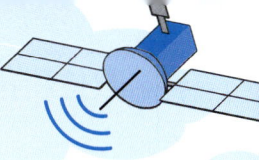

第12章 網頁設計軟體

滿分晉級

★新課綱命題趨勢★
情境素養題

▲閱讀下文，回答第1至2題：

小維與莎莎想利用Dreamweaver建立班級網站，他們希望在網頁中至少出現3個超連結，分別能連結至班導介紹、班級網誌、班級生活點滴記錄等頁面，莎莎希望開啟班導介紹頁面時，要能在相同頁框開啟網頁；開啟班級網誌時，要能以全視窗開啟網頁；開啟班級生活點滴記錄時，要能以新視窗開啟網頁。

(C)1. 小維在設定超連結的目標網頁：班導介紹、班級網誌、班級生活點滴記錄的開啟頁框時，該如何分別設定目標頁框才能符合莎莎的需求呢？
(A)_top、_self、_blank
(B)_parent、_top、_blank
(C)_self、_top、_blank
(D)_self、_top、_parent。

1. _self：在相同頁框開啟；
_blank：以新視窗開啟；
_parent：在超連結所在的框架式網頁中開啟；
_top：以全視窗開啟。 [12-2]

(D)2. 在Dreamweaver設定超連結時，預設使用相對路徑，請問下列哪一種敘述不是在表示相對位置？
(A)莎莎坐在小維隔壁
(B)小維家樓上是阿明家
(C)小維在莎莎家樓下的便利商店買東西
(D)小維家住在台北市忠孝東路一段1號。 [12-2]

(A)3. 電影「富都青年」勇奪金馬獎的最佳男主角獎，如果想要在該片的官方網站以來回移動的文字來宣告這個好消息，可使用網頁設計軟體的哪一項功能？
(A)跑馬燈　(B)框架式網頁　(C)影像地圖　(D)變換影像效果。 [12-2]

(D)4. 聯合國提出的永續發展目標（SDGs）中，第14項核心目標是「保育海洋生態」，阿建想製作一個網站，在網站中提供歷年海洋廢棄物統計、鯨豚擱淺數量統計、海洋保育相關法案推動等相關資訊，讓更多網友能夠關注海洋保育的重要性，請問阿建最不適合使用下列哪一種軟體／平台建置網站？
(A)BlueGriffon　(B)WordPress　(C)Google協作平台　(D)Adobe Photoshop。 [12-1]

精選試題

12-1 (B)1. 在使用網頁設計軟體製作網頁時，在編輯過程能即時呈現網頁程式碼在瀏覽器中的內容稱為？
(A)垃圾進，垃圾出（GIGO）
(B)所見即所得（WYSIWYG）
(C)光學字元辨識（OCR）
(D)小型辦公室／家庭辦公室（SOHO）。

(C)2. 請問下列哪一套軟體不適合用來製作網頁？
(A)BlueGriffon　(B)Dreamweaver　(C)PhotoImpact　(D)KompoZer。

12-2 (A)3. 某一超連結為..\..\index.htm，請問 "..\" 代表什麼意思？
(A)上一層資料夾　(B)下一層資料夾　(C)最上層資料夾　(D)最下層資料夾。

B12-11

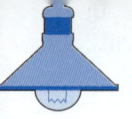

(A)4. 在網頁中插入跑馬燈，可以設定什麼效果？
(A)文字在網頁中來回移動　　　　　(B)文字原地閃爍
(C)滑鼠指標移到文字上時，文字變大　(D)文字色彩不斷變換。

(C)5. 若要製作滑鼠移至圖片上會變更成另一張圖片的效果（如下圖），需使用Dreamweaver提供的何種功能？　(A)影像地圖　(B)超連結　(C)變換影像效果　(D)跑馬燈。

(D)6. 在建立框架式的網頁之後，如果希望讓瀏覽者在點選設有超連結的項目時，可以在指定的頁框中呈現被連結的網頁，必須建立下列哪一種超連結？
(A)文字超連結　(B)電子郵件超連結　(C)檔案超連結　(D)框架超連結。

(C)7. 圖片工具列上的 ⬭ 鈕，具有下列何種功能？
(A)繪製橢圓形圖案　　　　　　(B)裁切圖片成圓形
(C)在圖片上建立圓形超連結區域　(D)在圖片上加入圓形線條。

(A)8. Dreamweaver頁框的設定中，「開新視窗」的目標設定為何？
(A)_blank　(B)_top　(C)_parent　(D)_home。

(D)9. 何者不是Dreamweaver軟體之影像地圖預設的標示？
(A)矩形　(B)橢圓形　(C)多邊形　(D)菱形。

(C)10. 在框架式網頁中設定超連結時，我們可以選擇目標頁框，請問下列4種目標頁框的說明何者有誤？
(A)整頁：以全視窗顯示要連結的網頁
(B)相同頁框：在超連結所在的頁框中開啟網頁
(C)父頁框：在上頁框開啟網頁
(D)開新視窗：以新視窗開啟網頁。

10. 父頁框：在超連結所在的框架式網頁中，開啟要連結的網頁。

(D)11. 在Google協作平台中，若想新增目錄讓網友更容易瀏覽網頁，請問應按下列哪一個按鈕？　(A)Tт　(B)<>　(C)⊥　(D)☰。

(A)12. 若要邀請團隊中的其他人一同使用Google協作平台來編輯網站，請問應將共編者權限設定為下列何者？　(A)編輯者　(B)檢視者　(C)發布版本檢視者　(D)維護者。

統測試題

1. 以完整路徑來表示標的位置的表示法稱為絕對路徑，例如c:\data\email.txt。

(D)1. 有關Windows系統的路徑表示法中，下列何者屬於絕對路徑？
(A)email.txt　(B)data\email.txt　(C)..\data\email.txt　(D)c:\data\email.txt。　[102工管類]

(A)2. 圖（一）中之框架式網頁分為上框架及下框架，各有其內容，且下框架內容中含有一外部超連結，有關這一個框架式網頁的敘述，下列何者錯誤？
(A)需要2個html檔才可以完成這個框架式網頁
(B)需要3個html檔才可以完成這個框架式網頁
(C)開啟的外部超連結網頁可以設定為出現在下框架
(D)開啟的外部超連結網頁可以設定為出現在上框架。

2. 框架式網頁是由1個頁框組與數個頁框所組成，儲存時，框架頁與框架必須分開儲存，故上、下頁框及頁框組共3個html檔。 [102工管類]

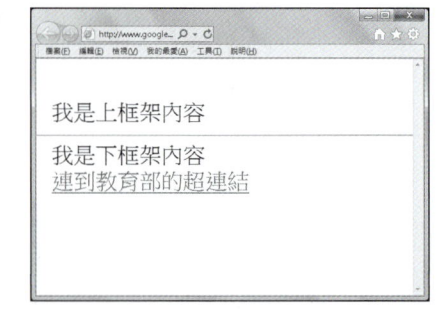

圖（一）

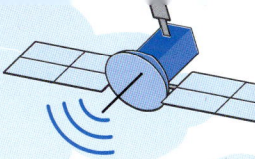

(C)3. 在網頁設計中,有關「影像地圖」的概念,以下何者正確?
(A)網站開發者對於網路相簿的網站,提供網站中有哪些圖片或影像的清單,協助瀏覽者能夠快速找到想要的圖片
(B)網站開發者使用虛擬實境的技術,提供瀏覽者所指定地點周遭的影像,以便協助瀏覽者更容易了解周遭的環境
(C)網頁開發者針對圖片中的區域設定超連結,當瀏覽者點選到特定的區域時,就會連結到指定的網址
(D)網站開發者針對電子地圖網站,提供所需要的影像圖資之技術。 [103工管類]

(A)4. 假設有一網站結構如圖(二)所示,下列何者為建立從B.html連結到A.html的「相對」超連結路徑?
(A)../A.html
(B)./TCTEWeb/TEST/A.html
(C)TEST/A.html
(D)A.html。 [103工管類]

圖(二)

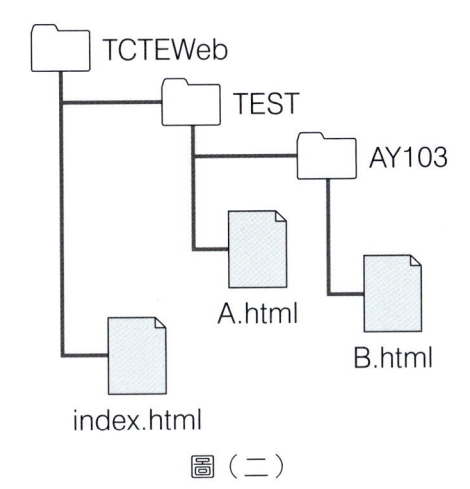

(A)5. 假設有一網站架構如圖(三),下列何者是從Q1.htm處建立到Q1.gif的「相對」超連結路徑?
(A)../Image/Q1.gif
(B)./Image/Q1.gif
(C)Q1.gif
(D)Image/Q1.Gif。 [105工管類]

圖(三)

6. target = "_blank":以新視窗顯示要連結的目標網頁;
target = "_parent":在超連結所在的框架式網頁中,開啟要連結的目標網頁;
target = "_top":以全視窗顯示要連結的目標網頁。

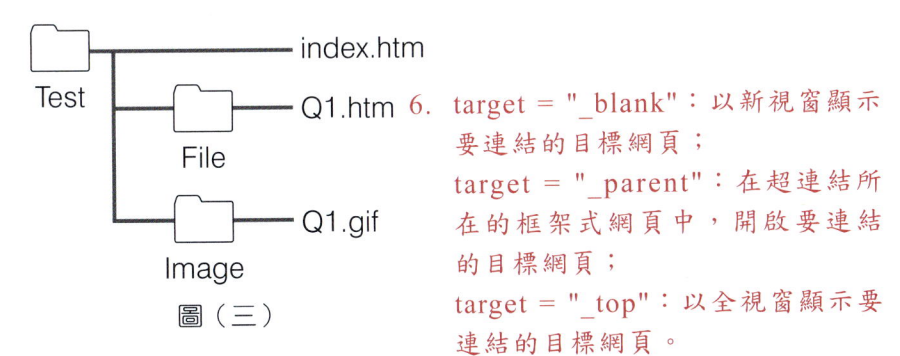

(A)6. 在設定網頁超連結時,可透過target屬性設定目標網頁顯示的位置,下列敘述何者正確?
(A)target = "_self" 在超連結的相同頁框(frame)中顯示要連結的目標網頁
(B)target = "_blank" 在超連結的相同頁框中顯示空白的網頁
(C)target = "_parent" 開啟另一新視窗以全畫面顯示要連結的網頁
(D)target = "_top" 回到上一頁網頁。 [108商管群]

(A)7. 有一網站架構如圖（四），下列何者是從answer.htm處建立到Book（根資料夾）下index.htm的「相對」超連結路徑？
(A)../index.htm
(B)index.htm
(C)../Ch2/index.htm
(D)./index.htm。 [110工管類]

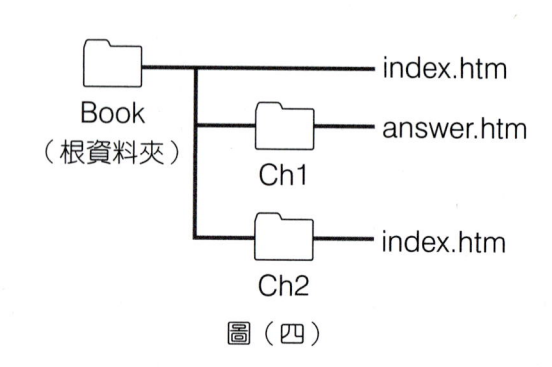

▲ 閱讀下文，回答第8-9題

有一個網頁檔案結構包含css資料夾（內有color.css檔案）、imgs資料夾（內有Yushansnow.jpg檔案）及主網頁檔案 index.html，相關資訊如圖（五）所示。

- 網頁檔案結構

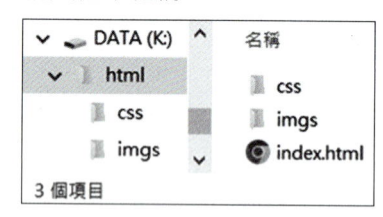

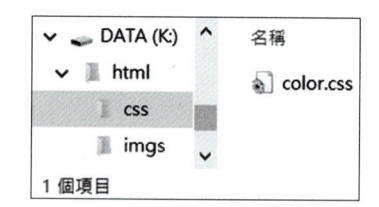

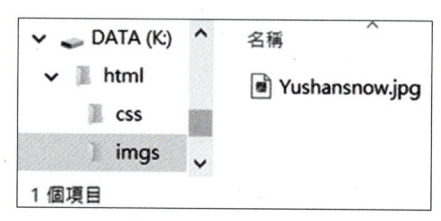

- color.css內容

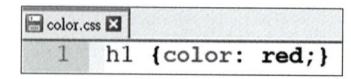

- index.html內容：

圖（五）

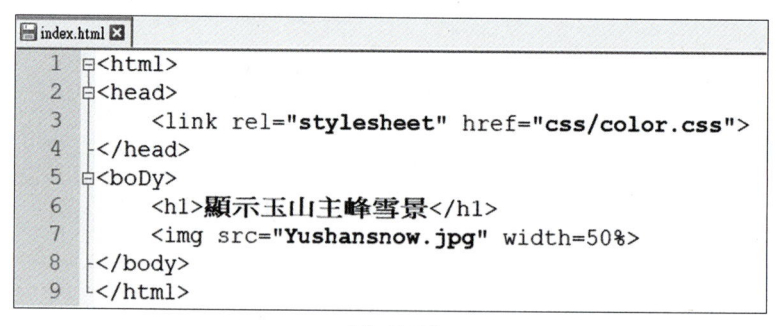

(B)8. 主網頁檔案index.html未能完整顯示所有內容，下列何項能正確描述該主網頁檔案的問題？
(A)因第5行中D大寫，所以網頁無法呈現形成空白現象
(B)因圖檔連結路徑不正確，所以網頁無法呈現圖片
(C)因連結css檔案的路徑錯誤，所以網頁無法呈現紅色文字
(D)因css檔案誤用h1標籤，所以呈現的網頁中文字與圖片未能換行。 [113商管群]

8. 圖檔連結路徑不正確，應將第7行語法修改為
   `<img src = "imgs/Yushansnow.jpg" width = 50%>`

9. 超連結：<a Href = "網址">文字</a>；
　_self：在相同頁框（原視窗）開啟連結的目標網頁。

(C)9. 若要在index.html檔中h1標籤的上方增加一行文字超連結到 "玉山國家公園"，且可在原視窗中顯示它的網站。下列何者能完成此目標？
(A)<a Href = "https://www.ysnp.gov.tw/"　target = "_blank">玉山國家公園</a>
(B)<a Href = "玉山國家公園"　target = "_blank">https://www.ysnp.gov.tw/</a>
(C)<a Href = "https://www.ysnp.gov.tw/"　target = "_self">玉山國家公園</a>
(D)<a Href = "玉山國家公園　target = "_self">https://www.ysnp.gov.tw/</a>。

[113商管群]

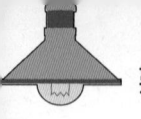

NOTE

統測考試範圍

單元 7

電子商務應用

學習重點

本篇建議著重在**專有名詞**的熟記即可

章名	常考重點	
第13章 電子商務平台的認識	• 常見的網路開店平台方式 • 網路拍賣	★★☆☆☆
第14章 線上購物商店的規劃、架設與管理	• 線上購物商店的規劃 • 網路行銷方法 • 線上購物商店平台管理	★★☆☆☆

統測命題分析　最新統測趨勢分析（111～114年）

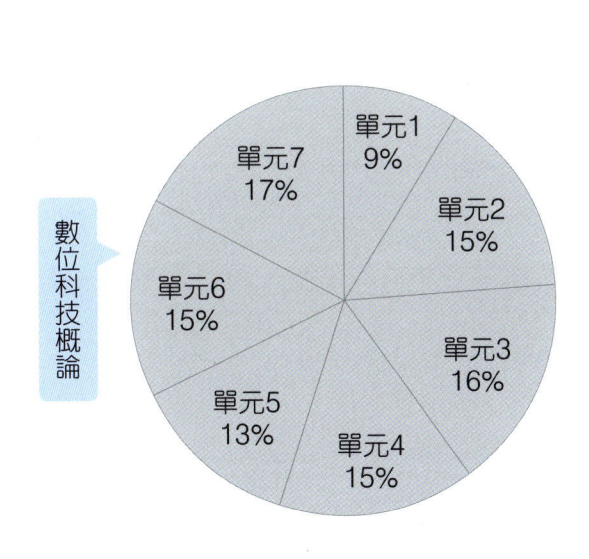

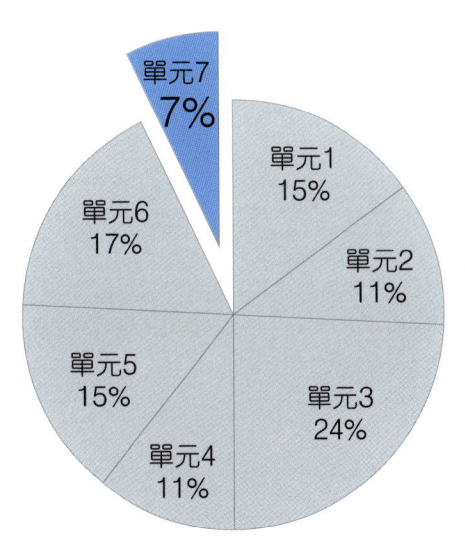

數位科技概論
- 單元1 9%
- 單元2 15%
- 單元3 16%
- 單元4 15%
- 單元5 13%
- 單元6 15%
- 單元7 17%

數位科技應用
- 單元1 15%
- 單元2 11%
- 單元3 24%
- 單元4 11%
- 單元5 15%
- 單元6 17%
- 單元7 7%

第13章 電子商務平台的認識

13-1 自建型電子商務平台及購物商店

1. 網站由店家**自行建立**並**全權管理**。

2. 店家必須具備架站的相關技術，包括硬體設備及主機的管理、架設線上購物商店所需使用的軟體。

3. 硬體設備及主機的管理方式：

管理方式	說明
自行購買及管理主機	從購買、管理到維護都必須自行處理，適合對電腦、網路知識有一定專業程度的店家
主機代管	將電腦設備放置在提供主機代管服務業者的機房中
租借虛擬主機空間	向虛擬主機空間租借服務業者，租借適當大小的硬碟空間來使用，以節省自行購買或租借設備的成本

4. 架設線上購物商店所需使用的軟體：

軟體類型	說明	常見的軟體
線上購物商店系統軟體	可用來架設線上購物商店系統，提供方便管理的介面	OpenCart、osCommerce
網頁設計軟體	用來設計購物商店的網頁內容	Dreamweaver、BlueGriffon
資料庫系統軟體	用來儲存商品、顧客、交易等資料	SQL Server、Oracle、MySQL

得分區塊練

(C)1. 請問下列有關硬體設備及主機的管理方式，何者最適合對電腦、網路知識有一定專業程度的店家，以方便店家全權管理？
(A)主機代管　　　　　　　　(B)租借虛擬主機空間
(C)自行購買及管理主機　　　　(D)租借雲端硬碟服務。

(B)2. 文凱要自行架設線上購物商店，請問下列何者為文凱較不可能會用到的軟體？
(A)OpenCart　(B)Netflix　(C)Dreamweaver　(D)MySQL。

> **統測這樣考**
>
> 第13章 電子商務平台的認識
>
> (B)48. 企業經營電子商務若選擇不自行開發平台，而與網路開店平台廠商合作，由網路開店平台廠商處理網站的維護與管理等工作。下列何者不是平台廠商？(A)SHOPLINE　(B)IKEA　(C)Cyberbiz　(D)91 APP。　　[112商管]

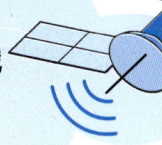

13-2 套用開店平台的模板建立購物商店

1. 要經營線上購物商店的店家可利用**網路開店平台**提供的**模板工具**設計網站，通常這類平台也會提供金流與物流等服務，透過開店平台還可自行控管產品銷售數據、維護會員資料。

2. 此開店方式所開設的線上購物商店，通常可以**自行設定**專屬的網址。

    > 例 蘋果系列商品經銷商「Studio A」利用『SHOPLINE』網路開店平台所開設的購物商店，並設定「https://www.studioa.com.tw/」為專屬的網址。

3. 利用網路開店平台開店之流程：

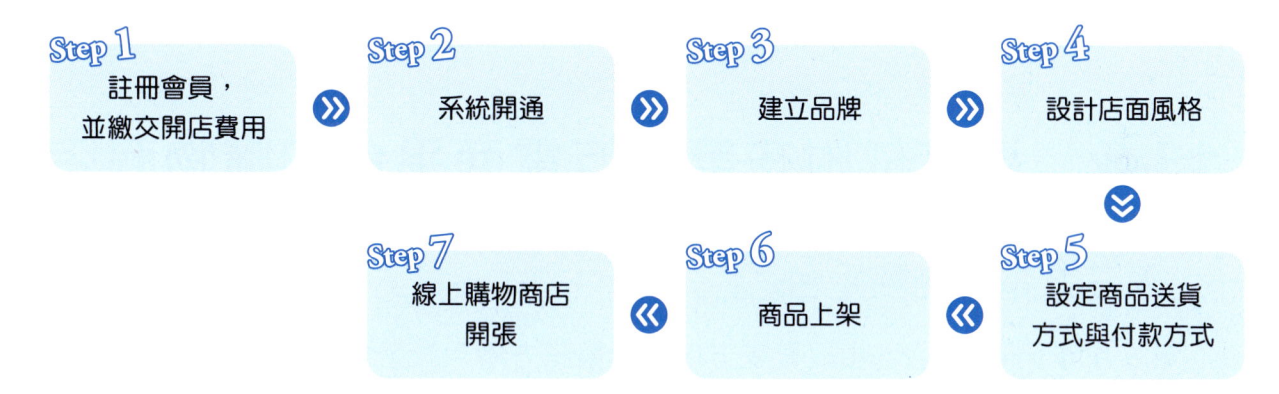

    Step 1 註冊會員，並繳交開店費用 → Step 2 系統開通 → Step 3 建立品牌 → Step 4 設計店面風格 → Step 5 設定商品送貨方式與付款方式 → Step 6 商品上架 → Step 7 線上購物商店開張

4. 常見的網路開店平台比較[註]：

網路開店平台 比較項目	SHOPLINE	91APP	Cyberbiz	shopify	EasyStore
系統使用費	✓	✓	✓	✓	✓
成交抽成	無	依交易金額抽成	無	依交易金額抽成	無
免費試用	✓	✗	✓	✓	✓
商品上架量限制	有限制	無限制	無限制	無限制	無限制
流量限制	無限制	無限制	無限制	無限制	無限制
金流／物流服務	✓	✓	✓	✓	✓
案例	宏佳騰機車、STUDIO A蘋果經銷商	飛利浦、快車肉乾	FILA運動品牌、oppo移動通信	百事可樂、雀巢、SpaceX太空探索技術公司	上友鋼模雕刻工藝社

註：各家開店平台通常都會提供多種開店方案供店家選擇，本表是以各平台較基本的方案來做比較。

得分區塊練

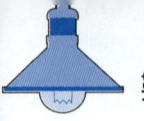

(A)1. 有關店家選用開店平台的模板建立線上購物商店的原因，下列何者有誤？
(A)可以與其他店家組成一個交易平台吸引更多消費者
(B)平台提供金流／物流服務
(C)可以自行設定專屬的網址
(D)可自行控管產品銷售數據、維護會員資料。

> 1. 網路開店平台提供專屬網址的線上購物商店，並不會與其他店家組成一個交易平台。

(D)2. 下列何者不是常見的網路開店平台，無法提供店家以套用模板方式建立線上購物商店？　(A)SHOPLINE　(B)Cyberbiz　(C)EasyStore　(D)Starbucks。

13-3　建立依附在第三方電商平台的購物商店

一、第三方電子商務平台

1. **第三方電子商務平台**：由買賣雙方以外之第三方所架設、並提供買方和賣方進行交易的平台。

2. 目前常見的第三方電子商務平台主要有**商城**及**網路拍賣**。

二、商城（商店街）

- **商城**（又稱**商店街**）：由許多不同類型的店家組合而成的一個交易平台。

- 此開店方式所開設的線上購物商店，網址是建立在平台網址之下。

    例　『康是美』線上購物商店網址，便是建立在『蝦皮商城』網址之下，網址為：

    https://shopee.tw/cosmed.tw

    蝦皮網址　　「康是美」網路商店

- 在商城開設線上購物商店的流程：

Step 1 線上申請 » Step 2 資格審核 » Step 3 簽訂合約並繳交開店費用 » Step 4 系統開通

Step 7 電子商店開張 « Step 6 開店通知 « Step 5 商品上架

- 常見的商城平台比較[1]：

商城平台 比較項目	蝦皮商城	i郵購 （郵政商城）	PChome 商店街[3]
開店資格	公司／行號		公司／行號
商店開辦費 （一次性費用）	免費	收費	免費
系統使用費	免費	免費	收費
商品刊登費	免費		
商品上架量限制	依加入蝦皮的時間和賣場銷售表現而定	有限制	無限制
交易手續費[2]	✓	✓	✓

註1：各家電商平台通常都會提供多種開店方案供店家選擇，本表是以各平台較基本的方案來做比較。
註2：不同的電商平台所規定的交易手續費皆不同。
註3：PChome商店街已於2024年11月1日起正式轉型為品牌官網服務。

B13-5

三、網路拍賣

1. **拍賣**（Auction）：在買賣過程中，競標者爭相出價，最後由出價最高者得標的一種交易方式。

2. 常見的網路拍賣平台：

網路拍賣 比較項目	蝦皮購物[註1]	Yahoo!奇摩拍賣	露天市集[註2]
申請資格	個人（滿18歲）	個人（滿18歲）／法人／團體	
刊登費用	免費	免費	免費
交易手續費	✓	✓	✓
信用卡交易手續費	✓	✓	✓

3. 網路拍賣的特性與注意事項：

對象 比較項目	買家角度（競購）	賣家角度（拍賣）
特性	• 選擇多元化 • 價格透明化 • 購物便利化	• 開店成本較低 • 銷售對象擴大 • 銷售時間不受限
注意事項	• 挑選可靠的賣家 • 詳細閱讀商品交易說明 • 避免私下交易 • 提防劫標 • 盡量選擇當面交付、超商取貨或貨到付款	• 不可銷售法令禁止出售的物品 • 商品的照片要真實清晰 • 挑選優良的買家，避免被惡意棄標 • 確認商品的標價

4. 網路不可販賣的違禁品及相關法令：

犯罪行為	觸犯法律	說明
販賣菸	菸害防制法	菸品、酒品皆不得以自動販賣機、網路、電子商務平台、手機App或其他無法辨識購買者年齡等方式販售
販賣酒	菸酒管理法	
販賣醫療器材	藥事法	目前政府開放持有醫療器材許可證業者可於網路上販售第一等級及部分第二等級的醫療器材，例如：OK繃、棉花棒、一般醫療用口罩、低週波電療器等

註1：蝦皮拍賣已於2017年8月24日正式改名為蝦皮購物。
註2：露天拍賣已於2022年9月正式改名為露天市集。

第13章 電子商務平台的認識

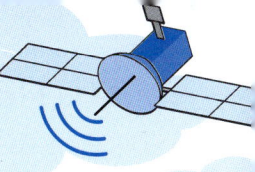

5. 網路拍賣不得販售的商品：

犯罪行為	觸犯法律
販賣菸	菸害防制法
販賣酒	菸酒管理法
販賣醫療器材	藥事法
販賣仿冒衣飾	商標法
販賣未標示產品成分說明的食品	食品安全衛生管理法
販賣標榜具有特定保健功效的食品	健康食品管理法

a. 目前政府開放持有醫療器材許可證業者可於網路上販售第一等級及部分第二等級的醫療器材。醫療器材依風險程度，分成3種等級：

- 第一等級：低風險性，如OK繃、棉花棒、一般醫療用口罩等。
- 第二等級：中風險性，如低週波電療器、日拋型隱形眼鏡、耳溫槍等。
- 第三等級：高風險性，如心律調節器、動脈血管支架等。

b. 依據「毒品危害防制條例」及「槍砲彈藥刀械管制條例」規定，一般人不得持有及販售毒品、槍砲彈藥等物品。

得分區塊練

(C)1. 在網路上販售下列哪一項商品不會有觸法的疑慮？
(A)未標示成分的自製泡菜　　(B)台灣啤酒
(C)正版動漫公仔　　(D)動脈血管支架。

(C)2. 下列哪些商品，不能在拍賣網站中銷售？
a.日拋型隱形眼鏡　b.茶葉　c.在免稅機場購買的菸品　d.二手衣物　e.小狗扭蛋
(A)abcde　(B)abcd　(C)ac　(D)ce。　2. 部分醫療器材、菸酒等皆不能在網站上販售。

(B)3. 關於網路拍賣，下列哪一項敘述正確？
(A)拍賣網上的商品價格常需要私訊問賣家，價格不夠透明化
(B)避免私下交易可以降低購物風險，加強交易的安全
(C)商品標錯價，可以推說網路駭客問題就不需要負責
(D)可以在網站上拍賣金門高粱酒。

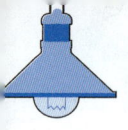

四、電子商務平台之比較

電子商務平台比較項目	自建型電子商務平台及購物商店	網路開店平台	第三方電子商務平台
說明	網站由店家**自行建立**並**全權管理**	利用**網路開店平台**提供的**模板工具**設計網站	只需將商品上架即可銷售，平台上有許多不同類型的店家
購買/租借虛擬主機	✓	✗	✗
網頁設計	自行建立並全權管理	提供模板工具設計網站	商品上架即可營運
銷售分析系統	✗（需自行架設）	✓	✗（需另外付費）
顧客管理系統	✗（需自行架設）	✓	✗（需另外付費）
金流	自行處理	平台支援	平台支援
物流	自行處理	平台支援	平台支援
店家網址是否獨立	✓	✓	✗
開店成本（開辦費、使用費）	最高	次高	最低
優點	• 可依需求自行設計 • 無月費及抽成	• 品牌識別度較高 • 模板多樣化，利於設計美觀的購物網站	• 操作簡易 • 申請門檻低
缺點	• 網站建置耗時 • 須具備專業能力	• 有固定月費	• 品牌識別度較低 • 平台商品多樣，競爭壓力大
常見平台範例	Apple、IKEA	SHOPLINE、91APP、Cyberbiz、shopify、EasyStore	蝦皮商城、Yahoo!奇摩拍賣、i郵購

1. 銷售分析系統：通常會提供每月成交額分析、每月成交訂單量分析、銷售商品排行等功能。

2. 顧客管理系統：通常會提供會員資料匯出/匯入、會員分級設定、會員分群行銷等功能。

有備無患

- 購物中心/購物網：此種電子商務平台不開放店家進駐開店，而是以平台自己的名義向店家進貨，販售各廠牌的商品，賺取進貨與銷貨之間的價差。常見的有PChome 24h購物、momo購物網等。

第13章 電子商務平台的認識

滿分晉級

★新課綱命題趨勢★
情境素養題

▲閱讀下文，回答第1至2題：

宥瑄喜好出國購物，但因為全球嚴重特殊傳染性肺炎（COVID-19）疫情嚴峻無法出國，使得她的消費習慣改成上網購物，以滿足購物慾。她連上『Apple』官方網站，購買一款最新的iPhone手機；在『蝦皮購物』網站購買了日常生活用品，以及在『Yahoo!奇摩拍賣』網站進行一場有趣的競標，便宜標得一件名牌二手衣。

(B)1. 宥瑄在『Yahoo!奇摩拍賣』網站以競標方式，購得一件名牌二手衣，請問該賣家的線上網路商店是使用下列哪一種方式所開設的？
(A)自建型電子商務購物商店
(B)建立依附在第三方電子商務平台的商店
(C)套用網路開店平台的模板建立的商店
(D)租實體店面來開設商店。 [13-3]

2. 棉花棒屬於第一等級醫療器材，商家須持有醫療器材許可證，才可在網路上販售。

(C)2. 宥瑄在『蝦皮購物』網站買了衛生紙、洋芋片、暖暖包、棉花棒、無酒精飲料等生活用品，請問店家在販售上述哪一項商品時，須持有醫療器材許可證，才可在網路上販售？ (A)衛生紙 (B)暖暖包 (C)棉花棒 (D)無酒精飲料。 [13-3]

(B)3. 某女子上網拍賣家中剩餘的成藥，被衛生局處以罰金。請問該女子最有可能是因為下列哪一個原因而被罰鍰？
(A)未標示藥品的成分　　　　　(B)網拍中不能銷售藥品
(C)買家尚未匯款，即將藥品寄出　(D)藥品的使用期限已過期。 [13-3]

精選試題

13-1
(B)1. 在架設線上購物商店時，常會使用到資料庫軟體。下列何者不屬於資料庫軟體？
(A)SQL Server (B)osCommerce (C)Oracle (D)MySQL。

(C)2. 阿文想自己架設線上購物商店，下列何者並非阿文在架設時一定會使用到的軟體？
(A)線上購物商店系統軟體　　(B)網頁設計軟體
(C)3D繪圖軟體　　　　　　(D)資料庫系統軟體。

13-2
(A)3. 以套用開店平台的模板建立獨立的線上購物商店時，其商店的網址會如何呈現？
(A)專屬的網址　　　　　　(B)建立在平台網址之下
(C)建立在平台網址之前　　(D)以IP位址呈現的網址。

13-3
(D)4. 請問網路開店平台所提供的「銷售分析系統」服務，不包含下列哪一項分析？
(A)每月成交額分析
(B)每月成交訂單量分析
(C)銷售商品排行
(D)會員分級設定。

4. 會員分級設定通常是在「顧客管理系統」服務。

(D)5. 下列有關買家在進行網路拍賣時所需注意的內容敘述，何者錯誤？
(A)詳細閱讀商品交易說明　　　　　　(B)避免私下交易
(C)挑選可靠的賣家　　　　　　　　　(D)應先匯款避免商品被劫標。

(B)6. 下列有關網路拍賣平台對於賣家的優勢，何者錯誤？
(A)開店成本較低　(B)產品成本較低　(C)銷售對象擴大　(D)銷售時間不受限。

(C)7. 元元開設一間跨國代購的網路商店，請問她在網路商店中販賣下列哪一項商品可能會觸法？
(A)附保證書的正版名牌包包　　　　　(B)寶可夢布偶
(C)金門高粱紀念酒　　　　　　　　　(D)鬼滅之刃文件夾。

統測試題

(B)1. 企業經營電子商務若選擇不自行開發平台，而與網路開店平台廠商合作，由網路開店平台廠商處理網站的維護與管理等工作。下列何者不是平台廠商？
(A)SHOPLINE　(B)IKEA　(C)Cyberbiz　(D)91 APP。　　　　　　　　[112商管群]

第14章 線上購物商店的規劃、架設與管理

14-1 線上購物商店的規劃

一、線上購物商店的規劃流程

規劃流程	說明
1. 設定營運目標	須衡量現實狀況,訂定有可能達成或明確可行的方案。營運目標可分為: • **短程目標**:1年內要達成的目標 • **中程目標**:3～5年內要達成的目標 • **長程目標**:5年以上要達成的目標
2. 評估市場環境	評估與市場相關的各項因素,包括市場規模、產值、產業概況、發展趨勢、競爭者的家數與商品特色等
3. 評估自身具備的能力與資源	『有多少能力,做多少事』是經營商業成功的重要原則,在開店之前必須衡量自己所具備的能力與資源
4. 選擇目標顧客群	先選定好目標客群,再針對該客群的特性,包括年齡、性別、職業、所得等投其所好,販售符合目標客群需求的商品
5. 規劃網站服務的項目與內容	規劃完善的網站功能與服務,讓顧客成為忠實會員經常消費
6. 選擇線上購物商店的架設方式	線上購物商店架設方法有以下3種: • 自行架設 • 利用線上開店平台架設 • 在第三方電子商務平台開設
7. 評估整體效益	須評估開設線上購物商店需投入的各項成本,並預估未來可以獲得的收益

• 目標管理－SMART原則:目標須**具體**(Specific)、目標須**可衡量**其質量(Measurable)、目標須**可達成**(Attainable)、每個目標須**具有關聯性**(Relevant)、每個目標須設定要達成的**期限**(Time-bound)。

數位科技應用 滿分總複習

統測這樣考 (A)48. 小喬經營「喬喬衣著」電商平台，若想要增加平台的曝光度，則可使用下列哪些網路行銷方式？
①購買網頁廣告
②關鍵字廣告
③搜尋引擎優化（Search Engine Optimization）
④區塊鏈最佳化（Block Chain Optimization）
(A)①②③　(B)①②④
(C)僅①②　(D)僅③④。　[111商管]

二、商店的網站設計與行銷考量 〔111〕

1. **網站架構及商品瀏覽動線**：須安排流暢的商品瀏覽動線，協助顧客快速地找到所需要的商品。

2. **商品促銷活動**：適時推出限時促銷活動提升買氣，可刺激顧客立即結帳購買。

3. **顧客資料保存及利用**：透過蒐集整理顧客資料，來分析出消費者可能的需求，然後針對不同的顧客提供不同的服務、投放不同的行銷資訊。

4. **瞭解市場趨勢**：透過Google Trend可查詢關鍵字的搜尋熱度，進而分析出品牌最大競爭對手及市場趨勢等資訊，有助於行銷方案的規劃。

5. **增加商店曝光度**：增加線上購物商店的曝光度，才能提升商品被潛在顧客看見的機會。以下是增加商店曝光度的網路行銷方法：

常見的網路行銷方法	說明
購買關鍵字廣告	向入口網站業者（如Google Ads）購買關鍵字廣告，當顧客在該網站輸入關鍵字搜尋時，搜尋結果頁面的最上方就會出現購買關鍵字廣告的店家網站資訊
搜尋引擎優化（SEO）	搜尋引擎優化（Search Engine Optimization）是一種瞭解搜尋引擎的運作規則，調整網站的內容來符合搜尋引擎排名規則，以提高商品在搜尋結果的排名順序
購買網頁廣告	在入口網站或較知名的網頁、部落格中張貼廣告，常見的有網頁上端會出現的**橫幅廣告**、開啟**網頁彈出式的廣告**等
社群網站轉貼分享與討論	在社群網站（如Instagram、Facebook等）中，發布與商品有關的訊息，透過網友轉貼分享與討論，為商品帶來宣傳效果
病毒式行銷	一種利用網路媒體（如社群網站、影音分享平台）將行銷內容包裝成可吸引人的話題，使網友一個傳一個，就像是病毒感染的方式來進行行銷
社群網站的企業群組	有些社群網站可建立企業群組（如LINE官方帳號、FB粉絲專頁），可將訊息（如最新活動訊息、最新優惠等）傳送給已加入的粉絲，以達到宣傳效果
電子郵件行銷	透過E-mail來傳送廣告訊息及連結，以達到宣傳效果
KOL行銷	透過在網路上特別有號召力或影響力的人－**關鍵意見領袖**（Key Opinion Leader）來宣傳，以達到行銷效果，常見的KOL行銷方式就是利用關鍵意見領袖的**業配文**來推廣商品

6. **一鍵登入**：顧客不須花費時間在註冊成為會員，而是直接以現有的帳號（如Facebook、Google等）登入購物，可提升顧客消費意願。

14-2 線上購物商店的架設

一、線上購物商店的開設流程

開設流程	說明
1. 申請開店	線上購物商店（拍賣網站）申請開店註冊流程： (1) 填寫個人資料 (2) 認證電子信箱 (3) 認證手機號碼 (4) 閱讀並同意拍賣網站使用規範 (5) 成為拍賣網站會員
2. 設定賣場資訊	設定賣場名稱、招牌、外觀及簡介等資訊
3. 設定收款及商品配送方式	常見的收款及商品配送方式： • 信用卡付款　　　　• 超商／店到店取貨付款 • ATM轉帳　　　　　• 面交取貨付款 • 貨到付款
4. 設定運費計算方式	常見的運費計算規則（以運費60元說明）： • 依件數計算：例如訂單共有5件商品，該筆訂單的總運費為 60×5＝300元。 • 固定運費：例如購買1件商品運費為60元，2件以上商品運費也是60元 • 增量加收運費：例如購買5件商品運費為60元，每增加一件商品加收運費20元，若購買8件商品的總運費為120元
5. 商品上架	• 將要販售的商品資訊（如商品名稱、類別、價格、數量、圖片等）刊登上網 • 規模較大、商品種類較多的賣家，可使用平台所提供的模板，將商品資訊批次上傳

a. 賣家在註冊電商帳號時，大多需要通過電子郵件及手機號碼的認證，為了使買賣雙方更安心，有些電商平台會透過身分證（實名認證）及銀行帳戶認證（金融認證），來加強交易的安全。

b. 商品上架時應遵守「商品標題應精準明確」、「商品描述詳細清楚」、「商品類別正確精準」及「價格合理」等原則。

得分區塊練

(B)1. 下列何者不是拍賣網站上,常見的收款及商品配送方式?
(A)信用卡付款　　　　　　　　(B)郵局取貨付款
(C)超商取貨付款　　　　　　　(D)貨到付款。

(D)2. 下列何者不是電商平台在上架商品時應遵守的原則?
(A)商品標題應精準明確
(B)商品描述詳細清楚
(C)商品類別正確精準
(D)提高價錢以便買家殺價。

統測這樣考

(C)42. 有關線上購物商店管理的敘述,下列何者錯誤?
(A)有些線上購物商店提供商品搜尋或篩選功能供選用
(B)開設線上購物商店一般是屬於B2C、C2C的商業模式
(C)線上購物商店須提供商品上架與下架功能,同時訂單也能設定此功能
(D)為提升顧客服務品質,一些購物平台提供賣家設定自動回覆常見問題。[113商管]

14-3　線上購物商店平台管理

一、商品管理

1. 商品資訊的修改:商品上架後,若想要再次修改商品資訊時,賣家可在商品管理頁面,點選「修改商品」以修改商品資訊。

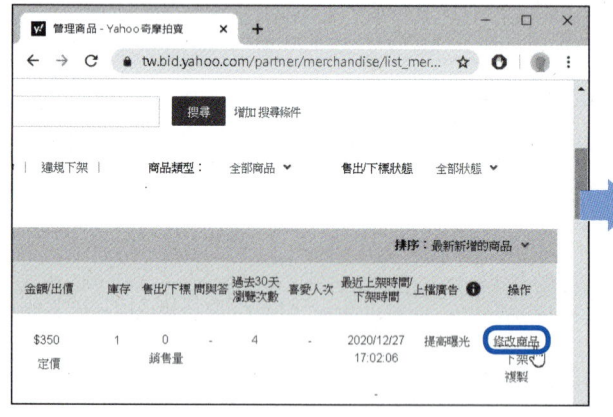

2. 商品的上架與下架:賣場內正在銷售的商品其狀態為「架上商品／上架中」,若因缺貨或其他因素而須將商品暫停販售,則可將商品狀態設定為「未上架／下架」或直接移除該商品,使顧客暫時無法進行購買。

3. 商品的競標狀態:商品結束競標後,平台就會將該商品在賣場中的資訊顯示為「**競標已結束**」,並以**開價最高**的競購者得標。

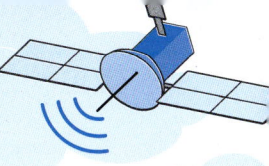

二、訂單管理

1. 訂單的搜尋與篩選：當賣家要處理大量訂單時，善用**搜尋**或**篩選**的功能，可快速找到需要處理的訂單。

2. 查看訂單明細：賣家可透過平台提供的「查看訂單明細」功能，檢視較詳細的訂單內容。常見的訂單內容有訂單資訊、付款資訊、運送資訊、發票資訊、購買明細等。

3. 訂單的取消：當顧客要放棄購買（棄標）或商品缺貨時，賣家可將訂單取消。取消訂單時，通常平台會要求賣家填寫取消的原因。

三、出貨管理

1. 商品的出貨：當商品出貨後，賣家可在該筆訂單明細中隨時查看商品的配送進度。

2. 常見的賣家出貨流程：

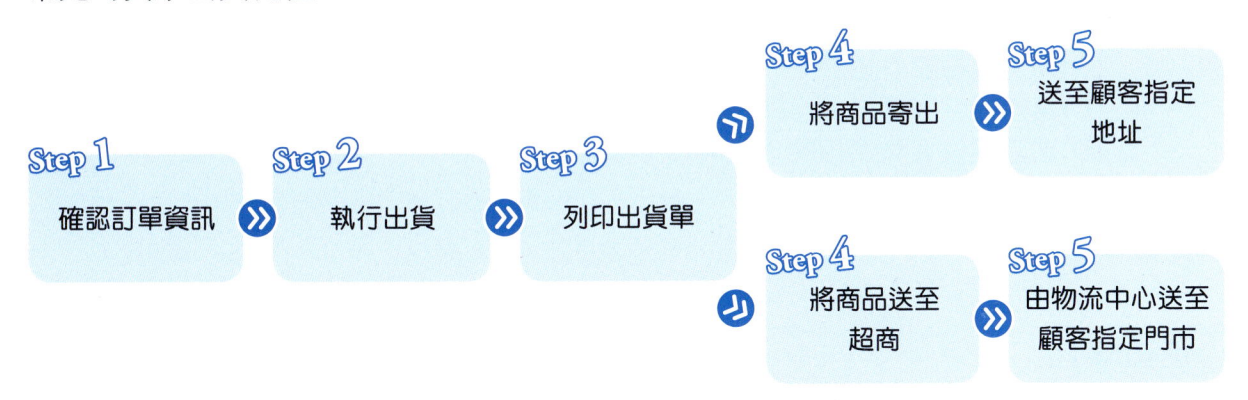

Step 1 確認訂單資訊 ➡ Step 2 執行出貨 ➡ Step 3 列印出貨單 ➡
- Step 4 將商品寄出 ➡ Step 5 送至顧客指定地址
- Step 4 將商品送至超商 ➡ Step 5 由物流中心送至顧客指定門市

3. 貨款的提領：買家付款完成後，平台會將款項撥款至賣家在拍賣平台的虛擬帳戶中，賣家可將款項從此虛擬帳戶轉至自己的銀行帳戶中。

四、顧客服務管理

1. 回覆顧客的留言：拍賣平台通常提供有讓買賣雙方可進行溝通的問答功能，常見的有針對商品的「問與答」、一對一互動的即時問答等。

2. 獲得及給予評價：買賣雙方依據交易過程的**滿意度**來給予對方評價。

3. 編輯黑名單：賣家可將時常惡意棄標等不良記錄的顧客加入黑名單中，以防止這些顧客來到自己的賣場出價競標或購買商品。

數位科技應用 滿分總複習

滿分晉級

★新課綱命題趨勢★
情境素養題

▲閱讀下文，回答第1至2題：

偉琪與朋友想合資開設線上購物商店，他們打算代購日本、泰國等國家的限量商品，以賺取價差，他們評估許多開設線上網路商店的方式，最終選擇不需建立網站，直接上架商品就可營運的開店方式。

(D)1. 根據上述情境，偉琪最有可能使用下列哪一種方式開店？
　　(A)租實體店面來開設商店
　　(B)自建型電子商務平台
　　(C)利用網路開店平台來開設商店
　　(D)建立依附在第三方電子商務平台的商店。　　[14-1]

(A)2. 偉琪的線上銷售平台銷售額不如預期，下列哪一種作法無法提高商品曝光度及銷售額？
　　(A)將惡意棄標的顧客加入黑名單
　　(B)購買網頁廣告
　　(C)舉辦限時限量促銷活動
　　(D)透過關鍵意見領袖的「業配文」來推廣商品。　　[14-3]

2. 將惡意棄標的顧客加入黑名單，可防止顧客再來自己的賣場出價競標或購買商品，但無法提高商品曝光度。

精選試題

1. SMART原則：目標須具體、目標須可衡量其質量、目標須可達成、每個目標須具有關聯性、每個目標須設定要達成的期限。

14-1 (A)1. 下列何者不是目標管理－SMART原則之一？
　　(A)目標須無期限　　(B)目標須具體
　　(C)目標須可達成　　(D)每個目標須具有關聯性。

(C)2. 下列何者不是線上購物商店利用網路行銷增加曝光度的常見方式？
　　(A)搜尋引擎優化（SEO）
　　(B)社群網站轉貼分享與討論
　　(C)發實體傳單
　　(D)購買關鍵字廣告。

14-2 (B)3. 下列何者不是國內常見的線上購物商店的運費計算方式？
　　(A)依商品件數分別計算　　(B)依賣家偏好自訂運費
　　(C)增量加收運費　　　　　(D)固定運費。

14-3 (D)4. 下列有關賣家在線上平台購物的管理功能之敘述，何者錯誤？
　　(A)賣家可評價買家
　　(B)賣家可將商品下架
　　(C)賣家可將有不良紀錄的買家設為黑名單
　　(D)賣家無法取消訂單。

4. 當顧客要放棄購買（棄標）或商品缺貨時，賣家可將訂單取消。

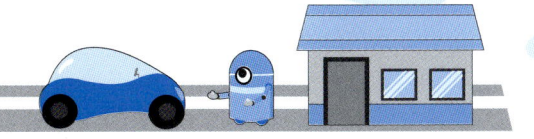

(D)5. 下列有關買家在線上購物平台購買商品的敘述，何者錯誤？
(A)買家可透過問答功能向賣家詢問有關商品的問題
(B)買家無法購買已下架的商品
(C)買家通常可以選擇將商品宅配到府
(D)買家無法依據交易過程的滿意度來給予賣家評價。

5. 買賣雙方皆可依據交易過程的滿意度來給予對方評價。

統測試題

(A)1. 小喬經營「喬喬衣著」電商平台，若想要增加平台的曝光度，則可使用下列哪些網路行銷方式？
①購買網頁廣告
②關鍵字廣告
③搜尋引擎優化（Search Engine Optimization）
④區塊鏈最佳化（Block Chain Optimization）
(A)①②③　(B)①②④　(C)僅①②　(D)僅③④。 [111商管群]

(C)2. 有關線上購物商店管理的敘述，下列何者錯誤？
(A)有些線上購物商店提供商品搜尋或篩選功能供選用
(B)開設線上購物商店一般是屬於B2C、C2C的商業模式
(C)線上購物商店須提供商品上架與下架功能，同時訂單也能設定此功能
(D)為提升顧客服務品質，一些購物平台提供賣家設定自動回覆常見問題。 [113商管群]

B14-7

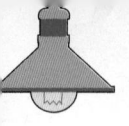

NOTE

114學年度科技校院四年制與專科學校二年制統一入學測驗試題本

商業與管理群

專業科目（一）：數位科技概論、數位科技應用

( )26. 下列哪一個選項的3個數值相等？
(A)1010101_2、127_8、57_{16}
(B)1110001_2、157_8、71_{16}
(C)1101101_2、155_8、$6D_{16}$
(D)1011010_2、132_8、$4A_{16}$。 數概[2-1]

( )27. 關於資訊產品的規格敘述，下列何者正確？
(A)記憶體的容量是16 GB
(B)CPU的時脈頻率是4 Gbps
(C)硬碟的傳輸頻寬是7200 RPM
(D)網路卡的傳輸速率是100 Mpps。 數概[3-6]

( )28. 公司資訊部正在開發一項新專案，希望能靈活管理伺服器和儲存資源，但不想自行管理硬體設備。同時希望有更多控制權來安裝自訂的軟體和設定環境。基於這些需求，該公司應選擇以下哪一種雲端運算服務模式？
(A)軟體即服務（SaaS）：提供現成的應用程式，讓使用者直接使用，無需進行任何開發或安裝工作
(B)虛擬私人伺服器（VPS）：提供專屬的機櫃空間置放私人購買的主機，讓使用者遠端自行管理及維護
(C)基礎設施即服務（IaaS）：提供虛擬伺服器、儲存和網路資源，讓使用者自行管理並安裝所需的軟體和設定環境
(D)平台即服務（PaaS）：提供一個已建置好的開發平台，使用者僅需專注於開發應用程式，而不需要管理底層伺服器或系統設定。 數概[4-4]

( )29. 下列哪一個情境屬於著作權中的「合理使用」？
(A)下載一部院線電影並上傳到自己的網站，供大眾免費觀看
(B)為朋友的商業網站置放一首受版權保護的歌曲，當作背景音樂
(C)在課堂上播放一小段影片片段，並用於教學討論，且未對外公開
(D)將一張知名攝影師的作品做細微修改後，用於自己的商業網站首頁。 數概[6-1]

( )30. 路人甲使用Google Maps的步行導航功能，同時啟用手機相機來獲取周邊環境的特徵，進而更精準地提供導航方向指引。上述情境為下列哪一種技術的應用？
(A)擴增實境（augmented reality）
(B)3D視覺實境（3D vision reality）
(C)真實實境（real reality）
(D)虛擬實境（virtual reality）。 數概[15-1]

( )31. 網址「https://www.tcte.edu.tw」中的英文字母「s」可用下列何者技術來完成？
(A)SSD（solid state disk）
(B)SSL（secure sockets layer）
(C)SKC（secret key cryptography）
(D)SET（secure electronic transaction）。 數概[13-2]

( )32. 假設警政署有①至④工作任務需要完成，下列與任務相關之軟體授權敘述何者正確？
任務①：撰寫程式來抓取網路資料
任務②：發行一個報案APP
任務③：製作警政署的宣傳影片
任務④：協助署長製作月會簡報
(A)任務①撰寫之程式屬於自由軟體，開放原始碼修改權
(B)任務②發行之報案 APP 開放免費使用，屬於免費軟體
(C)任務③製作之影片屬於公共財產權，可公開展示與傳播
(D)任務④製作之簡報以私有軟體產出，故該私有軟體開發商擁有著作權。 數概[6-2]

( )33. 某電腦教室的子網路遮罩是255.255.255.0、預設閘道位址是192.168.100.254，下列何者可設定為該電腦教室中某一台電腦的IP位址來提供正常連網服務？
(A)192.168.100.0 (B)192.168.100.255
(C)192.168.100.254 (D)192.168.100.194。 數概[9-2]

( )34. 關於區塊鏈（blockchain）技術的敘述，下列何者正確？
(A)具有資料不可竄改的特性，可利用於虛擬貨幣的交易
(B)臺灣Pay不能採用掃描支付，必須用區塊鏈技術完成
(C)具有去中心化，所以使用區塊鏈技術交易不會被詐騙或牽涉金融犯罪
(D)區塊鏈是一種分散式分類帳本技術，將交易紀錄儲存在主從式架構的網路中。
數概[15-5]

( )35. 林生想打造一個簡易的物聯網應用，須哪幾個層來組合出物聯網最基本的架構？
①實體層　　　　②感知層　　　　③資料連結層　　　　④網路層
⑤會議層　　　　⑥展示層　　　　⑦應用層
(A)②③⑦　(B)①④⑥　(C)②④⑦　(D)①③⑤。 數概[11-2]

( )36. ①～⑥情境的敘述，下列何者選項符合網路霸凌（cyberbullying）？
①甲生曾經是喜好運動的陽光小孩，現在卻時常待在房間玩線上遊戲，也不想唸書或外出走動，令家人非常憂心
②乙生創建一個網路遊戲軍團，每天會不定時關注軍團成員的狀況，也疏於學業及班上活動
③丙生幾乎整天用手機在多個社群點閱按讚，也不按時吃飯睡覺，甚至嚴重影響課程學習
④丁生傳送電子郵件散佈同學不實訊息，使受害者身心受創
⑤戊生利用 LINE 傳送朋友的私密照片，並對照片進行惡意評斷
⑥己生收到 EMAIL 告知：「日本北部發生規模 6.8 地震需要您的資助」之募款假訊息
(A)①、②　(B)③、④　(C)④、⑤　(D)⑤、⑥。 數概[14-2]

( )37. 甲生收到手機簡訊告知有優惠券可以領取，點選了簡訊中的連結，並依指示輸入個人資料後，才驚覺被騙了個資，此駭客的犯罪手法為下列何者？
(A)網路釣魚（phishing） (B)殭屍網路（botnet）
(C)特洛伊木馬（trojan horse） (D)勒索軟體（ransomware）。 數概[14-3]

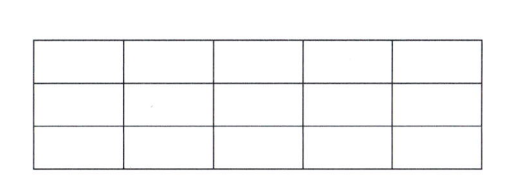

(　　)38. 利用文書處理軟體要完成如圖（四）中的甲表格，則須在插入表格時，於乙圖中分別設定欄數與列數為何？
(A)欄數：3、列數：5
(B)欄數：5、列數：3
(C)欄數：3、列數：3
(D)欄數：5、列數：5。　　數應[2-2]

甲表格　　乙圖
圖（四）

(　　)39. 利用PowerPoint製作的簡報檔案，可直接輸出成①至⑤中哪幾種副檔名的檔案格式？
①pptx　　②pttx　　③ppsx　　④mp4　　⑤wav
(A)①、②、③　(B)①、③、④　(C)②、③、⑤　(D)②、④、⑤。　　數應[3-2]

(　　)40. 在圖（五）試算表中之儲存格E5輸入=SUMIF(B2:D4,C3)，此儲存格E5的計算結果為何？　(A)21　(B)12　(C)10　(D)8。　　數應[6-1]

圖（五）

(　　)41. 用Google表單製作問卷時，①至⑤的情境敘述，下列哪一個選項的組合完全正確？
①人類血型可用 "選擇題" 提供點選
②用一個 "下拉式選單" 可完成多種興趣的選擇
③個人姓名及電話可用 "線性刻度" 給予直接填寫
④提供5個開會時間可用 "核取方塊" 給予勾選有空時段
⑤可用 "簡答" 並搭配Shift + Enter組合鍵可進行多行輸入
(A)①、②　(B)①、④　(C)③、④　(D)③、⑤。　　數應[7-5]

(　　)42. 關於影像處理的敘述，下列何項正確？
(A)以手機高解析度鏡頭拍攝的照片雖屬於點陣圖，但放大後不會失真
(B)一張解析度4096×2160的影像其總像素約為Full HD（1920×1080像素）的2倍
(C)以解析度4096×2160儲存一張全彩相片，在未壓縮的情況下，影像檔案的大小約為265 MB
(D)用影像處理軟體將自行拍攝的相片去背、加入宣傳文字合成後，再存成.jpg，可以將該檔案放上公司網站來吸引顧客。　　數應[9-2]

( )43. 有一張100×100像素的全彩影像照片，理論上可以有多少種色彩組合？
(A)100×100　(B)$2^3×100×100$　(C)$2^{8×100×100}$　(D)$2^{24×100×100}$。

( )44. 關於色彩的敘述，下列何者正確？
(A)彩色螢幕使用的色彩三原色是R（紅）、G（灰）、B（藍）
(B)將RGB的色彩三原色等量混合成白色，這種混色模式稱為減色法
(C)色彩的三要素是色調（tone）、明度（brightness）及飽和度（saturation）
(D)彩色印刷時採用之CMYK模式的四種標準顏色是：青、洋紅、黃、黑。

( )45. 下列何項屬於電子商務之金流數位化？
(A)第三方網站託管平台　　　(B)第三方支付平台
(C)電子商務商品資料庫管理　(D)自行架設電子商務網頁。

( )46. 工程師在檢測電腦無法連網時發現以下情況：若使用目標網站的IP位址可以連網；改使用目標網站的網域名稱（domain name）時就無法連網。以上所述可能的原因是何選項？
(A)該電腦的DNS伺服器位址未設定或設定錯誤
(B)網路介面卡未啟用IPv6協定
(C)私人網路的防火牆已被關閉
(D)預設閘道位址設定錯誤。

▲閱讀下文，回答第47-48題

吳先生大學畢業後在海大王連鎖海鮮專賣店擔任業務助理，利用試算表軟體統計各分店的銷售業績，如圖（六）所示，C欄要放置各分店的銷售排名，首先在儲存格C3輸入公式＝＿甲＿(B3,＿乙＿,0)。

	A	B	C
1	海大王連鎖海鮮專賣店銷售報表		
2	分店別	銷售金額(萬元)	銷售排名
3	台北分店	100	
4	台中分店	123	
5	台南分店	230	
6	高雄分店	115	
7	屏東分店	134	

圖（六）

( )47. 儲存格C3的公式中，「甲」可使用下列哪一個函數？
(A)RANK.EQ　(B)ORDER　(C)RAND　(D)MAX。

( )48. 完成儲存格C3的函數設定後，接著將儲存格C3複製到C4:C7來完成銷售排名；儲存格的範圍設定有①至④四種方式，下列哪一個選項的範圍設定方式均符合公式中「乙」的需求？
①$B$3:$B$7　　②$B3:$B7　　③B$3:B$7　　④B3:B7
(A)①、②　(B)①、③　(C)②、③　(D)②、④。

▲閱讀下文，回答第49-50題

黃生設計了一個愛心路跑活動報名網頁，HTML的內容如圖（七），網頁顯示結果如圖（八）。

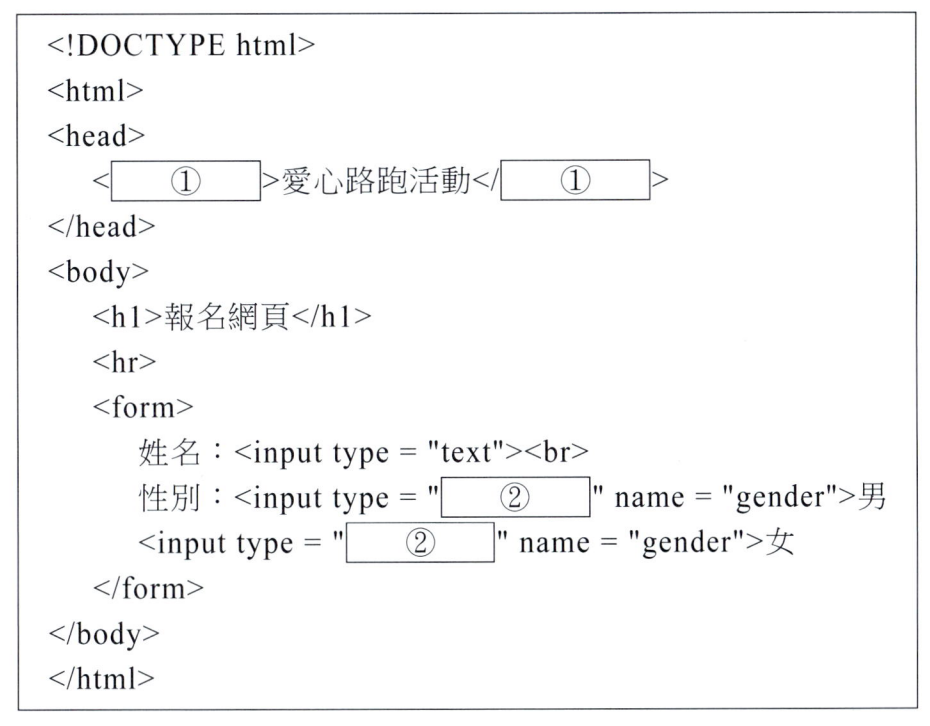

```
<!DOCTYPE html>
<html>
<head>
    < ① >愛心路跑活動</ ① >
</head>
<body>
    <h1>報名網頁</h1>
    <hr>
    <form>
        姓名：<input type = "text"><br>
        性別：<input type = " ② " name = "gender">男
        <input type = " ② " name = "gender">女
    </form>
</body>
</html>
```

圖（七）

圖（八）

( )49. 要產生圖（八）中「愛心路跑活動」的字串，圖（七）中「①」應該用哪一個HTML標籤？
(A)subject　(B)h1　(C)title　(D)caption。

( )50. 圖（八）中，性別選擇採單選按鈕，圖（七）中「②」應該為下列何者？
(A)select　(B)checkbox　(C)button　(D)radio。

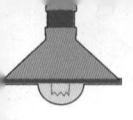

答

26.C	27.A	28.C	29.C	30.A	31.B	32.B	33.D	34.A	35.C
36.C	37.A	38.B	39.B	40.D	41.B	42.D	43.D	44.D	45.B
46.A	47.A	48.B	49.C	50.D					

解

26. $1010101_2 = 1 \times 2^6 + 1 \times 2^4 + 1 \times 2^2 + 1 \times 2^0 = 85$

    $127_8 = 1 \times 8^2 + 2 \times 8^1 + 7 \times 8^0 = 87$

    $57_{16} = 5 \times 16^1 + 7 \times 16^0 = 87$

    $1110001_2 = 1 \times 2^6 + 1 \times 2^5 + 1 \times 2^4 + 1 \times 2^0 = 113$

    $157_8 = 1 \times 8^2 + 5 \times 8^1 + 7 \times 8^0 = 111$

    $71_{16} = 7 \times 16^1 + 1 \times 16^0 = 113$

    $1101101_2 = 1 \times 2^6 + 1 \times 2^5 + 1 \times 2^3 + 1 \times 2^2 + 1 \times 2^0 = 109$

    $155_8 = 1 \times 8^2 + 5 \times 8^1 + 5 \times 8^0 = 109$

    $6D_{16} = 6 \times 16^1 + 13 \times 16^0 = 109$

    $1011010_2 = 1 \times 2^6 + 1 \times 2^4 + 1 \times 2^3 + 1 \times 2^1 = 90$

    $132_8 = 1 \times 8^2 + 3 \times 8^1 + 2 \times 8^0 = 90$

    $4A_{16} = 4 \times 16^1 + 10 \times 16^0 = 74$

    故 $1101101_2 = 155_8 = 6D_{16} = 109$。

27.
    - CPU的時脈頻率單位是GHz。
    - 7200 RPM是硬碟旋轉速度。
    - 網路卡的傳輸速率單位是Mbps。

29.
    - 下載院線電影並供大眾觀看會侵害著作權的重製權與公開傳輸權，即使免費提供也違法。
    - 屬於商業營利行為，歌曲需要取得授權，否則侵權。
    - 「改作」行為，仍需取得原著作權人同意，否則屬於侵權。

31. 使用SSL安全機制的網站，網址開頭為https。

32. 免費使用符合免費軟體的要件，所以此軟體授權敘述正確。

33.
    - 192.168.100.0 → 網路位址（不能用）
    - 192.168.100.255 → 廣播位址（不能用）
    - 192.168.100.254 → 已設定為預設閘道位址（分配給閘道器使用）
    - 192.168.100.194 → 可提供正常連網服務。

34.
    - 臺灣Pay是採用QR Code掃描式支付，和區塊鏈技術無關。
    - 區塊鏈交易仍有被詐騙或牽涉金融犯罪的可能性。
    - 區塊鏈是一種分散式分類帳本技術，採用分散式架構。

35. 物聯網的架構依工作內容可分為感知層、網路層、應用層。

36. ①、②、③皆屬於網路成癮；④、⑤皆屬於網路霸凌；⑥屬於網路詐騙。

37. 網路釣魚：駭客建立與合法網站極相似的網頁畫面，誘騙使用者在網站中輸入自己的帳號、密碼、信用卡卡號，以取得使用者的私密資料。

| 解　答 |

39. 在PowerPoint簡報軟體中，可將檔案輸出成pptx（預設的簡報格式）、ppsx（播放檔的格式）、mp4（視訊檔）。

40. 儲存格E5輸入＝ SUMIF(B2:D4, C3) ＝ 8，表示將儲存格範圍B2:D4中與儲存格C3一樣為2的值加總，故B4 + C2 + C3 + C4 ＝ 2 + 2 + 2 + 2 ＝ 8。

41. ①血型種類少（如A、B、O、AB），可用「選擇題」從多個選項只選一個血型；
    ②下拉式選單只能選一個項目，不能符合選擇多種興趣，應使用「核取方塊」；
    ③線性刻度無法用來填寫個人姓名及電話，應使用「簡答」；
    ④核取方塊可多選，適合用來選擇多個有空的時段；
    ⑤「簡答」只適合單行輸入，要多行輸入應使用「詳答」。

42. ・高解析度的點陣圖放大後仍會失真。
    ・4096×2160 ＝ 約884萬像素，1920×1080 ＝ 約207萬像素，故約為4倍。
    ・影像檔案的大小：$4096 \times 2160 \times 3$ Bytes ＝ 約為26 MB。

43. 題目中所提到的「理論上可以有多少種色彩組合」說明如下：

名稱	色彩組合數
定義	一張影像中「所有可能的色彩搭配組合總數」
說明	用來了解顏色之間有多少種搭配方式
公式	$2^{\text{最多可記錄的色彩數} \times \text{像素數量}}$
舉例	一張2×1像素的16色影像，可搭配出來的色彩組合數為$2^{4 \times 2} = 2^8 = 256$種 說明 $2^4 = 16$種　　$16 \times 16 = 256$種組合 每個像素可搭配出來的色彩組合數為$2^4 = 16$種（如黑、白、紅、…等） 當2個像素可搭配出來的色彩組合數為$2^4 \times 2^4 = 2^{4 \times 2} = 2^8 = 256$種 | 組合 | 像素1 | 像素2 | 配色 | | 1 | 0色 | 0色 | 黑、黑 | | 2 | 0色 | 1色 | 黑、藍 | | ⋮ | ⋮ | ⋮ | ⋮ | | 256 | 15色 | 15色 | 白、白 |

故一張100×100像素的全彩照片（24位元），可搭配出來的色彩組合總數為$2^{24 \times 100 \times 100}$。

解答

44.
- 色彩三原色是 R（Red，紅）、G（Green，綠）、B（Blue，藍）。
- 將RGB原色加以混合，色彩會越加越亮，故此種混色法又稱為加色法。
- 色彩的三要素是色相（Hue）、彩度（Saturation）、明度（Brightness）。

46. 網域名稱（DNS）伺服器是提供互轉網域名稱與IP位址的服務，因此題目中提到，用IP位址能連網，但用網址不能連網，最可能是DNS伺服器位址未設定或設定錯誤。

48.
- $B$3:$B$7：正確用法，絕對參照位址，複製公式不會改變範圍。
- $B3:$B7：會出現錯誤，列號會跟著複製公式而變動。
- B$3:B$7：在複製公式時，列號固定即不會跟著複製公式而變動，符合公式需求。
- B3:B7：會出現錯誤，列號會跟著複製公式而變動。

49.
- h1：用來設定文字大小，h1為第一級標題，字體最大，標題級別由h1到h6。
- title：用來設定瀏覽器標題列或索引標籤的文字，即網頁的標題。
- caption：用來設定表格標題。

50. select：下拉式選單、checkbox：多選按鈕、button：按鈕、radio：單選按鈕。